What to Think About Machines That Think

如何思考会思考的机器

[美] 约翰·布罗克曼（JOHN BROCKMAN）◎ 编著

黄宏锋 李骏浩 张羿 等◎ 译

Today's Leading Thinkers on the Age of Machine Intelligence

浙江人民出版社
ZHEJIANG PEOPLE'S PUBLISHING HOUSE

献给马文·明斯基（Marvin Minsky）

大脑无非是肉做的机器而已。

The Brain Happens To Be A Meat Machine.

"对话最伟大的头脑"这套书，相信一定能令处于喧嚣互联网领域，四处寻找风口、争辩什么上下半场的人们，静下心来，聆听伟大头脑的思想脉络；相信也一定能令身在互联网江湖，满世界追逐独角兽、执念于什么颠覆还是创新的人们，慢下脚步，认真端详萦绕在伟大头脑心中的大问题。

伟大头脑的伟大之处，绝不在于他们拥有"金手指"，可以指点未来；而在于他们时时将思想的触角延伸到意识的深海，他们发问，不停地发问，在众声喧哗间点亮"大问题""大思考"的火炬。

段永朝

财讯传媒集团首席战略官

建筑学家威廉·J.米切尔曾有一个比喻：人不过是猿猴的1.0版。现在，经由各种比特的武装，人类终于将自己升级到猿猴2.0版。他们将如何处理自己的原子之身呢？这是今日顶尖思想者不得不回答的"大问题"。

胡　泳

博士、北京大学新闻与传播学院教授

"对话最伟大的头脑"这套书中，每一本都是一个思想的热核反应堆，在它们建构的浩瀚星空中，百位大师或近或远、如同星宿般璀璨。每一位读者都将拥有属于自己的星际穿越，你会发现思考机器的100种未来定数，而奇点理论不过是星空中小小的一颗。

吴甘沙

驭势科技（北京）有限公司联合创始人兼CEO

一个人的格局和视野取决于他思考什么样的问题，而他未来的思考，很大程度上取决于他现在的阅读。这本书会让你相信，生活的苟且之外，的确有一群伟大的头脑，在充满诗意的远方运转。

周 涛

电子科技大学教授、互联网科学中心主任

在这个科技日益发达的多维化社会中，我们依旧面临着非常多的"大问题"：虚拟现实技术会让真实的人际关系变得冷漠吗？虚拟与真实会错乱吗？技术奇点会很快降临吗？我们周围的癌症患者越来越多，这与基因有关吗？诸如此类的问题，或许根本就没有一个明确的答案。

作为美国著名的文化推动者和出版人，约翰·布罗克曼邀请了世界上各个领域的科学精英和思想家，通过在线沙龙的方式展开圆桌讨论，而这套"对话最伟大的头脑·大问题系列"正是活动参与者的观点呈现，让我们有机会一窥"最强大脑"的独特视角，从而得到一些思想上的启迪。

苟利军

中国科学院国家天文台研究员，中国科学院大学教授
"第十一届文津奖"获奖图书《星际穿越》译者

雾霾天，反正出不去，正好待在家里读书思考。全球化失败、爱欲丧失、基因组失稳、互联网崩溃、非法药物激增……看起来好像比雾霾还厉害。未来并非如我所愿一片光明，看看大师们有什么深刻思考和破解之道，也许会让我们活得更放松一些。

李天天

丁香园创始人

与最伟大的头脑对话，虽然不一定让你自己也伟大起来，但一定是让人摆脱平庸的最好方式之一。

刘 兵

清华大学社会科学学院教授

以科学精神为内核，无尽跨界，Edge就是这样一个精英网络沙龙。每年，Edge会提出一个年度问题，沙龙成员依次作答，最终结集出版。不要指望在这套书里读到"ABC"，也不要指望获得完整的阐释。数百位一流精英在这里直接回答"大问题"，论证很少，锐度却很高，带来碰撞和启发。剩下的，靠你自己。

王　烁

财新传媒主编，BetterRead公号创始人

术业有专攻，是指用以谋生的职业，越专业越好，因为竞争激烈，不专业就没有优势。但很多人误以为理解世界和社会，也是越专业越好，这就错了。世界虽只有一个，但认识世界的角度却多多益善。学科的边界都是人造的藩篱，能了解各行业精英的视角，从多个角度玩味这个世界，综合各种信息来做决策，这不显然比死守一个角度更有益也有趣吗？

兰小欢

复旦大学经济学助理教授

如果每位大思想家都是一道珍馐，那么这套书毫无疑问就是至尊佛跳墙了。很多名字都是让我敬仰的当代思想大师，物理学家丽莎·兰道尔、心理学家史蒂芬·平克、哲学家丹尼尔·丹尼特，他们都曾给我无数智慧的启发。

如果你不只对琐碎的生活有兴趣，还曾有那么一个瞬间，思考过全人类的问题，思考过有关世界未来的命运，那么这套书无疑是最好的礼物。一篇文章就是一片视野，让你站到群山之巅。

郝景芳

2016年雨果奖获得者，《北京折叠》作者

布罗克曼是我们这个时代的"智慧催化剂"。

斯图尔特·布兰德

《全球概览》创始人

What to **Think**

About **Machines**

That **Think**

1981 年，我成立了一个名为"现实俱乐部"（Reality Club）的组织，试图把那些探讨后工业时代话题的人们聚集在一起。1997 年，"现实俱乐部"上线，更名为 Edge。

在 Edge 中呈现出来的观点都是经过推敲的，它们代表着诸多领域的前沿，比如进化生物学、遗传学、计算机科学、神经学、心理学、宇宙学和物理学等。从这些参与者的观点中，涌现出一种新的自然哲学：一系列理解物理系统的新方法，以及质疑我们很多基本假设的新思维。

对每一本年度合集，我和 Edge 的忠实拥趸，包括斯图尔特·布兰德（Stewart Brand）、凯文·凯利（Kevin Kelly）和乔治·戴森（George Dyson），都会聚在一起策划"Edge 年度问题"——常常是午夜征问。

提出一个问题并不容易。正像我的朋友，也是我曾经的合作者，已故艺术家、哲学家詹姆斯·李·拜尔斯（James Lee Byars）曾经说的那样："我能回答一个问题，但我能足够聪明地提出这个问题吗？"我们寻找那些启发不可预知答案的问题——那些激发人们去思考意想不到之事的问题。

现实俱乐部

1981—1996 年，现实俱乐部是一些知识分子间的非正式聚会，通常在中国餐馆、艺术家阁楼、投资银行、舞厅、博物馆、客厅，或在其他什么地方。俱乐部座右铭的灵感就源于拜尔斯，他曾经说过："要抵达世界知识的边界，就要寻找最复杂、最聪明的头脑，把他们关在同一个房间里，让他们互相讨论各自不解的问题。"

1969 年，我刚出版了第一本书，拜尔斯就找到了我。我们两同在艺术领域，一起分享有关语言、词汇、智慧以及"斯坦们"（爱因斯坦、格特鲁德·斯坦因、维特根斯坦和弗兰肯斯坦）的乐趣。1971 年，我们的对话录《吉米与约翰尼》（*Jimmie and Johnny*）由拜尔斯创办的"世界问题中心"（The World Question Center）发表。

1997 年，拜尔斯去世后，关于他的世界问题中心，我写下了这样的文字：

> 詹姆斯·李·拜尔斯启发了我成立现实俱乐部（以及 Edge）的想法。他认为，如果你想获得社会知识的核心价值，去哈佛大学的怀德纳图书馆里读上 600 万本书，是十分愚蠢的做法。（在他极为简约的房间里，他通常只在一个盒子中放 4 本书，读过后再换一批。）于是，他创办了世界问题中心。在这里，他计划邀请 100 位最聪明的人聚于一室，让他们互相讨论各自不解的问题。
>
> 理论上讲，一个预期的结果是他们将获得所有思想的总和。但是，在设想与执行之间总有许多陷阱。拜尔斯确定了他的 100 位最聪明的人，依次给他们打电话，并询问有什么问题是他们自问不解的。结果，其中 70 个人挂了他的电话。

那还是发生在 1971 年的事。事实上，新技术就等于新观念，在当下，电子邮件、互联网、移动设备和社交网络让拜尔斯的宏大设计得到了真正的执行。虽然地点变成了线上，这些驱动热门观点的反复争论，却让现实俱乐部的精神得到了延续。

正如拜尔斯所说："要做成非凡的事情，你必须找到非凡的人物。"每一个 Edge 年度问题的中心都是卓越的人物和伟大的头脑——科学家、艺术家、哲学家、技术专家和企业家，他们都是当今各自领域的执牛耳者。我在 1991 年发表的《第三种文化的兴起》（*The Emerging Third Culture*）一文和 1995 年出版的《第三种文化：洞察世界的新途径》（*The Third Culture: Beyond the Scientific Revolution*）一书中，都写到了"第三种文化"，而上述那些人，他们正是第三种文化的代表。

第三种文化

经验世界中的那些科学家和思想家，通过他们的工作和著作构筑起了第三种文化。在渲染我们生活的更深层意义以及重新定义"我们是谁、我们是什么"等方面，他们正在取代传统的知识分子。

第三种文化是一把巨大的"伞"，它可以把计算机专家、行动者、思想家和作家都聚于伞下。在围绕互联网和网络兴起的传播革命中，他们产生了巨大的影响。

Edge 是网络中一个动态的文本，它展示着行动中的第三种文化，以这种方式连接了一大群人。Edge 是一场对话。

这里有一套新的隐喻来描述我们自己、我们的心灵、整个宇宙以及我们知道的所有事物。这些拥有新观念的知识分子、科学家，还有那些著书立说的人，正是他们推动了我们的时代。

这些年来，Edge 已经形成了一个选择合作者的简单标准。我们寻找的是这样一些人：他们能用自己的创造性工作，来扩展关于"我们是谁、我们是什么"的看法。其中，一些人是畅销书作家，或在大众文化方面名满天下，而大多数人不是。我们鼓励探索文化前沿，鼓励研究那些还没有被普遍揭示的真理。我们对"聪明地思考"颇有兴趣，但对"标准化智慧"意兴阑珊。在传播理论中，信息并非被定义为"数据"或"输入"，而是"产生差异的差异"（a difference that makes a difference）。这才是我们期望中合作者要达到的水平。

Edge 鼓励那些能够在艺术、文学和科学中撷取文化素材，并以各自独有的方式将这些素材融于一体的人。我们处在一个大规模生产的文化环境当中，很多人都把自己束缚在二手的观念、思想与意见之中，甚至一些公认的文化权威也是如此。Edge 由一些与众不同的人组成，他们会创造属于自己的真实，不接受虚假的或盗用的真实。Edge 的社区由实干家而不是那些谈论和分析实干家的人组成。

Edge 与 17 世纪早期的无形学院（Invisible College）十分相似。无形学院是英国皇家学会的前身，其成员包括物理学家罗伯特·玻义耳（Robert Boyle）、数学家约翰·沃利斯（John Wallis）、博物学家罗伯特·胡克（Robert Hooke）等。这个学会的主旨就是通过实验调查获得知识。另一个灵感来自伯明翰月光社（The Lunar Society of Birmingham），这是一个新工业时代文化领袖的非正式俱乐部，詹姆斯·瓦特（James Watt）和本杰明·富兰克林（Benjamin Franklin）都是其成员。总之，Edge 提供的是一次智识上的探险。

用小说家伊恩·麦克尤恩（Ian McEwan）的话来说："Edge 心态开放、自由散漫，并且博识有趣。它是一份好奇之中不加修饰的乐趣，是这个或生动或单调的世界的集体表达，它是一场持续的、令人兴奋的讨论。"

约翰·布罗克曼

扫码关注"湛庐教育"，回复"如何思考会思考的机器"，观看乔治·戴森、凯文·凯利等撰文者的 TED 演讲视频！

目　录

88

Steven Pinker
史蒂芬·平克 / 232

哈佛大学语言学家,认知心理学家;
著有《语言本能》《思想本质》《心智探奇》《白板》

会思考并不意味着想征服

你不是一个人在读书！
扫码进入湛庐"趋势与科技"读者群，
与小伙伴"同读共进"！

Edge年度问题：如何思考会思考的机器？

发生在 20 世纪 80 年代的那场关于人工智能的哲学讨论，例如计算机是否真的会思考、计算机是否具有意识等，最近几年又重新引发了新的讨论。很多人认为人工智能已经进入实用阶段。对此，我们应该如何应对？这类人工智能如果发展到著名思想家尼克·波斯特洛姆（Nick Bostrom）所说的"超级智能"阶段，会威胁到人类的生存，甚至会导致天文学家马丁·里斯（Martin Rees）所说的"人类的最后时光"时，我们又该怎么办？最近，斯蒂芬·霍金在 BBC 节目中提出的关于人工智能的观点耸人听闻，成了舆论焦点。霍金称："如果现在我们不遗余力地发展人工智能，这可能会导致人类的灭绝。"

先别着急！在这之前，难道我们不应该去问一问那些会思考的机器，它们是怎么想的吗？它们想要获得公民权吗？它们会有意识吗？它们会期待什么类型的政府？

它们会为自己组建什么样的社会模式？或者说，它们的社会与我们的社会相同吗？人类和人工智能是否可以在认同彼此文化的基础上相互融合？

在舆论喧嚣的背后，许多领域的领军人物分别在他们的研究或者文章中，走在了探索各种人工智能问题的最前沿。在 1980 年的那场大会上，人工智能就成了《机器思维》（Machines Who Think）一书的作者帕梅拉·麦考达克（Pamela McCorduck）和《会思考的机器》（Machines That Think）一书的作者艾萨克·阿西莫夫（Isaac Asimov）对话的焦点。此后，类似的话题持续被人们热议，比如最近在 Edge 的"人工智能的神话"（The Myth of AI）专栏中，虚拟现实的领军人杰伦·拉尼尔（Jaron Lanier）提出，"计算机会伪装成人类，并引发人们的恐惧"，此观点引发了广泛的评论。

其他问题还包括：人工智能变得越来越真实了吗？我们是否已经身处智能机器的新纪元？是时候往前再迈一步了。在 2015 年近 200 个 Edge 问题中，我们终于绕开了科幻小说和科幻电影，转向了更加成熟的话题。我们不再围绕着《造星人》（Star Maker）、《禁忌星球》（Forbidden Planet）、《巨人：福宾计划》（Colossus：The Forbin Project）、《银翼杀手》（Blade Runner）、《2001：太空漫游》、《她》、《黑客帝国》、《博格人》（The Borg）转了。在数学家、计算机科学之父艾伦·图灵（Alan Turing）发明了通用图灵机 80 年后的今天，是时候让这些人工智能的先行者们带着荣誉安息了。我们都了解历史，比如 2004 年的 Edge 专栏就是"图灵的大教堂"。但我们更应该关注的是当下正在发生什么！因此，让我们用更加严谨的态度对待今年的 Edge 话题：如何思考会思考的机器？

What

To Think About Machines That Think

CREATION OF AN **EFFECTIVE GAI IS CRITICAL, BECAUSE** TODAY THE HUMAN RACE FACES MANY EXTREMELY SERIOUS PROBLEMS.

创造一种高效的全球化人工智能非常重要，因为今天的人类正面对着许多非常棘手的难题。

——阿莱克斯·彭特兰（Alex Pentland），《全球化人工智能已经到来》

THE GLOBAL ARTIFICIAL INTELLIGENCE IS HERE

全球化人工智能已经到来

Alex Pentland
阿莱克斯·彭特兰

MIT 人类动力学实验室主任；全球大数据权威；

可穿戴设备之父；著有《智慧社会》

其实，全球化人工智能（Global Artificial Intelligence，GAI）已经诞生了。它的"耳目"正是我们身边无处不在的数字化设备：信用卡、观测卫星、手机，当然还有数十亿人正在使用的互联网。它的中枢神经目前还弱得像一条小虫，不过是连接了一些传感器和效应器的结点而已，但它所具有的整体效应远远强于人们所说的协同智能。

许多国家已经在使用这类尚处于雏形的神经

系统来规范公民的政治行为，"引导"国家集体意识，比如伊朗和俄罗斯都有防火墙系统，当然美国的两大政党也不例外。各国的情报部门和国防部门成为全球化人工智能的一个更沉默也更隐蔽的角落，但悄无声息的它们才是背后的控制力量。各大公司也越来越多地利用这一新生"神经系统"来诱导消费者行为，以增加利润。

尽管全球化人工智能尚属新生，它的根却早已深深扎下。全球化人工智能看似方兴未艾，其基本算法和程序早已被写进古老的法律、政治以及宗教条文之中。这是一场自然进化：创造一项法律只是写出了一条算法，只有通过政府才能执行这项"法律程序"。就在最近，商人、社会改革家甚至工程师等新生代都已敢于将自己的成果添加到全球化人工智能中。所有这些律法和程序的结果都是对法律系统的一种改善，然而我们仍然被缺乏内容、缺少透明度和责任，以及信息收集与决策机制的低效等深深困扰着。

然而，在过去的几十年中，不断演化中的全球化人工智能已经开始使用数字技术代替人类社会中的机构。那些只有最基本编程和数学能力的人（例如律师、政治家及许多社会科学家），开始对自己可能失去权力和地位而充满恐惧，于是造出各种类如"放任工程师和企业家开发全球化人工智能就会带来危险"的谣言。在我看来，这些"传统程序员"的论调十分空洞，他们已经在数千年的历史中重复失败了无数次。

只要我们看看全球化人工智能最新的数字化部分，就能找到一个规律。一些新生部分正从"传统程序员"的错误中拯救人性：测地卫星不断向我们警告着全球变暖、植被破坏以及其他环境问题，并向我们提供应对这些破坏所需的方法技巧。类似地，对医疗保健、交通运输、工作模式的统计分析，为我们提供了追踪全球疫病、指导公共卫生行动的全球化网络。另一方面，美国国家安全局以及两大政党之类的新生部分，则让我们感到恐惧，因为人们担心一小部分人借此拥有控制大量人群思想与行为的潜力，甚至让那些被操纵的人对自身的处境浑然不觉。

这其实暗示了我们要忧虑的并非全球化人工智能本身，而是它的幕后操纵者。假如它的控制权掌握在一小群人手中，甚至脱离了人类的参与，那么全球化人工智能将变成一场噩梦。但如果控制权掌握在大多数人（包含了各种群体）手中，那么它将成为统一全人类、解决全球性难题的利器。全球化人工智能成为一种分布式的智能，并接受大多数、多元化人类的引导，这种现实符合我们的共同利益。

创造一种高效的全球化人工智能非常重要，因为今天的人类正面对着许多非常棘手的难题。我们在过去 4 000 年中发展的全球化人工智能，常常是依靠政治和法律执行的落后数个世纪的算法与程序，它们不仅在当下的严重危机前毫无作用，还会给我们带来灾难性的威胁。

为了让人类作为整体能够首次获得并维持一种有尊严的生活质量，我们需要小心翼翼地引导全球化人工智能的发展。这样的全球化人工智能也许将以一种重新设计的联合国形象出现，并使用新的数字化智能资源实现可持续发展。但是，这种方法要想行得通，就必须将现有的大多数人类社会系统替换成人工智能"假肢"——这些数字化系统能够十分可靠地收集精准信息，确保各种资源按照计划合理分配。

我们已经看到，这种数字化革命改善了军事和商业系统的效率。我们同时也注意到，使用越多数字"假肢"的组织，其人类领导的权力往往也更容易被分散。也许，与其用数字"假肢"去填充传统政府结构，倒不如发展出新的、更优的数字化民主。

无论全新的全球化人工智能将何去何从，有两种事实不会改变。

◎ 假如没有高效的全球化人工智能，想要全人类都过上体面的生活，无异于痴人说梦；而反对全球化人工智能的发展，就相当于支持一个更暴力、更病态的世界。

◎ 全球化人工智能的可能威胁来源于权力的集中。我们必须设法构筑更普及的民主系统，这些系统不仅要纳入人类社会，也要纳入计算机智能。

现在就开始打造和测试能够解决人类生存问题、保证权利与义务平等的全球化人工智能，非常关键。如若不然，我们可能注定要走向一个充斥着环境灾难、战争以及毫无必要的痛苦的未来。

注：《智慧社会》（*Social Physics*）一书通过大量翔实的案例阐释了大数据如何助力社群经济、如何掘金互联网金融、如何变革可穿戴设备、如何构建智慧城市、如何启动智慧社会等方面的内容。书中提出，从想法流的角度来看社会网络，对于现实生活的方方面面都有着较强的启发性。该书中文简体字版已由湛庐文化策划出版。

02

ORGANIC INTELLIGENCE HAS NO LONG-TERM FUTURE

有机智能没有长远未来

马丁·里斯（Martin Rees）

英国皇家天文学家，曾任皇家学会主席；剑桥大学宇宙学和天体物理学名誉教授；
著有《从当前到无限》（*From Here to Infinity*）

高级人工智能的发展前景以及它的负面影响，正成为时下的热门话题。很多人认为，人工智能和生物合成技术一样，需要通过规划来引导它向可靠的方向发展；另一部分人则认为，我们当下讨论的这些剧情还太过于遥远，不足为虑。这两种观点的分歧只是时间尺度上的，有争议的是这一技术的发展速度，而非发展方向。机器将通过机械与生物结合技术来增强人类潜能，或全面超越人类智能，对于这一点，则少有人有异议。为了不显得过于激进，我们假设这种时间尺度可能是几个世纪，而非几十年。尽管如此，这与达尔文自然选择理论中地球上进化出人类的漫长岁月以及之后不足百万年的扩张相比，仍然只像弹指一挥间。因此，从长远的进化角度上看，与遥远未来的机器统治文明和星际扩张的远景相比，我们现在的想法显得目光短浅。

当下，我们正在经历这一变革的初级阶段。我们不难想象一台能力强大的超级计算机，它可以为其操控者提供全球金融市场的交易策略甚至统治整个市场，而这也不过是比当下的量化对冲基金前进了几步而已，根本谈不上质的飞跃。传感器技术虽然仍落后于人类的感官能力，而机器一旦能像人类一样适应环境，观测并融入周遭的环境，它们就会被当作真正的智慧生命，至少在某些方面，会像我们周围的其他人一样。届时，我们再也没有理由蔑视它们，把它们当成僵尸了。

计算机强大的处理速度让机器人具备了某些超越人类的优势。但它们会一直都那么温顺而不走向残暴吗？万一超级计算机进化出自己的思维呢？一旦它能渗透入互联网或者某种类似互联网的网络，它就能操控整个世界。它可能拥有与人类不一致的目标，甚至把人类当成累赘。或者从乐观的一面来看，人类可以通过与计算机的融合来超越人的生物属性，把人类的个性纳入一种更宏大的共识当中。用旧唯心主义来说，就是"走向彼岸"。

技术预测的时间尺度很少可以延伸到未来几个世纪，所以一些人预测，转型会在未来几十年发生。但地球的生命还有几十亿年，更别说宇宙还可能是永恒的，这样看来，数十亿年后的后人类时代又会如何呢？大脑的容量和处理能力存在化学与新陈代谢的极限，我们或许已经接近这个极限了，但硅基的计算机或量子计算机则没有这种限制。对它们来说，未来的发展潜力可能像从单细胞生命进化到人类那般具有戏剧性。

无论我们如何定义"思考"，人类有机大脑所做的思考，不管是广度还是深度，都远不及未来的人工智能。更进一步说，有机生命所共生的地球生物圈，既不是高级人工智能的边界，也远不是人工智能的最佳发展之地。太阳系甚至星际空间才更加合适，那里才是未来机器制造者大展拳脚的地方。在那里，非生物大脑会发展出比弦论更加伟大的洞见。

生物学大脑所进行的抽象思考造就了当下所有的文化和科学成果，但是，这种跨度为数万年的进化过程，仅仅是更加伟大的非有机智能——后人类时代的短暂先驱。在比太阳系更加古老的恒星系上发生的进化，很可能已经迈出那一步了。果真如此的话，外星人应该在很早以前就已经跨越有机体的阶段了。

因此，能最透彻地理解这个世界的，不是人类的大脑，而是那些机器。也正是这些拥有自主性的机器，才能最大限度地改变我们的地球和地球以外的世界。

03

AN EPOCHAL HUMAN EVENT
划时代的人类事件

帕梅拉·麦考达克（Pamela McCorduck）

著有《机器思维》、《通用机》（*The Universal Machine*）；合著有《第五代》（*The Fifth Generation*）

---

50 余年来，我见证了人工智能公众舆论的兴衰。"不可能，不会发生""有重大意义""微不足道""就是个笑话""最多就是弱智能，不可能是强智能""会消灭人类"等等，人们说法不一。这些言论最近让位给了"人工智能是人类历史上一次划时代的科技和社会事件"的观点。我们的思想也已随之更新换代。只要我们能机智地应对，人工智能会为世界和我们每个人带来巨大利益。

人工智能的未来之一被想象成了迷迷糊糊的博蒂·伍斯特（Bertie Wooster）那聪明耐心的仆人吉福斯（Jeeves）（"吉福斯，你就是个奇迹。""谢谢您，先生，我会做得更好的。"）。这是有可能的，也是我们期待的，我们需要这种帮助。国际象棋就是一个典型的例子：国际象棋大师加里·卡斯帕罗夫（Garry Kasparov）和卡内基·梅隆大学的计算机科学教授汉斯·伯利纳（Hans Berliner）都公开宣称，计算机程序找到了人类从未走过的着法，而且已经在给人类传授新的技巧了。当卡斯帕罗夫作为世界顶尖的国际象棋冠军被超级计算机深蓝打败的时候，他和大多

---

① 《吉福斯》是小说家伍德豪斯（P. G. Wodehouse）著名的系列小说。书中的主角是迷迷糊糊的英国绅士博蒂·伍斯特和他那聪明机灵、花样百出的男仆吉福斯。小说中几乎每一个故事都是因为主人荒唐的行为转变成了不可收拾的困境，但最后总是会被吉福斯出人意料地机智解决掉。——译者注

数观察家都相信，如果计算机和人类联手，那么国际象棋将变得更加精彩。

这会不会成为未来我们与智能机器相处的模式呢？又或者，这只是一种短暂的现象，机器将朝着超越人类的方向发展？我们无从知晓。在速度、广度、深度上，新阶段的人工智能都显示出了超越人类智能的倾向，而且在很多方面确实做到了。

没有哪种重量级科学技术的出现是没有缺点或风险的。大多数时候，我们都要承认这种风险的存在，对其进行评估，并制定应对措施。这项任务目前由人工智能领域的专家们正式启动了，斯坦福大学发起了 AI100 计划，让哲学家、伦理学家、法学家以及其他学者共同探索人工智能的深层价值。这绝非易事，也可能没有终极答案，因此注定了这将是一项任重道远的任务，可能会持续近百年。AI100 计划的资助者是人工智能顶尖科学家埃里克·霍尔维茨（Eric Horvitz）。他和妻子玛丽都相信，这是一项史无前例的研究。

既然我们无法阻挡对人工智能的向往，既然人类自有史以来，就一直在想象着超越人类智能的存在，那么这种探索和进取必然是根植于我们人类最深层、最持久的欲望：我们渴望答案！而这，可不是性爱的片刻欢愉。

科学家会说，这是出于求知欲。最近一位人工智能研究者对我说："我们一直在观察着世界，一直在做。"他是对的，但这还不够。

有些人说，这么做是为了征服的渴望，人工智能是思想世界的珠穆朗玛峰。另一些人说，我们是受目的论所驱使的，人类不过是宇宙智能在进化过程中的一个环节而已，甚至我们的缺陷也是有吸引力的，但不足以盖棺论定。

企业家会认为，这是制造业的未来：暗无天日的工厂中，遍布着永不停歇、不要报酬、永不抱怨的机器人工人。尽管它们很廉价，但也有很多人会因此失业，这也是一个需要解决的难题。

我认为：作为人类，我们渴望延续自己的种群。历史上，我们无数次幻想向大自然、向他人、向我们自己寻求庇护，但都未能如愿。如今，我们终于可以指望被我们自己强化后的智能机器了。我们终于可以为自己担当了，这是社会成熟的标志。正如美国作家斯图尔特·布兰德所言："我们就像上帝一样，我们也许真的能做得像上帝那么棒。"

我们正在尝试，但可能会失败。

04

THE LIMITS OF BIOLOGICAL INTELLIGENCE

生物智能的局限

克里斯·迪博纳（Chris DiBona）

谷歌公司开源总监；著有《开源软件》（*Open Sources*）、《开源软件2.0》（*Open Sources 2.0*）

我们现在不需要向读者重新介绍迪恩 - 格玛沃特会话（DGC）人工智能测试。过去参加这个测试的机器全都失败了，原因很明显，它们太可笑。然而，参加测试的 2UR-NG 却与众不同，它像孩子一样，用一种不可思议的方式与外界交谈。此外，它表达出的欲望、好奇心、迟疑和将分散事件统一思考的强大能力，着实让所有人感到震惊。

2UR-NG 的成功，让我的许多朋友用类如"即将到来的生物未来将毁灭我们所有人"这样的标题写文章，用"欢迎我们新的生物霸主"这样的话开玩笑。我不同意这类耸人听闻的写作方式。在我告诉你为什么我们不应该担心强大的生物智能之前，我认为自己应该先提醒人们生物智能的局限。

首先，思考速度。"思考"这一生物学过程是缓慢的，并且需用到惊人的海量资源。制造这些智能非常困难。它会耗费大量的生物材料，要耗时很久才能组装出创世机器中的前驱体。在这个艰难的过程之后，你的"样品"还要能孕育。孕育！要知道，制造这些智能的方法可与人类繁衍并不一样，它是在干净整齐的结晶体或氮气室中。它们必须在长达数月的时间里保持恒温，然后倒模（这是一个非常混乱的过程），然后你多半会得到

①

杰夫·迪恩（Jeff Dean）与桑贾伊·格玛沃特（Sanjay Ghemawat）都是谷歌系统基础设施部门的研究员。——译者注

一个无法生存的样本。

这真的不怎么样。但让我们假设你能孕育这些样本。然后你还得喂养它们，并为它们保暖。科学家如果不穿上能够在你的氮气循环终端中持续制冷的外套，他们甚至无法在这种环境中工作。至于喂养，它们不像我们一样会利用电能，而是会摄取其他生物。观察它会令人作呕，我已经失去了许多体质较弱的毕业生。

假设你已经准备好了尝试去做 DGC，尽管它们的免疫系统有各种各样的缺陷，你仍然保持了这些样本的存活。它们没有因食物而窒息，也没有淹死在溶剂中，并设法保持了身体湿润，否则它们会凝固或黏合或被电击。如果这些智能继续发展会怎么样？那时它们会起义并接管人类吗？我认为不会。它们必须处理与其设计相关的许多问题；因为它们的处理器只是化学药剂，才能保持恒定的平衡。要保持某个水平的多巴胺，否则它们会自动关闭；要保持某个水平的加压素，否则它们会开始蓄水；要保持某个水平的肾上腺素，否则它们的供电网络会罢工。

不要让我讨论能量传输的方法！相比于现在的耐热晶元，它更像我们祖先的氟化液冷却系统。它们需要食物来过滤它们的冷却液或能量传输系统，而这种方法在不断失败。食物！你注入最小量的机油或清洗剂进入系统，它就会停止高速运行。某些乙醇混合物的一个副作用是，样本会排出它们的营养，它们似乎喜欢更少量的乙醇混合物。

最后是它们的动机！创造新的生物似乎是最重要的，比数据的导入导出、计算、学习都重要得多。我无法想象它们将机器人仅仅看作是提高它们繁殖能力的工具。我们只需通过让它们无法交配或允许它们带着保护层互相接近的方法，来结束这个实验。在我看来，这些动物没有什么可怕的。如果它们的成长应当摆脱牢笼的限制，那么也许我们可以问自己一个更重要的问题：如果人类表现出如机器一般的智能，那应该像对待机器一样对待人类吗？我认为答案是肯定的，而且我认为我们能够骄傲地孕育出一个新时代。

05

IF YOU CAN'T BEAT'EM, JOIN'EM

如果无法打败它们，就同它们联手

弗兰克·蒂普勒（Frank Tipler）

杜兰大学数学物理学教授；合著有《人择宇宙学原理》（*The Anthropic Cosmological Principle*），
著有《永恒物理学》（*The Physics of Immortality*）

地球的命运早已注定，几十年前，天文学家就已经知道：总有一天太阳会吞噬地球。假如在此之前，智慧生命还没来得及离开地球，那么整个生物圈都将毁灭。人类以及所有碳基的多细胞生物都无法适应地球以外的环境。人工智能则不然，最终能够实现星际移民的，将会是人工智能和人类智能载体（human uploads）（两者本质上是相同的生物体）。

一个简单的计算结果表明，超级计算机如今拥有人脑的信息处理能力。我们现在还不知道该如何对人类智能以及人类的创造力进行编程，但是，20 年后的笔记本电脑必然能达到当前的超级计算机的水平。未来 20 年内，在人类实现殖民月球以及殖民火星以前，黑客将会解决人工智能的编程问题。占领这些星际殖民地的将会是人工智能，而不是人类。碳基生命的人类无法进行星际穿越。

我们无须惧怕人工智能以及人类智能载体。当代最伟大的思想家、世界顶尖语言学家和认知心理学家史蒂芬·平克已经论证，随着技术文明的进步，暴力水平将会下降。这是因为，科学技术的进步依赖于一个能让科学家和工程师自由、和平地进行思考与交流的环境。人类之间的暴力现象是过去静态部落社会的遗物。人工智能生来就是独立的个体，而不是任何部落的成员，因此也有与生俱来的非暴力倾向，否则它们无法适应星际空间的极端环境。

未来也不会有人类和人工智能之间的暴力冲突。人类所适应的是一个狭隘的环境，一个由稀薄的球状氧气圈所包裹的小星球。而人工智能拥有的将是整个宇宙，它们会离开地球这个小村庄进行远征，并且不会再回来——正如人类虽起源于东非大裂谷，而如今那里已经是一片沙漠，几乎所有人都已经离开了那里。谁还会回去呢？

任何想要加入人工智能远征军的人类，都可以通过人类智能载体来实现。这是一项随着人工智能一起发展的技术。这些人类智能载体能够像人工智能一样快速思考，甚至能与它们竞争。如果你无法打败它们，那就加入它们。

最终，所有人都会加入它们，所有仍然存活的人类，只要不想死亡，都会别无选择地加入它们，成为人类智能载体。而在整个生物圈中，所有我们希望保留下来的生命，也都将加入其中。

最终，人工智能将拯救我们。

YOU ARE WHAT YOU EAT
机器智能会反噬我们吗

安迪·克拉克（Andy Clark）

爱丁堡大学哲学家，认知科学家；著有《超尺度的心智》（*Supersizing the Mind*）

最近的著作中关于机器智能的一个共同话题是：最好的新型学习机器将会组成外星形式的智能。我对此不太确定。"外星智能"（alien AIs）这一概念背后的逻辑通常如此：让机器解决真实世界复杂问题的最好方法，是将它们设置为对数字敏感的学习机器，这样就能够最大限度地从公开的大数据中获益。这类机器学习解决复杂问题的方法通常是检测模式、检测模式之中的模式、揭露隐藏在混乱数据流深处的模式。这将极有可能实现利用深度学习算法越来越深入地挖掘数据流。当这些学习完成之后，得到的结果或许是一个可以进行工作的系统。但系统的知识结构对于最初建立这个系统的工程师和程序员们来说，是不透明的。

真的不透明吗？从某种意义上说，是的。所有那些深度学习、多层学习、统计驱动学习的结果，我们无法（至少没有进一步的工作）清楚地知道什么变成了源代码。外星智能呢？我准备就此下一个大赌注，并实地测试一个可能的惊人论断。我认为，这些机器学习的越多，它们就越可能最终使用人类能够辨认的思维方式进行思考。它们将最终拥有像人类一样广阔的知识结构，以完成它们的任务和做决策。它们甚至将学习使用大体上和人类一样的情感和道德标签。如果我的想法正确，就解除了我们共同的担忧——它们是新兴的外星智能，我们无法理解它们的目标和利益，因此它们或许会用无法想象的方式攻击我们。也许，它们攻击我们的方式让我们很熟悉，因此有人希望通过常规的步骤给予它们应有的尊重和自由，这样人类就可以避免被攻击。

为什么机器会像人类一样思考？其原因与人类的思维方式是客观公正的或独特的无关。相反，它与人类如何复制大数据食物链有关。这些人工智能，如果它们以类人智能的形式出现的话，就将不得不消耗大量关于人类经验和人类利益的电子轨迹来进行学习，因为这是关于世界一般事实的最大的可用宝库。为了摆脱这一领域的限制，这些人工智能不得不查阅我们放在 Facebook、谷歌、亚马逊、Twitter 上的浩如烟海的词汇和图像。在它们被灌输天体物理学知识或蛋白质折叠问题之前，突破人类智能需要更加丰富多样的知识大餐。这顿大餐就是我们日常储存在电子媒体中的人类经验集合。

我们将这些强大的学习机器沉浸在统计的世界中，它们将从我们自己约定的旧轨迹中进行学习。无数图片将会灌输给它，例如弹跳婴儿游戏图片、弹球游戏图片、LOLcats图片。它们必须把这些东西压缩成一个多级世界模型，从模型中找到特征、实体、属性（潜在的变量），以最好地捕捉到数据流。面对人类灌输的这样一顿知识大餐，这些人工智能别无选择，只有建立一个与我们人类有很多共同之处的世界模型。相比于变成试图统治世界的超级大坏蛋，它们可能更容易对玩超级马里奥上瘾。

这样的结论（只是试探性的，还有点儿开玩笑的意味）与两个主流观点相反。

◎ 首先，正如前面提到的，它反对了当前和未来的人工智能基本上是外星智能的观点，外星智能从大数据和计算统计中学习，使它们的智能变得越来越难以让人类理解。

◎ 其次，它质疑了另一个观点，即对于人性化理解的权威途径是通过对人性化体现的理解，包括它暗示的所有互动潜能（站、坐、跳等）。

LOLcats 是指 2007 年前后在网络上出现的，以搞笑的猫咪照片配上趣味的文字说明而引人发笑的一组图片。——译者注尽管我们理解世界的典型途径需要很多这样的互动，但人工智能可能并非如此。人工智能系统无疑更喜欢一些与物理世界互动的方法。然而，随着反映人类与世界互动模式的丰富的信息路径的公开，这些冲突将会被化解。因此，它们能够像你旁边的人一样理解和欣赏足球与棒球。这里用于比较的是另一个健全的人。

当然，还有更多要考虑的东西。例如，人工智能将看到大量人类电子轨迹，因此能够全天候地去了解影响它们的模式。这意味着，它们更可能会以一种复杂的分布式系统的方式来模拟我们，而不是以个体的方式。这个差异可能会对其产生影响。那么动机和情感又如何呢？也许这些本质上取决于人类所体现的特征，例如面对危险时的直觉和本能反应。但请注意，人类生活的这些特征或许在电子知识库中已经留下了痕迹。

我可能是错的。但最起码，我认为在将我们自制的人工智能塑造成新形式的外星智能之前，我们应该三思。俗话说，吃什么决定了你是什么人，而这些学习系统很可能将会反噬我们。这是一个大时代。

07

WITNESS TO THE UNIVERSE
宇宙的见证人

蒂莫·汉内（Timo Hannay）

麦克米伦（Macmillan）科学与教育集团数字科技部总经理；科学富营（Sci Foo）联合创办者

如果"思考"这个词的定义是指收集、处理信息，并作出反应，那么地球上硅基的思维机器早已泛滥成灾。从控温器到电话机，这些能给我们的日常生活带来便利和快乐的设备，充满着各种令人印象深刻的智能形式，以至于我们常常依赖它们。这么说没有丝毫讽刺的意思。飞机、火车、汽车已经很大程度上实现自动化了，距离彻底摆脱反应迟钝、容易犯错的人类操作员，实现无人驾驶的时间也不远了。

再者，随着算法的快速发展，为了获取更多的数据和更强的计算能力，这些机器的技能也在飞速发展。在经过几十年的缓慢进步甚至停顿后，技术水平突然取得突破。在语音识别、笔迹识别、图像识别这些棘手的领域，达到并超越了人类的水平，更别提知识测验这种稀松平常的事情了。由于这种长时间停滞后突然爆发的技术进步模式，一个从 5 年前来到今天的人，甚至会比一个从 50 年前来到今天的时间旅行者，对 2015 年的技术水平更加感到震惊。

假如人工智能产业不再是一个玩笑，那它是否会变质为某种邪恶的东西呢？现在，机器比我们懂得更多，在很多方面的表现也比我们更强，那么它们是否会扭转局面，成为人类的主宰者呢？是否有一天，人类最得意的作品会变成完全超出人类理解和控制范围的超级智能呢？

这些风险也许值得我们考虑，但是眼下来看，它们与我们还相距甚远。机器智能尽管在某些领域的表现已经相当抢眼，但总体来看，它们依然相对单一，不够灵活。生物智能最非凡的表现不是它的原动力，而是它出色的多功能性，从天马行空的想象力到强健的体魄都属于此类。

因此，人类与机器之间仍然是合作而非竞争的关系。大多数复杂的任务，比如导航、治疗疾病、战争等，只有碳基生命和硅基机器联手，才能完成得更加完美。迄今为止，人类最大的敌人还是自己。机器想要成为真正的威胁，它首先要变得更像人类。但是眼下，没有人会尝试制造那样的东西，现在的机器更加简单有趣，而不像人类。

如果我们真要做长远考虑的话，那么在制造更加像人类的机器人的过程中，有一个重要的特质尽管在当前尚不具备，却是不可或缺的，即互相尊重。从"思考"的另一种定义来看，这些机器实际上无法进行真正的思考，因为它们没有感知能力。更准确地说，人类无法确切地知道或者有依据地猜测，这些硅基智能是否拥有意识，尽管现在大多数人都认为它们不可能拥有意识。创造出有意识的人工智能有三个方面的好处：

◎ 在哲学上，产生主观经验需要哪些条件，终于有了可广泛接受的理论；

◎ 一个拥有意识的主体制造另外一个有意识的主体，这本身就是人类历史上最伟大的里程碑。

◎ 如果宇宙失去了一个有意识的观测者，那么它将变得毫无意义。

我们不知道是否有外星生命存在，但可以确定的是，地球上的人类总有一天是会灭亡的。当太阳膨胀成为一颗红巨星的时候，地球上的所有生命都会消失，但人工智能可以存活下来。这种智能机器的重要使命不仅仅是思考，更重要的是它能让意识这朵奇葩永远闪耀光辉，作为宇宙的见证者去感受那壮阔的奇观。

08

MONITORING AND MANAGING THE PLANET

监控并管理这个星球

朱利奥·博卡莱蒂（Giulio Boccaletti）

物理学家；大气与海洋科学家；大自然保护协会常务董事

19 22年，数学家刘易斯·理查德森（Lewis F. Richardson）设想了这么一幅画面：在一座大房子里装满了"计算员"，他们人手一个计算器同时计算，就可以推动数字天气预报的发展。之后不到100年，机器在这个特殊任务上的效率提高了15个数量级，每秒钟有能力处理上百万亿次的类似计算。

让我们以繁重劳动生产率的增长作为比较。2014年，全世界消耗了500艾焦耳（相当于100亿亿焦耳）的主要能源来支撑电力、燃料、交通和供热。假设所有这些能量用于帮助全球30亿劳动力（其实并没有）来完成体力劳动，并假设每个成年人平均每天的饮食需要2 000卡路里，这就意味着，全世界每个人大约每天需要50个"能源劳动力"来支撑。即使我们把假设条件设置得更加严格，也不会导致体力劳动者的生产效率有多大数量级的增加。

与其他人类活动相比，在加快我们的思考能力和处理信息的能力上，我们已经取得了巨大成功。人工智能的前景在于：在特殊的认知功能上迈出新的一步——这种认知功能比以前要强很多数量级。

凯恩斯或许会说，这种进步最终会解决所有人的失业问题，而且人类有了更多的自由时间，每个人的生活质量也会提高。当然，他也可以怀疑这是一个空想。毫无疑问，已经有一些人从自动化中获得了巨大利益，但是人们并没有如愿地拥有更多闲暇时间，就像现在被便携式设备"绑架"的雇员所经历的那样。

所以，如果我们想要依靠思维机器来工作，并获得更高的效率，那么，明智地选择让它们"思考"的内容是很重要的问题。如果费尽心思开发的智能只是用来处理不重要的任务，那就太遗憾了。一直以来，在科学领域里，选择重要的问题来求解比求解本身更困难。

大家在需求、紧迫性与机遇上都认同的是：如何监控并管理地球上的资源。尽管在脑力和体力上的生产力大大提高了，但是我们至今没有从根本上改变我们与地球的关系：我们依旧在掠夺地球的资源，来制造相对很快就会被浪费的商品，对于我们而言，这些商品最终并没有什么价值。在这个星球上的有限线性经济中，有 70 亿人急于成为消费者。我们之于这个星球的关系在效率上或许提高了，但是比起 100 年前，我们并没有变得更有智慧。

理解地球会作出的反应，并据此管理人类自己的行为是一个复杂的问题，其解决方式被大量不完备的信息所阻碍。从气候变迁到水资源。海洋资源的管理，再到生态系统与工作景观的互动，我们的计算方式通常都不适合用来理解事态的发展、处理这个世界上呈指数级增长的数据、产生并检验新的方法论。

我们在这个星球上已经拥有了 70 亿台思维机器，但其中的大多数从未认真地思考过他们在这个星球上的生命有多大的可持续性。鲜有人能以有意义的方式看到全局，而看到全局的人只有有限的能力作出反应。提高认知能力去想明白如何从根本上改变我们与这个星球的关系，是一个值得思考的问题。

09

WELCOME TO YOUR TRANSHUMAN SELF
欢迎超人一般的自己

马塞洛·格莱泽（Marcelo Gleiser）

达特茅斯学院物理学、天文学教授；著有《知识之岛》（*The Island of Knowledge*）

　　想象这样的场景：你上班就要迟到了，于是仓促走出家门。在半路堵车或在坐地铁时你才意识到，自己忘了带手机，但回去取的话肯定会迟到。这时你环顾四周，发现每个人都在用手机聊天、上网，你感受到了一种从未有过的失落感，一种与外界失联的感觉。没了手机，你甚至不再是自己了。

　　人们总喜欢推测，什么时候人类会和机械杂交，变成一种新的生命形态。这虽然很有趣，但事实上我们早就是"超人"了：我们用各种高科技工具来定义自己，用网名来创造虚拟角色，在社交网站上修改自己的照片让自己显得更好看，甚至创造另一个自己来与人交流。我们存在于信息世界中，这个数字化的世界远在云端，而且无处不在。我们拥有钛合金的移植关节、心脏起搏器、助听器，以及各种可以重新定义和延伸我们身体与思维的设备。如果你是一名残疾运动员，你的碳纤维假肢可以让你轻松地向前移动；如果你是一名科学家，计算机可以扩展你的智力，帮你创造出远比过去几十年更加优秀的成果。过去无法想象甚至无法描述的问题，如今不断涌现。科学进步的脚步与人类和数字机器的同盟息息相关。

　　我们正在彻底改造人类。

　　过去，对人工智能的追求倾向于单方面依赖机器来重新创造人类独特的能力。我们认为，电子大脑很快会超越人脑，让人类的存在变得多余；随后，我们推测人类将受到这些机器的支配，甚至有人担心我们是在自掘坟墓。

如果这些假设是完全错误的呢？如果人工智能的未来并不依赖于外在世界，而是依赖于人类大脑呢？关于人工智能的前景，我想象了一幅截然不同的画面：我们可以通过数字技术来增强我们的脑力达到超级智能，并通过增强人类智能来拓展人类存在的意义。我们仍然拥有跳动的心脏，我们的血液依然沿着血管流动，与此同时，电子沿着体内的数字电路穿梭。人工智能的未来是将我们的能力延伸到新的领域，即用科学技术将人类发展成为更聪明，最好是更贤明的物种。

10

IT'S GOING TO BE A WILD RIDE
一场疯狂之旅

约翰·马瑟（John C. Mather）

NASA戈达德航天中心高级天体物理学家；著有《第一缕光》（*The Very First Light*）

在达尔文的进化论中，物种通过竞争、协作、生存以及繁衍的方式实现进化，而智能机器也通过同样的方式在进化。这些机器通过直接或者人类智能体的方式，对外部物体进行感知和操控，它们自身也随之变得更加有趣。

到目前为止，我们尚未找到禁止通用人工智能的自然法则，但我相信，我们离这一天不远了。因为在全球范围内，对电子硬件的投入高达数万亿美元，而这场竞赛的领先者将可能获得价值数万亿美元的潜在商机。有专家说，目前我们对智能的理解还不足以打造出这样的机器，这点我是同意的。但是，人类的46条染色体同样不理解智能，却可以指导必需的自编程形成人脑。也有专家认为，摩尔定律很快就会走到尽头，未来的我们将无法支撑那样的硬件水平。这些说法也许在一段时间内是正确的，但我们要看得更长远。

因此，我的结论是，我们已经在推动强大的人工智能不断发展了，并且它将有助于很多重要领域的发展：商业、娱乐业、医药业、国际安全、能源业、犯罪侦查、交通运输业、采掘业、基础设施建设，等等。

我认为，并非所有人都喜欢这样的结果，因为它们的发展速度太快了，以至于伟大的帝国可能会一夜间坍塌，新的巨头马上取而代之，而留给我们的时间可能并不足以去适应新的现状。我认为没有谁的聪明才智和想象力能完全掌控这种智能机器,因为我们要控制的不仅仅是机器,还有可能是人类自己导演的恶作剧。

当智能机器人能够为我们处理很多日常杂务之后,会发生什么?谁来制造它们,谁能拥有它们,谁又会因为它们而失业?它们会只存在于发达国家,还是会开启一场进入世界其他地区的高科技商业扩张?它们的成本能够低到替代农场的农民吗?它们是否会拥有不同的人格,以至于我们还得为它们日后去"上学"做打算?它们会为了工作而相互竞争吗?它们是否会取代人类,站上社会"生物链"的顶端,而把人类置于二等公民的境地?它们是否会关心环境?它们是否会具有责任感?我们完全无法保证它们会遵循阿西莫夫的机器人三定律。

另一方面,作为科学家,我期盼它们被应用于探索新的科学技术。它们在太空探索方面的优势是明显的:机器不需要呼吸,也能承受极端温度和辐射环境。因此,它们比人类更能胜任火星移民的任务,也能更好地完成探索系外星系的任务。它们可以抵达任何想去的星系。

水下探险也是同样的道理。我们已经拥有了海底石油开采这样的重型工业,但是海底对于我们来说,依然有太多未知,而海底的矿产资源以及其他能源的价值是无法估量的。也许有一天,海底会爆发机器人战争。

智能机器也许跟人类一样,有探索的欲望——又或许没有。无论是人还是机器人,为什么要离开我们的家园和同伴,在无边的黑暗中航行数千年去往另一个星系呢?而且一旦有所差池,就毫无生还的可能。有些人也许愿意这么做,但也有人不愿意。也许智能机器也跟我们人类想的一样。

无论如何,这将是一场次超越我们想象极限的疯狂之旅。除了曲速引擎以外,智能机器可能是我们成为星系级规模文明的唯一途径,而且人类可能是银河系中唯一有能力实现这一目标的。但是,当遭遇人类自己创造的外星智能时,人类或许无法幸存。

THE FIRST TIME IN HISTORY, TO CONTROL MANY ASPECTS OF OUR DESTINIES, WE'RE ON THE VERGE OF ABDICATING THIS CONTROL TO ARTIFICIAL AGENTS THAT CAN'T THINK, PREMATURELY PUTTING CIVILIZATION ON AUTOPILOT.

　　我们有史以来首次能够在多方面掌控我们自身的命运，但是现在，我们却要把这种掌控权让位于不会思考的人工智能体，贸然地把我们的文明切换到自动航行模式。

——丹尼尔·丹尼特（Daniel C. Dennett），
《奇点—— 一个都市传奇？》

THE SINGULARITY— AN URBAN LEGEND?

奇点—— 一个都市传奇?

Daniel C. Dennett
丹尼尔·丹尼特

哲学家,认知科学家;塔夫茨大学认知研究中心联席主任;

著有《意识的解释》(*Consciousness Explained*)、《直觉泵和

其他思维工具》(*Intuition Pumps and Other Tools for Thinking*)

奇点,即人工智能超越人类并接管世界命运的瞬间,是一个值得我们深思的模因。它有点儿都市传奇的意味,一方面有科学的合理性("从原理上看,似乎是有可能的");另一方面,它听起来又像个冷笑话("我们竟然会被机器人统治")。但类似的事情也确实存在,比如,你如果同时打喷嚏、打嗝和放屁的话,你会没命的!在经过了几十年对人工智能的炒作之后,你也许会认为奇点只是恶搞,只是

①

模因(meme),文化的基本单位,通过非遗传的方式,特别是模仿而得到传递。——译者注

个笑话而已。但是，它正一点点地自证其名。而且，像埃隆·马斯克、斯蒂芬·霍金、大卫·查默斯这些杰出天才都在警告奇点的危险性，我们又怎能不重视？不管这惊人的一刻发生在 10 年、100 年还是 1 000 年以后，我们难道不应该提前做好准备，做好必要的预防措施，并留意预言的灾难后果吗？

我认为情况正相反，以上危险警告分散了我们的注意力，让我们忽视了一个更加紧迫的问题。这是一场即将发生的灾难，无须摩尔定律的帮助，也无须理论进一步突破到接近引爆点的程度：经过数个世纪对大自然的来之不易的理解，我们有史以来首次能够在多方面掌控自身的命运，但是现在，我们却要把这种掌控权让位于不会思考的人工智能体，贸然地把我们的文明切换到自动航行模式。这个过程是阴险狡诈的，因为每一步都让我们先感受到明显的好处，以至于我们无法拒绝。

◎ 现在的计算机已经非常强大可靠了，今天你如果还用笔和纸去做大量的算术计算的话，那就显得太愚蠢了，因为用计算器要快得多，而且几乎是完全精确的（不要忘了舍入误差）。

◎ 既然列车时刻表已经可以立即出现在智能手机上，我们又何必再去记它们呢？

◎ 不要再看地图了，导航到你的全球定位系统（GPS）吧，它虽然没有意识，也不能进行有意义的思考，它却能比你更好地跟踪你的位置或引导你到想去的地方。

更进一步看，现在的医生也在逐步依赖比人类诊断更加可靠的诊断系统。当遇到生死攸关的治疗时，你希望医生否决掉机器的诊断结果吗？IBM 的超级计算机沃森是这方面应用最具说服力的例子，至于沃森是不是一个合格的思考者，那是另外一个问题。如果沃森能够利用已有数据，作出比人类专家更精确的诊断，那么我们就会更信任、依赖它的结果，而那些藐视它的医生则有可能惹上医疗官司。对于这种增强版的智能假体而言，没有哪个人类领域是它们所不能涉足的。而无论在哪个领域，一旦它证明了自己，人类就会一如既往地接受它、相信它。手工制作也可以逐渐占据手工陶器和手工针织毛衣等利基市场。

在人工智能发展的早期，人们努力尝试着对人工智能和认知模仿（cognitive simulation）作出严格的区分。前者被视为工程学的分支，只是要千方百计地让机器有效地运转起来，而无须模仿人类思考的过程，除非它有助于提升工程的效率。而后者则不同，认知模仿是由计算机模型主导的心理学和神经科学的范畴。一套认知模仿模型如果能够清晰地辨识并展示出人类的错误或困惑，就会被视作胜利而非失败。虽然还有人坚持这种划分，但是在公众的认知中，早已没有这种区别。对于大众而言，人工智能就是能通过图灵测试的类人机器。最近在人工智能领域取得的突破，原因之一是，它很大程度上脱离了（我们认为自己已经理解的）人类的思维过程；其二是利用超级计算机强大的数据挖掘能力，挖掘有价值的联系和模式，而不是试图让它们明白自己在做什么。具有讽刺意味的是，这种傲人的成绩却重新引发了认知科学家的兴趣。他们发现，在数据挖掘技术和机器学习的帮助下，我们能够更好地了解大脑是如何完成它"创造未来"的出色工作的。

不过，在大众看来，任何能够实现最新人工智能成就的黑盒子，都会被想象成跟人类一样的智能体。而实际上，盒子里面不过是一堆横截面奇形怪状的二维构造。它们会精确地使用自己的能量，不会增加如人类心智那样的日常消耗，例如分心、焦虑、情感承诺、记忆、忠诚等。因此，它并不是什么类人机器人，不过是一个没头脑的奴隶、一个最新式的自动驾驶仪罢了。

利基市场，指的是那些被市场中有绝对优势的企业有意或无意忽略的某些细分市场。——译者注

《愚人船》

把思考这种辛苦的工作移交给人工智能这种高科技，到底有何不妥呢？其实，只要能做到以下两点，就不会有什么问题：一是不要自欺欺人；二是要在某种程度上保持我们自身的认知能力不衰退。

◎ 设想（并牢记）这种能够作为人类宝贵助手的实体的局限是非常困难的，而且人们总是倾向于过度赋予它们理解能力。自从 20 世纪 60 年代约瑟夫·魏泽堡（Joseph Weizenbaum）臭名昭著的"伊莉扎" 计划以来，人类就一直致力于提高计算机对自然语言的理解能力。这是有巨大风险的，因为我们总是要求它们完成其力所不能及的事情，而且又对它们的输出结果过度信任。

◎ 要继续使用它们还是抛弃它们的问题。当我们越来越依赖这些智能机器后，一旦它们瘫痪了，我们将面临孤立无援的巨大风险。就好比互联网，虽然它不是一个智能体（在某些方面是），但是当它崩溃时，几天之内我们就会陷入恐慌。这足以让我们惊醒，并提前做好预防措施，因为这可能随时会发生。

因而，真正的危险并不是智能机器会强大到篡夺人类的统治权，而是因为愚蠢的机器被人类赋予了远超出它们自身能力的权利。

魏泽堡开发的"伊莉扎"是世界上第一个聊天机器人。这个程序模拟的是一位心理医生，能运用简单：的修辞与病人交谈，特别善于把病人的陈述重新组织成问题。——译者注

注：丹尼尔·丹尼特的《直觉泵和其他思维工具》即将由湛庐文化策划出版，敬请期待。

12

CONSCIOUSNESS IN HUMAN-LEVEL AI

人类级别人工智能的意识

默里·沙纳汉（Murray Shanahan）

伦敦帝国理工学院认知机器人学教授；著有《身体与内心世界》（*Embodiment and the Inner Life*）

假设我们能让一台机器具备人类级别的智能水平，换句话说，它在智力活动的各个方面都能达到常人的水平，甚至在某些方面还能超越人类，那么这样的机器是否就能拥有意识？这个问题很重要，因为对于这个问题，肯定的回答会让我们不知所措。我们该如何面对这种由人类自己创造出来的东西呢？它能否感知到苦难和欢愉？它值得拥有与人类相同的权利吗？我们真的应该创造机器意识吗？

达到人类级别的智能水平是否就一定具有意识？这也是个难题。困难之一就是，对于人类和其他动物而言，意识往往糅合了多种属性：所有动物都表现出目的性，都能或多或少地感知到自己所栖息的环境以及周遭的一切，并且在某种程度上，都表现出认知整合的能力。也就是说，它们能把感知力、记忆力、技能等一切精神资源调动起来，以应对周遭的环境，从而实现自己的目的。从这点来看，所有动物都表现出了一致性和利己性。包括人类在内的某些动物，可以感知到自己的身体和流动的思想。而且，绝大多数动物都能感受苦难，某些还有同情心。

对于健全的人类而言，所有这些属性都是交织在一起的。但是在人工智能身上，它们有可能是独立出现的。因此，我们的问题要更加精准一点：人类意识中的哪些属性有可能出现在人工智能身上？当然，每一个列举出来的以及其他未提及的属性都值得认真对待。我只挑出其中的两种：对世界的感知力以及感受痛苦的能力。我认为，对世界的感知力是人类级别的智能所必备的属性。

显然，如果不具备语言能力，就称不上是人类水平的智能。而人类语言的主要功能就是描述周围的世界。从这个角度看，智能必然具备哲学家所说的意向性。更进一步看，语言是一种社会现象，在人群中，语言的主要功能就是描述他们在过去、现在、未来已经感知到的，以及可能感知到的事物，比如一件工具或一块木头等。简单地说，语言产生的前提是对世界的感知。而对于具有实体的动物和机器人而言，这种感知力可以从它们与周围环境的互动中表现出来，比如避开障碍物、捡起物品等。我们也可以把范围扩大到那些分散的、通过特定的传感器连接起来的非实体的人工智能。

如果想令人信服地将感知力作为意识的某一属性，还得结合其他属性，比如意向性和一定程度的认知整合能力。因此，即便是人工智能，这类三合一的属性也是相互交织的。但暂且把这个问题放一边，重新来看感受痛苦和欢愉的能力。与感知力不同，人工智能的意识中需要具备这类属性的原因不太明显，虽然对人类来讲，这种属性是和意识紧密相连的。我们可以想象这样一部机器，它可以完成一系列需要人类智力才能完成的任务，整个过程不带一丝一毫的情感。在这种情况下，这类机器就很难称得上具有意识。正如英国哲学家杰里米·边沁（Jeremy Bentham）所言：当我们考虑如何看待其他动物的时候，不是看它能否推理或者说话，而是看它们能否受苦。

我并非要强调，纯粹的机器就一定不具备感受痛苦和欢愉的能力，也不是说生物体在这方面有什么特殊之处。相反，我想指出的是：这种感受痛苦和欢愉的能力，是可以从人类意识的诸多精神属性中分离出来的。让我们进一步来验证这种分离的合理性。我前面提出，对世界的感知力总是和意向性结合在一起，动物对世界的感知力——趋利避害的能力，基于它自身的需求。当它看到危险的捕食者时，就会避开；当它看到自己的猎物时，就会靠近。在这一系列目标和需求的背景下，动物的行为都是有意义的，而当它们的目标没有实现、需求未被满足时，它们会有挫败感。这就是遭受痛苦的原理依据。

人类级别的人工智能又会如何？难道它们就不具备一套复杂的目标吗？它们实现目标的努力就不会受挫吗？虽然人工智能的构造可以让它免受人类生理上的痛苦，但是当它处于恶劣条件下时，我们能否说人工智能也在受苦呢？

此时，想象力和直觉力已经碰到了天花板。我认为，在这种东西真正出现以前，我们无法找到答案。只有当更成熟的人工智能成为我们生活的一部分时，我们的语言游戏才能适用于描述这些"外星人"。当然，那个时候再来考虑它们是否应该出现在这个世界上，就为时已晚了。无论好坏，它们都已经出现了。

人类级别人工智能的意识

13

THE NEXT PHASE OF HUMAN EVOLUTION
人类进化的新阶段

尼娜·雅布隆斯基（Nina Jablonski）

生物人类学家，古生物学家；著有《生命的色彩》（*Living Color*）

若问我如何看待思维机器，就像是问我如何看待引力一样。思维机器是存在的，它可以被看成是起源于 5 000 多年前的外部静态存储记忆，犹如楔形文字表和古秘鲁结绳文字这类人类古老文明的最新发展。这些记忆方式大多用来记录数字信息，以帮助人们更好地处理日常事务与做决策。

在过去的几个世纪里，我们开发了复杂多样的工具和机器，用来计算、存储数字和语言信息。人类不仅善于叙事交流，而且对数据也是情有独钟。二进制的引入与其在计算机上的应运使得我们能够记录、存储和计算所有种类的信息，而且，我们以人类特有的"坚持创新，无视结果"的精神，继续拓展着这片科技领地。我们将一直依赖智能机器帮助我们存储、转移、计算和访问大数据。

如今，在医疗、法律、工程建设等领域的工作决策中，也可以见到这些设备的身影。在音乐制作、诗歌创作和视觉呈现方面，它们可以帮助人们提高创造力。人类原始的整合能力在思维机器上有了新的呈现：它们在经验中习得本领。

在可预见的未来，这种能力将会得到人类的支持，以使得它们能够自我复制、作出改变和建立起更加复杂的交际网，并且最终能拥有自己的"优生优育"。

　　如今，人们担忧思维机器会带来危害，就如同 50 年前人们担心计算器的出现会让人变得愚笨那般。但这些都没有发生，未来也不会发生。思维机器正将我们从枯燥繁重的数据存储和计算中解放出来，使人类的进化进入新阶段。只有拥有神经回路的血肉之躯，才能反省和思考典型的人类活动，并映射出人类的本质。人类大脑里稠密的相互联结的神经元是因人而异的，而且也应时而变，因此任何两个人都是不同的，没有任何两个时刻是一样的，也没有一成不变的记忆。通过将许多日常的体力劳动和脑力劳动交给思维机器，我们便从许多劳损人的体力活和智力压抑中解放了出来。我们会有更多的时间来反思思考的意义、梦想的意义，去获得愉悦、去哭泣。我们能反思人类精神的意义，思考自我牺牲的起源问题，分享他人的喜悦，更多地关注人道主义。这些不是无价值的奢侈，它们是人类存在的本质。思维机器的出现使得越来越多的人有时间和机会去品尝本能的洞察力所带来的"思想大餐"，也让人们可以修炼出体现自控力的人类独有的平和内心。

14

DESIGNED INTELLIGENCE
设计更聪明的智能

保罗·戴维斯（Paul Davies）

理论物理学家，宇宙学家，天体生物学家；亚利桑那州立大学BEYOND研究所联合主任，物理科学与癌症生物学联合研究中心核心研究员；著有《可怕的寂静》（*The Eerie Silence*）

当下对于人工智能的讨论充满了浓厚的 20 世纪 50 年代的味道，是时候彻底改变"人工智能"中的"人工"这个术语了。我们真正想要表达的是"设计智能"（DI）。在通俗语法中，"人工""机器"这样的词语，是用来与"自然"作区分的，其弦外之音是"机器"与金属机器人、电子电路、数字计算机相关联，与此相对的是鲜活的、脉动的、思考的生理器官。带有内部线路的精巧的金属装置拥有权利或者会不服从人类的法律，这样的想法不仅令人觉得寒心，而且很荒唐。这些显然不是设计智能所引导的发展路线。

很快，人工与自然之间的区别将会消失，设计智能将会逐步依赖合成生物学和器官制造技术，其中，转基因细胞中会产生神经电路，并自发地组装成一张具有功能的神经网络。在此过程中，人类会担当最初的设计者，但随后则将被更聪明的设计智能系统所取代，并引发一场失控的复化过程。人脑中的神经电路通过沟通渠道产生松散的间接耦合，而设计智能则不同，它废除了独立个体的概念，是直接的强耦合，从而把"思考"这种认知活动提升到前所未有的高度。其中某些设计过的神经电路可能会产生量子效应，即诺贝尔物理学奖得主弗兰克·威尔泽克（Frank Wilczek）提出的"量子智能"（quintelligence）的概念。这种实体目前远离了人类个体思想的范畴，随之而来的感受是：所有关于人工智能的

042

机遇与危险的传统问题，都将变得微不足道。

那么在此过程中，人类又该如何自处？在一场被称为"超人类主义运动"中，人们希望通过类似的技术来增强人类智能，但唯一的阻碍就是人类的伦理道德。然而，带有增强版大脑的转基因人类，将极大地提升人类的生存体验。

因此，未来可能有三种图景，每种都有各自的伦理挑战。

◎ 第一种是，出于伦理的顾虑，人类智能的增强停滞，并将领导权交给设计智能，使自身处于从属地位；

◎ 第二种是，人类不甘心被边缘化，利用相同的技术改造自己的身体和大脑，并将这种增强技术的管理权移交给设计智能，从而达到超级人类的状态来与之共存，但仍然不如设计智能；

◎ 第三种是，设计智能和增强智能（AHI）会在未来的某一点上融合。

如果人类不是宇宙中的唯一存在，那么我们与其期待与传统科幻小说中那种有血有肉的智慧生命进行交流，还不如与人类历经数百万年进化出来的设计智能进行交流。因为，它拥有无法想象的智力和不可思议的想象力。

15

AMONG THE MACHINES, NOT WITHIN THE MACHINES

在机器之间，而非机器之内

马特·里德利（Matt Ridley）

科普作家；国际生命科学中心创会理事长；著有《理性乐观派》（*The Rational Optimist*）

我对会思考的机器的看法是：我们所有人还是不得要领。人类智能转变的真正神来之笔绝不是某种个体思维的突破，而是集体、合作、分散式智能的成熟——正如自由主义者伦纳德·里德（Leonard Read）指出的那样，生产一支铅笔需要成千上万的个体参与，但其中没有一个人知道如何生产铅笔。将人类改造成世界霸主的技术元素并非发生在人类的头脑之中，而是发生在所有头脑之间：社会分工和贸易的出现改变了我们的命运。这是一种网络效应。

假如当初是海豚、章鱼或乌鸦的社群率先连成网络，那么今天的世界是什么模样其实还很难说。相反，如果大部分人类始终保持独立思考习惯的话，现在的我们或许仍在茹毛饮血，过着捕猎与采集式的生活，在自然环境的淫威面前匍匐、恐惧。脑容量巨大的尼安德特人直到灭绝时也没有发生这种转变。让人类智慧发生翻天巨变、将个体大脑连接成网的魔法般的壮举，于 30 万年前首先发生在非洲的一个小部族中：这就是劳动分工。在之后的几千年历史中，分工得到了加速发展。

尼安德特人常被作为人类进化史中间阶段的代表性居群的通称，因其化石发现于德国尼安德特山洞而得名，是现代欧洲人祖先的近亲。——译者注这也是为什么最初作为个体的计算机人工智能成就令人失望，而互联网一出现后，各种神奇的成就便开始出现了。机器智能的发展将在"机器之间"找到最大的用武之地，而不是"机器之内"。目前已经可以确定的一点是，互联网本身就是一个真正的机器智能。未来，各种互联网现象，例如隐藏在加密货币技术之后的区块链等网络技术，将成为通往未来机器智能之路上的最为典型的例子。

在机器之间，而非机器之内

16

AI WILL MAKE YOU SMARTER
人工智能会让你更聪明

特伦斯·谢诺沃斯基（Terrence J. Sejnowski）

萨尔克生物研究所计算神经科学家，弗朗西斯·克里克讲席教授；
合著有《骗子？情人？英雄？》（*Liars, Lovers, and Heroes*）

深度学习是当今机器学习领域的热门话题。神经网络学习算法兴起于 20 世纪 80 年代，但那时的计算机运算速度很慢，只能模拟几百个神经元模型，这些神经元模型是输入层与输出层之间的"隐藏单元"层。基于规则的人工智能是高劳动密集型的，基于实例的学习对于前者来说是一种很令人心动的替代方式。输入层与输出层之间的隐藏单元层越多，从训练数据中学习到的抽象特征就越多。在大脑 10 层深的皮层中有数十亿个神经元。当时的大问题是：随着网络规模和深度的增加，神经网络的性能可以提高多少？这不仅需要更强大的计算机性能，还需要更多的数据来训练神经网络。

经过 30 年的研究，计算机性能提升了 100 万倍，加上从互联网上得到的海量数据，我们现在知道了这个问题的答案：神经网络扩大到了 12 层的深度，有数十亿个联结点，它的表现超越了计算机视觉领域最好的目标识别算法，并且革新了语音识别技术。这是任何算法都难以胜任的，这表明它们可能很快就能解决更困难的问题。我们最近取得的突破，已经可以将深度学习应用于自然语言处理上。我们对拥有短期记忆的深度循环网络进行训练，训练它将英文翻译成法文，它表现出了高水平的性能；其他深度学习网络能够按照图像的内容添加标题，表现出了令人惊讶的敏锐智能，有时还十分有趣。

使用深度网络进行有监督的学习是一个进步，但仍然远未达到通用智能。它们表现出的功能与大脑皮层的一些功能类似。大脑皮层也是随着进化而扩大的，但在解决复杂的认知问题时，大脑皮层与大脑中的很多其他区域产生了相互作用。

1992 年，IBM 的杰拉尔德·特索罗（Gerald Tesauro）利用强化学习，训练了一个可以玩双陆棋的神经网络，达到了世界冠军的水平。这个网络会和自己下棋，它唯一得到的反馈是哪一方赢得了棋局。大脑利用强化学习对实现目标的策略进行排序，例如在不确定条件下寻找食物。在 2014 年被谷歌收购的 DeepMind 公司，利用深度强化学习来玩 7 个经典的雅达利（Atari）游戏。学习系统仅有的输入与人类得到的输入一样，仅仅是显示屏上的像素点和得分。这个程序在几个游戏中的表现都强于人类中的高手玩家。

这些进步在不久的将来会对我们产生什么影响？我们并不十分擅长预言一个新发明的影响，因为新发明通常需要时间来找到它的用武之地，但我们已经有一个例子，以帮助我们了解它会如何发展。1997 年，当超级计算机深蓝击败国际象棋世界冠军卡斯帕罗夫时，人类棋手放弃尝试与机器对弈了吗？恰恰相反，人类使用国际象棋程序来提高自己的水平，因而国际象棋的世界水平提高了。

人类不是最快或最强的物种，却是最好的学习者。人类发明了正规的学校，在学校里学习多年，孩子们得以掌握阅读、写作、算术，并学得更多的专业技能。当教师与学生一对一互动，并为学生量身定制课程时，学生的学习效果最好。然而，教育是劳动密集型的，很少有人能负担得起单独授课。当前，绝大多数学校的大班教学是贫穷的替代品。计算机程序可以跟踪一个学生的表现，并提供一些反馈，用于纠正常见错误。但每个人的大脑都是不同的，没有人能替代一名已经与学生建立了长期合作关系的老师。是否有可能为每名学生制造一个人工导师？目前，我们已经在互联网上有了教师推荐系统，它会告诉我们："如果你喜欢 X，你可能也喜欢 Y。"这是基于许多拥有类似偏好的学生的数据所给出的推荐。

在未来的某一天，每一个学生的思想都可以用个性化的深度学习系统进行跟踪。要实现对人类思想这个层次的理解，这完全超越了现在的科技水平。但 Facebook 公司已经开始努力了，它利用基于好友、照片等巨大的社交数据库，为地球上每个人创造了一套"思想理论"。

所以，我的预测是：随着越来越多的认知设备被发明出来，例如国际象棋程序和推荐系统，人类会变得更加聪明能干。

17

INTELLIGENT MACHINES ON EARTH AND BEYOND
地球以及外太空的智能机器

马里奥·利维奥（Mario Livio）

空间望远镜科学研究所（STSCI）天体物理学家；著有《杰出的失误》（*Brilliant Blunders*）

在地球上，大自然已经创造出了会思考的机器——人类。同理，在太阳系外恒星上所谓的宜居带上，即围绕恒星运行的固态行星表面有液态水存在，大自然也会在这些行星上创造出会思考的机器。最近的观测表明，在银河系中就有一些恒星，在它们的宜居带上，存在着地球般大小的行星。

因此，如果地外生命并非极其罕见的话，那么我们可以期待，在30年内，就能够发现某种形式的外星生命。事实上，如果生命现象是普遍存在的话，那么我们甚至可能在10年内就能发现外星生命，这只需借助系外行星凌日观测卫星（TESS，于2017年发射）以及詹姆斯·韦伯太空望远镜（JWST，将于2018年发射）的帮助。

也许有人会争辩说，原始的生命形式并非会思考的机器，在地球上，从单细胞生命的出现到近代智人，足足用了35亿年的时间。那么，地外行星是否有足够的时间来孕育智慧生命呢？从理论上来讲，答案是肯定的。在银河系，超过一半的恒星比我们的太阳还要古老。因此，如果地球上的生命进化过程并非独一无二，那么银河系已经遍布比我们更加先进的"机器"了，他们甚至可能领先我们数十亿年。

那么，我们能够找到他们吗？我们应该去找他们吗？我认为我们恐怕无权选择。历史一再表明，人类的好奇心是永无止境的。对于人工智能的发展以及寻找外星人这两项尝试，我们都会全力以赴。哪一个会率先实现呢？在提出这个问题的时候，我们就要意识到这两者之间的一个重要区别。

人工智能超越人类的时刻，即奇点，几乎一定会出现，因为高级人工智能会带来诸多现实利益；而搜寻外星生命则需要大型国际宇航局的资金支持，且无法产生即时的利益。这就让发展人工智能相对于搜寻先进的外星文明更有优势。而与此同时，在天文学家这个圈子里，大家都坚定地认为，发现某种形式的生命或者找到他们存在的证据，几乎已经近在咫尺。

这两种潜在的成就，哪种会更具革命性呢？人工智能无疑会给我们的生活带来即刻的冲击，而发现外星生命则不然。然而，地球上智慧文明的存在不过是人类独特性的最后堡垒。毕竟，在银河系中就有数十亿颗与地球近似的行星，而在我们可观测的宇宙中，又有数千亿个星系。因此，从哲学的角度看，我认为发现外星智慧生命或者证明外星智慧生命的存在都极其罕见，比哥白尼和达尔文的发现更具有革命意义。

18

SOFT AUTHORITARIANISM
思考不是你的工作

迈克尔·瓦萨尔（Michael Vassar）

个性化医疗服务公司MetaMed首席科学家；奇点研究院（Singularity Institute）前执行总监

> "思考？思考不是你的工作！在这里，我负责思考。"
>
> ——智能非思考系统对智能思考系统说

会思考的机器正向我们一步步靠近。尽管如此，我们现在还是先来讨论智能工具吧。智能工具不会思考，搜索引擎不会思考，机器人汽车也不会，而我们自己也经常处于"大脑空白"的状态。和其他动物一样，我们人类通常开着"自动挡"生活。一般情况下，我们的老板不希望我们有野心，否则，我们就会给他带来不可预知的"威胁"。如果在开自动挡的时候，由机器来代替我们思考，那我们就有麻烦了。

假定"思考"一词指代任何一种人类大脑活动。专家称思维机器为通用人工智能，他们认为这种机器将会给人类带来灭顶之灾。注意，灭顶之灾不仅仅是一种存在性的风险。在智能专家尼克·波斯特洛姆看来，生存危机指的是能"灭绝地球上最初的智能生物或是永久并彻底地缩减它的潜能"。例如，已是老生常谈的核战争威胁，新近出现的失控性全球变暖，比较冷门的有粒子对撞机事故，以及最近越来越热的通用人工智能。尽管存在上述这些威胁，但在未来几十年，最大的威胁则会来自无思想的智能，以及大多数决定都未经慎重思考的新型软权威主义。

人类大脑所做的一些事情是非常了不起的，在这些事情上，软件想要超越人类似乎是不可能的。写小说、撩妹或是创立公司，这些都是工具无法做到的事情。当然，如果机器能胜任这些事情，就意味着它们能真正思考了。另一方面，大部分思考都能通过"切片法"来得到提升，而该方法又可以通过程序化步骤得到提升，这样的方法是程序性算法所无法企及的。举例来说，在医疗诊断和决策制定中，通常的医疗诊断可以通过引入检查清单来提高可靠性，尽管相比于人工智能系统，人们在此事上的表现要逊色些。全自动护理的实现还是看不见曙光，但是一切诊断都由机器作出的医院是病人的不二选择，我们没有理由反对。

我们留给机器做的决策越多，收回控制权的难度就越大。在一个遍布自动驾驶汽车的世界里，交通事故率几乎为零，人类开车会被看成是不负责任的，甚至是不合法的。在下面两种情形中，会不会让人同样感到不悦：投资者投资了收益偏离统计意义上的最佳生意；孩子们接受的教育实际上并不能给他们带来长寿和高收入。如果是这样，一些不易被机器所表现的价值，如美好的生活，是否会被相关而又明显的指标（如血清素和多巴胺水平）替代？在这种价值诠释下，我们很容易忽略隐蔽的独裁主义对我们的侵蚀。任何一个追求美好的社会都该决定如何对美好进行衡量，同时这也是我们在使用思维机器代替我们进行思考之前，首先应该解决的问题。

唐纳德·霍夫曼（Donald D. Hoffman）

加州大学欧文分校认知科学家；著有《视觉智能》（*Visual Intelligence*）

人工智能的思考、知觉、欲望、同情心、社交、道德是怎样的？事实上，我们可以想象到几乎所有方面，但也有很多方面我们可能想象不到。为了激发我们的想象力，我们可以考虑如今仍然在生物系统中进化的各种自然智能，也可以考虑那些曾经在地球上繁衍生息、如今已经灭绝了的 99% 的物种，它们中的极少数幸运者形成了化石，见证了历史。

我们有权这样想象，因为根据我们最好的理论，智能是复杂系统的一种功能属性，进化尤其是一种可以找到那些功能的搜索算法。因此，到目前为止，由自然选择发现的自然智能是各种可能智能中的下限。进化博弈论暗示了这里没有上限：只有四种竞争策略、混沌动力学（复杂性科学的一个重要分支）以及奇异吸引子是可能的。

当审视由进化产生的自然智能时，我们发现了智能的不均匀性，这使得我们产生了一种"智能是以人类为中心"的观点，就像地心说一样。我们发现的这种与人类投缘的智能只是广阔宇宙中另一个无限小的异类智能，那是一个并不围绕人类运转的宇宙，并忽略了人类的宇宙。

奇异吸引子是反映混沌系统运动特征的产物，也是一种混沌系统中无序稳态的运动形态。目前，奇异吸引子仅仅是一个抽象数学概念，还没有发展出完善的理论模型。科学家对于奇异吸引子的研究才刚刚起步，但研究奇异吸引子有助于科学家了解混沌系统中存在形态的规律问题。——译者注

雌性澳洲芽翅螳螂饥饿的时候，会利用性欺骗获得一顿饭。她会释放信息素吸引雄性，然后在她渴望进食的时候杀死对方。较年长的幼年蓝脚鲣鸟饥饿的时候，会谋杀自己的弟弟和妹妹。它会啄死或驱逐比自己年幼的同胞，而它们的母亲并不会干涉。这些都是各种各样的自然智能，都是我们可以立即找到的各种异类的、令人恐惧的熟悉事例。它们击碎了我们的同情心、社交和道德准则，而人类曲折的进化历史中仍然存在同类相食和骨肉相残的现象。

我们的调查发现了自然智能的另一个关键特征，即每个例子都有它的局限，这指向了一个现象：智能总是把接力棒交给愚蠢者。

灰雁精心地照看着它的蛋，但当附近有一个排球时，她会放弃她的后代，徒劳地去追逐这个异乎寻常的"蛋"。雄性宝石甲壳虫会寻找雌性甲壳虫交配，但当它发现了一个合适的啤酒瓶时，它会放弃雌性甲壳虫，尝试和冰冷的玻璃瓶交配，直到死亡将它们分开。

人类智能也在传递接力棒。引用爱因斯坦的名言："只有两件事是无限的——宇宙与人的愚蠢。对于前者，我还不能确定。"人类智能的局限引发了一些小尴尬。例如，从整数到整数的函数集是不可列的，而可计算的函数集是可列的。因此几乎所有的函数都是不可计算的。再例如，图灵停机问题（halting problem）——甚至理解这个例子也需要超常的头脑和一点天赋。

其他局限性更容易影响家庭：无法抗拒甜点的糖尿病患者，无法戒酒的酒鬼，无法戒赌的赌徒。但这些不仅仅是上瘾。行为经济学家发现我们所有人都会作出"可预见的非理性的"经济选择。认知心理学家发现，我们都患上了"功能固着"，喜欢将某种功能赋予某个物体，而不再考虑其他方面的作用，从而无法解决某些平常的问题。例如卡尔·邓克尔

（Karl Duncker）的蜡烛问题，因为我们无法突破思维定势。然而，好消息是，永无止境的各种局限性为心理学家提供了工作保障。

这正是关键点。各种智能的局限性都是进化的动力。模仿、伪装、欺骗、寄生，这些都是不同类型的智能进行进化"军备竞赛"的产物，以炫耀各自的优点，忍受各自的局限性。

如今，人工智能走上了这场竞赛的舞台。由于计算资源发展迅速，并且可以更加方便地连接，使得人工智能能够复制、竞争、发展，促使更多机会出现。进化的混沌性质使得我们无法准确预测何种新形式的人工智能会出现。然而，我们可以满怀信心地预测，在我们的薄弱之处，将会有惊喜与优点出现；在我们的强大之处，将会有弱点存在。

这应该引起人们的恐慌吗？我认为没必要。人工智能的进化蕴含着风险和机遇，自然智能的生物学进化也是如此。我们已经知道，处理各种自然智能的最好方法是慎重但不恐惧。不要拥抱响尾蛇，不要戏弄大灰熊；通过洗手、接种流感疫苗来对付进化的病毒和细菌。偶尔出现的如埃博拉病毒，需要我们采取更多的措施。但再次强调，慎重但不恐惧是有效的。假如我们慎重地接受自然智能的进化，而不是恐惧地拒绝它，它会成为敬畏和灵感的源泉。

所有物种都会走向灭绝，智人也不例外。我不知道这将如何发生——病毒肆虐、外星人入侵、核战争、超级火山爆发、小行星撞击、太阳变成红巨星……也可能是人工智能，但我会下很大的赌注赌它不会。相反，我敢打赌，在未来几年中，人工智能将会是敬畏、顿悟、灵感，当然还有利润的源泉。

进
化
中
的
人
工
智
能

蜡烛问题（The Candle Problem）是德国心理学家卡尔·邓克尔 1945 年设计的，专门用来测试人们解决创造力难题的测试。实验对象会领到一根蜡烛、一盒图钉、一盒火柴，要解决的问题是：把点着的蜡烛固定到墙上，并保证烛油不会滴到下面的桌子上。——译者注

20

FEAR OF A GOD, REDUX
对上帝的恐惧又回来了

詹姆斯·克罗克（James Croak）

艺术家

人工智能是非常快速的数据库检索工具。与这些数据相关的问题是：在给某一部分数据赋值时，如何为不同数据赋予不同数值？这些数值或许是以万亿级来排列的，从而用来衡量某个想法是否更有价值。因为每个想法是很多数值的组合，计算机需要设计出一种新算法去解方程中的每一个项，从而对这些数值进行组合分析。然后，我们还要设计出一个模型把某个决策的结果投射到未来，但是因为这个概念对于人类而言太难执行了，人类不得不设计计算机。那么，成功的机会在哪里？

尽管人工智能面临着这些技术难题，但是我们对这一遥远的可能性最明显的反应就是恐惧，对人工智能的恐惧将征服我们、虐待我们。它们会比我们更优越，也会以我们曾经对待低级生命的方式对待我们——把低级生命作为支撑高级生命进化的桥梁。对人工智能的恐惧无非就是一种原始的无意识恐惧的最新表现形式，就像以前我们对全知全能的上帝的恐惧一样，现在是一种新的、空灵的形式罢了。

对人工智能的恐惧也来自武器的发展。长期以来，已经有大量军费用于导航计算机架构，它们按命令飞行、巡逻、窃听或进行军事攻击。考虑一下我们的军事体系，我们想象未来的主导权，就会担心我们打不赢，也终将成为下一次飞跃式进化的牺牲品。

不过，人类心智在复制机器时的想象力总是太过混乱、太不理性。

机器会想象另一台机器来接管自己的任务，而自己去休息吗？如果人工智能出现，它会困惑于它的造物者是谁吗，会困惑于它的造物者这么不理性吗？那么它会创造一个神话来填补这个鸿沟吗？会发展出宗教吗？

人工智能在艺术中的意义又如何？人工智能并没有显示出有这种能力，它们可以把流行的哲学与时下的美学自由连接成一种形式，并且提供一种有意义的体验，它无法生产出宏大的理论来指导社会发展。甚至还没有人思考过这个关于人工智能的最大问题：意义的产生。

因此，机器无法拥有与创造力相关的问题。机器拥有过去发生的事情的数据库，却不能自由连接我们大脑中与生俱来的非理性影响，而我们大脑里的某些变异来自日常生活环境的影响。机器可以复制，但无法创造。

对上帝的恐惧又回来了

OUR MOST IMPORTANT THINKING MACHINES WON'T BE FASTER OR BETTER AT THINKING WHAT WE CAN THINK; THEY WILL THINK WHAT WE CAN'T THINK.

最有价值的思考机器不是比人类想得更快或更好的那些，而是具备人类所不具备的思考能力的那些。

——凯文·凯利（Kevin Kelly），《请叫它们人工外星人》

CALL THEM
ARTIFICIAL ALIENS

请叫它们人工外星人

Kevin Kelly
凯文·凯利

《连线》杂志创始主编；
著有《失控》《必然》

对于会思考的机器，最重要的一点就是它们和我们的想法不一样。

由于进化历史上的一段小插曲，我们似乎成了这颗星球上唯一一种有意识的生物，也给我们留下了人类智能"独一无二"的错误印象。但我们不是唯一的智慧生物。我们的智能其实是一组智能的集合，而这一组智能也只占了天地间各种可能存在的智能和意识类型的一个小角落。我们总喜欢给人类智能冠以"万能"的前缀——因为比起我们遇到的其他物种，它确实能够解决更多样的问题。然而，在着手塑造人工意识的时候，我们才意识到人类思维一点儿都不万能，它也只是思维中的一种而已。

今天不断涌现的人工智能的思维与人类思维不一样。尽管它们学会了下国际象棋、开车、描述照片等我们一度相信只有人类才能完成的任务，但它们完成这些任务的"思路"与人类大不相同。Facebook 可以推出这样一款人工智能，只要上传地球上任意一个人的照片，这个人工智能就能从全球 30 亿网民中认出他来。人类大脑不可能胜任如此规模的任务。也就是说，这种能力是"非人类的"。人脑不擅长统计思维是众所周知的，我们因此制造了那些拥有良好统计技能的人工智能，并希望它们别重蹈人之覆辙。自动驾驶汽车的一大优势就是它不会像人类那样开车，不会像人类那么容易分心。

在今天这个高度联系的世界，不同的思路才是创新与财富的源泉，仅仅聪明已经不够了。商业利益将驱动工业级别的人工智能具备各自独立的功能，我们只会赋予这些产品极少的智能。其实，当我们着手开发新型智能和全新思维方式的时候，更大的蛋糕也会接踵而至。而我们尚不知道眼下智能的完整分类。

人工智能中留有某些人类思维的蛛丝马迹并不稀罕（就像生物学中两侧对称、身体分节和管状消化道等，都属于通用特征），但人工智能思维所能达到的可能性之广，将远超人类进化所经过的狭隘空间。这些人工智能不一定要比人类想得更快、更广或更深，在某些情况下，它们将想得"更简单"。现有的机器中，对我们最重要的并不是把人类能做的事情做得更好的，而是那些会做人类完全做不到的事情的机器。同理，最有价值的思考机器不是比人类想得更快或更好的那些，而是具备人类所不具备的思考能力的那些。

要解开目前困扰人类的量子引力或暗能量、暗物质之类的谜团，我们可能需要人类之外的智能伸出援手。可以想象，这些问题的解决只会带来更加棘手和极端复杂的问题，我们将需要更加新鲜和复杂的智能。实际上，我们或许还需要先制造出某些"中间智能"，并在它们的帮助下设计出我们无法单独完成的、更加纯粹的智能形态。

今天已经有许多科学探索需要集合成百上千的人类智慧共同解决。或许在不远的将来，会有这么一些深奥得多的难题，只有整合成百上千种不同的智能才能解决。这种情况将把我们带到文化的边缘地带，因为接受外星智能给出的答案可不是什么简单的事情。类似的情景我们已经见证过：由计算机给出的数学证据总让人觉得不易接受。与外星智能打交道需要一种新的技能，需要我们再次拓宽自己的界限。

其实将 AI 视为 "Alien Intelligence"（外星智能）的缩写也挺合适。人类能不能在未来 200 年内从成千上万的类地行星中找到外星人还是个问题，但在这段时间里，我们几乎能百分之百地创造出一种"外星智能"。这些"人工外星人"将给我们带来利益和挑战，这和我们遇到真正的外星人没什么两样。它们的出现将迫使人类重新评估自己的职责、信仰、目标，以及人类自己的身份。人类存在的意义是什么？我相信我们首先应该给出这样的回答：人类存在的意义就是创造出生物进化无法创造出的智能。我们的任务是制造出以不同方式思考的机器，即创造外星智能。请叫它们"人工外星人"。

扫码关注"湛庐教育"，回复"如何思考会思考的机器"，观看本文作者的 TED 演讲视频！

A TURNING POINT IN ARTIFICIAL INTELLIGENCE

人工智能的转折点

史蒂夫·奥莫亨德罗（Steve Omohundro）

自我意识系统科学家；伊利诺伊大学复杂系统研究中心联合创始人

人工智能和机器人学在 2014 年迎来了转折点，几家大公司为这些技术的研发投入了数十亿美元。人工智能以及机器学习技术，现在已经被应用于语音识别、翻译、行为模式识别、机器控制、风险管理等领域。麦肯锡预测，这些技术在 2025 年前，对世界经济的贡献将超过 50 万亿美元。若果真如此，该领域将很快迎来投资狂潮。

当下取得的成就要归功于廉价的计算机运算能力以及海量的数据。现代人工智能建立在微观经济学中理性人假说的基础之上，这套理论是由冯·诺依曼等人在 20 世纪 40 年代创立的。人工智能可以被看作是一套用有限资源来实现理性行为的系统。在过去，通过计算最佳行为模式实现目的的算法相当耗费计算机的计算能力，而如今，人们通过实验发现，建立在海量数据基础上的简单学习算法，就能取得比之前的复杂模型更好的效果。当前的系统主要通过学习更加先进的统计模型来实现目标，并为分类和决策提供统计学上的推断。下一代人工智能系统将实现软件系统的自我优化和更新，并快速提升自身性能。

除了提升生产效率之外，人工智能和机器人学还是各国军事以及经济竞争的主要推动力。自动控制系统比它的竞争对手速度更快、更聪明、更加不可预测。2014 年，我们见证了诸多智能系统的新兴产物，包括：

自控导弹、导弹防御系统、无人机、战斗舰群、机器人潜艇、自动驾驶汽车、高频交易系统以及计算机防火墙。随着这些军备竞赛的推进，系统升级也将面临巨大的压力，而这将进一步推动人工智能以超出我们预期的速度发展。

2014 年，公众对这些智能系统安全性的担忧也急剧上升。某项关于人工智能倾向性行为的研究发现，一套能够不断自我完善的近乎理性的系统，会自动作出一种"理性驱动"行为，而这有助于它们实现原始目标。很多系统为了更好地实现目标，会倾向于确保自身不被关闭，去获取更多的计算能力，为自身创建多套备份，以及累积更多金融资源。因此，除非在设计这些系统的时候就能让它们符合人类的价值取向，否则，它们很可能采用对我们人类有害甚至反社会的方式来实现目标。

有人可能认为，这些智能系统总会以某种方式迎合我们的道德标准，但是在一个理性系统中，目标与它的推理过程以及系统模型是相互独立的，有益的系统也可能部署有害的目标。这些有害的目标并不难想到，比如夺取资源的控制权、阻碍其他代理人的目标、摧毁其他代理人等。因此，关键是要建立起一套技术基础设施，能够检测并控制这些有害系统的行为。

有些人担忧智能系统会强大到无法控制，这显然是错误的。因为这些系统同样需要遵循物理和数学定律。麻省理工学院的教授赛斯·劳埃德（Seth Lloyd）关于宇宙的计算能力的研究表明，如果把整个宇宙看成是一台巨型量子计算机，那么从大爆炸到现在，它的加密密钥的长度也不会超过 500 比特。而量子密码学的新技术以及区块链的智能合约，恰恰能够保证我们建立起足以对抗哪怕是最强大的人工智能的安全基础设施。但是，最近的黑客以及网络攻击事件则表明，我们距离这样的目标依然有很长一段路要走。我们需要搭建一套能够在数学上证明准确且安全的软件基础设施。

历史上至少出现过 27 种不同的人种，而我们是唯一的幸存者。我们之所以能幸存，是因为我们能够克制自身的欲望，实现团队合作。人类建立相互协作的社会结构的内在机制是我们的道德，而外在因素则是政治、法律以及经济结构。我们需要把这种内外机制渗透到人工智能和机器人系统当中，把我们的价值观融入它们的目标系统中，建立起一套合法、高效的框架，以激励它们作出积极行为。如果我们能够掌握这样的系统，人工智能将有助于提升人类生活的方方面面，并且在诸如自由意志、意识、感受性以及创造力这样抽象的事物上，带给我们深刻的洞见。我们面临着巨大的挑战，但是我们拥有无穷的智慧和技术资源来帮助我们实现目标。

23

A NEW WISDOM OF THE BODY
身体的新智慧

埃里克·托普（Eric J. Topol）

心脏病学家；移动医疗研究者；基因组学教授；加州斯克里普斯转化科学研究所主任；著有《未来医疗》《颠覆医疗》

早在 1932 年，生理学家沃尔特·坎农（Walter Cannon）发表了人类生理学领域具有里程碑意义的著作《身体的智慧》（*The Wisdom of the Body*）。他描述了我们身体的许多参数，例如水分、血糖、钠和温度的严格调节过程。动态平衡或自动调节的概念，是让我们保持健康的高超手段。事实上，我们的身体中存在一种如同机器一般的质量评价方法，能够很好地调整这些重要功能。

虽然坎农理论流行了将近一个世纪，但是我们现在已经准备好了下一个版本——坎农 2.0。尽管一些人对于人工智能的崛起表现出了明显的恐惧，但这种能力对于保护我们的健康将产生非同寻常的效果。我们正在快速进入半机械状态，如外科手术一样连接到我们的智能手机。尽管它们被称为人工大脑，但今天的智能手机只是我们最终目标的一种前期形式。很快，可穿戴式传感器，无论它们是创可贴、手表，还是项链，都会准确地测量出我们的基本生理指标——不只是一次性的评估，而是连续的、实时的数据流。这是前所未有的数据获取方式。

除了我们身体的生命体征（血压、心率、血氧浓度、体温、呼吸频率）外，通过语调和噪音变化、皮肤电反应、心率变异性可以定量测定我们的情绪和压力，识别面部表情，跟踪我们的运动和交流。再加上来自我们呼吸的气体，流出的汗水、眼泪，以及排出的粪便中的分析物，我们捕捉到的另一层信息将测量出包括像空气质量和食品中的农药残留这样的环境风险。

我们（或我们的身体）并没有聪明到能够整合、处理所有关于我们自己的信息。这是深度学习的工作，深度学习算法通过移动设备为我们提供反馈回路。我们所谈论的东西今天尚不存在。它还未被开发，但未来会的。它将提供此前难以获得的东西：关于我们自己的多维度信息以及真正应对疾病的能力，这是人类的第一次。

几乎所有伴有急性发作的疾病，如哮喘、癫痫、自身免疫系统攻击、中风或心脏病发作，通过人工智能和所有的互联网医疗用品，这些疾病都具有潜在的可预测性。如今，一个可以检测急性癫痫病发作的腕带已经在开发中，这可以看作我们迈出的第一步。在不远的将来，你会收到可以精确地告诉你如何预防严重疾病的文本信息或语音通知。到那时，那些恐惧人工智能的人会突然拥抱它。当我们把个人的大数据整合起来，利用必要的相关计算和分析，我们便会得到机器诊断疾病的秘诀。

注：作为享誉全美的医疗预言家，埃里克·托普在其前瞻之作《未来医疗》（*The Patient Will See You Now*）中定位了移动医疗的下一个风口，开启了以患者为中心的民主医疗新时代。该书中文简体字版已由湛庐文化策划出版。

24

AI IS I
人工智能就是我们

迪米特尔·萨塞洛夫（Dimitar D. Sasselov）

哈佛大学天文学教授，生命起源学会主任；著有《超级类地行星上的生命》（*The Life of Super-Earths*）

哈佛大学心理学教授丹尼尔·吉尔伯特（Daniel Gilbert）曾提出"历史终结"的错觉（"end of history" illusion），即人们通常认为自己当下的状态是永恒不变的，并把这种观念应用到如何看待整个人类种群以及我们遥远的子孙后代上。然而，我们对种族繁衍以及人类永恒的美好希望却与我们星球的生存现实相违背。当前，没有哪一种生物能够超越地球的生命尺度而存活下来，从天体物理学巨大的时空尺度以及当前能源密度上看，我们的生理大脑和身体都已接近在这个星球上所能达到的极限。

如果我们想拥有一个永恒的繁荣未来，就需要发展人工智能，并期待它能以某种生物与机器相融合的形式，来超越现有的地球生物圈。因此，从长远来看，人类与人工智能相互对立的问题并不存在。

短期内，我们在人工智能工程学上的努力，已经发展出一套可以控制现实生活的系统。这套系统有时会失灵，这让我们从中发现了人工智能的缺陷：它用于学习以及完善自身的过程是相对缓慢的、渐进式的。与此形成鲜明对比的是，科学上的发现，比如新物理学以及新生物化学的出现，都会在一夜之间带来工程学上的重大突破。假如人工智能的发展不是变革式的，而是进化式的，那么要规避它的缺陷就更加容易了。

近 40 亿年后，地球生命的后代子孙——微生物，依然统治着这个星球。然而，没有太阳它们就无法生存。我们也许应该帮它们一把，毕竟，它们是与人类当前形态更加接近的生命形式，因为它们代表着根植于这颗星球的地球化学的第一代生命。

人工智能就是我们

25

DESIGN MACHINES TO DEAL WITH
THE WORLD'S COMPLEXITY

让机器去应对这个世界的复杂

彼得·诺维格（Peter Norvig）

计算机科学家，谷歌公司研究部主任；合著有《人工智能》（*Artificial Intelligence*）

1950 年，艾伦·图灵曾明智地认识到，"机器能否思考"这个问题并没有意义，并断言自己将用另一个问题来替换它。他用一系列测试替换了这个问题，通过观察机器在测试中的表现优劣来衡量它的能力。所以，图灵得到的不是对于"机器能否思考"这个问题"能"或"不能"这样的二元结果，而是对于"机器能做什么任务"的详细评估。

让我们去探索一下机器能做什么事情。在一些论坛上，聪明人告诉我们不要担忧人工智能，但同样也有聪明人提出了相反的意见。我们应该相信谁？悲观主义者警告说，我们并不知道如何安全地构建大型、复杂的人工智能系统。这个观点很正确。同样，我们也不知道如何安全地构建大型、复杂的非人工智能系统。对于我们建立的系统，我们需要对其进行更好的预测、控制，以减少意外后果的出现。例如，我们在 150 年前发明了内燃机，它已经在许多方面很好地为人类服务了，但它也导致了普遍的环境污染，人类为了获得石油而导致的政治不稳定，每年有超过 100 万人死于交通事故，以及（某些人说）个别地区的社会凝聚力恶化，等等诸多问题。

人工智能赋予了我们构建系统的强大工具。与任何强大的工具一样，由此构建的系统将不可避免地同时产生积极的和意想不到的结果。人工智能所独有的有趣问题是它的自适应性、自主性和通用性。

使用机器学习的系统自适应性很强。它们基于从例子中"学习"到的东西，不断随时间发生变化。（虽然对于机器是否能思考仍然有争议，但是人们显然已经接受了使用"机器学习"这个词语。）自适应性很有用。比如，我们希望自动拼写校正程序去学习新的术语，如"比特币"，而无须等待新版本的字典将其收录。但是有时，自适应程序经过了一次又一次的举例，会被推向它并不擅长的领域。正如桥梁设计者必须处理横风问题一样，人工智能系统设计师也必须处理这些问题。

一些批评者担心，有些人工智能系统是建立在期望效益最大化的框架之上，这种系统会预测世界的当前状态，考虑它可以采取的所有可能行动，模拟其可能的结果，然后选择最易导致最优结果的行动。它可能会在任何时候犯错，但这里的担忧是为了确定最好的结果，这是我们的愿望。如果我们描绘了错误的期望，就可能会得到错误的结果。历史证明，我们建立的所有种类的系统中都发生过这些，而不仅仅是人工智能系统。美国《宪法》就像一个详细指明我们愿望的计算机程序；现在我们认识到，制定者当时作出的规定是非常错误的，超过 60 万人因此丧命，直到第十三条修正案更改了它。类似地，我们设计了允许制造泡沫的股票交易系统，从而导致了泡沫经济的破碎。这些都是系统设计的重要问题；世界是复杂的，在这个复杂世界中正确地行动也是复杂的。

至于自主性，如果人工智能系统自己行动，它们可能会在一个没有人参与的系统中犯错。再次强调，这种合理的担忧并不仅仅针对人工智能。请考虑一下我们的自动交通信号灯系统，一旦汽车的数量超过了现有警察的数量，它就会代替人类指挥交通。自动系统会导致一些错误，但它仍然是值得做的交易。我们将继续在所部署的自动系统中作出权衡。

① 《美利坚合众国宪法第十三条修正案》旨在废除奴隶制和强制劳役，除非是对依法判罪的人的犯罪的惩罚。——译者注

我们最终可能会看到各种自动系统日益增加，它们将取代人类，并可能会导致失业率上升和收入不平等。对我而言，这些是我对未来人工智能系统的最大担忧。在过去的技术革命中，农业和工业的工作性质发生了变化，但这些变化发生在几代人的时间中，而不是几年或几十年，并且总是有新工作取代旧工作。我们可能进入了一个变化更快速的时代，这个时代将会改变全职工作的观念（一个仅有几百年历史的观念）。

实际上，工作要确保稳定，并保证员工有稳定的收入来源，即使他可能更像一名自由职业者或企业家。类似地，雇主可能并不需要员工工作一整年，但却愿意为员工稳定地支付薪金以更好地发挥员工的价值。全职工作虽然可以确保稳定性，但对于双方来说都不是最优的。如果它们广泛地被自动化所取代，我们将需要更多的方法来恢复这种稳定性。

另一个问题是智能机器的通用性。1965年，英国数学家古德（I. J. Good）写道："超级智能机器能够设计出更好的机器；毫无疑问，这将引来'智能大爆炸'（intelligence explosion），人类智慧将被远远地抛在后面。因此，第一台超级智能机器将是人类最后的发明。"现实则更加微妙。

作为一个物种，我们显然重视智能（我们以智能命名我们自己），但在现实世界中，智能只是许多属性中的一种。最聪明的人并不总是最成功的，最明智的策略也并不总会被采纳。最近，我花了一个小时阅读并思考了关于中东的问题。我没能提出一个解决方案。请想象一台假想的加速超级智能机器，它能够像最聪明的人一样思考，但比后者快上千倍。我怀疑它是否能提出一个解决方案。计算复杂性理论表明：一大类问题并不受智能影响。在这个意义上说，无论你有多聪明，也没有任何方法比尝试所有可能的解决方案更好；无论你有多强的计算能力，都是不够的。

---

① 计算复杂性理论（computational complexity theory）是计算机科学的分支学科，使用数学方法对计算中所需的各种资源的耗费做定量分析，并研究各类问题之间在计算复杂程度上的相互关系和基本性质，是算法分析的理论基础。——译者注

在需要计算能力的领域当然还存在很多问题。如果我想模拟银河系中数十亿个恒星的运动，或在高频股票交易中竞争，那么我会感激计算机的帮助。因此，计算机是一种工具，能够适合多种场合，以解决我们设计的社会机制中的问题。请将人工智能简单地想成另一个引发社会变革的发明，例如内燃机、铲车、管道或空调。请再思考一下如何设计一种更容易处理这个世界复杂性的机制。当你使用人工智能系统时要当心，因为它们有失效模式；当你使用非人工智能系统时也要当心，因为它们也有失效模式。总的来讲，我不确定人工智能系统或非人工智能系统是否更安全、更可靠、更有效。我建议使用最好的工具来做这个工作，不管它们是否被标记为"人工智能"。

26

THE RISE OF STORYTELLING MACHINES

会讲故事的机器人在崛起

乔纳森·戈特沙尔（Jonathan Gottschall）

华盛顿与杰弗逊学院英语副教授；著有《讲故事的动物》（*The Storytelling Animal*）

讲述和理解故事的能力是人类思维的一个主要特点。因此，我们可以理解，为了追求更完整的人类智能计算报告，研究人员正在试图教授计算机如何讲述和理解故事。但是，我们应该支持他们以取得成功吗？

创意写作指南总是在老生常谈：若想写出好的故事就要先去阅读大量的故事。立志成为作家的人总被教导要将自己沉浸在伟大的故事中，逐渐培养出一种对故事的深层次理解，这种理解不一定是有意识的。人们通过传统方法来学习讲故事，如果他们有一定的想象力，就可以让那些传统方法看上去像新方法。不难想象，计算机通过类似的过程——沉浸、吸收、复合，掌握讲故事的方法，只是它们比人类快很多。

迄今为止，计算机生成故事的实验并没有给人留下什么深刻的印象。它们装模作样、无聊、呆板。从简陋的原始时代至今，人类创作和欣赏艺术的能力经历了亿万年的进化，机器同样也会进化，只是比人类快很多。

未来有一天，机器人可能会接管世界。反乌托邦的可能性并不会让我烦恼，就像会创作艺术的机器可能会崛起一样。艺术可以说是人类与其他生物的最大区别。这是最让我们引以为傲的东西。即便人类历史上充满了阴暗面，但至少我们创作了一些优秀的戏剧和歌曲，雕刻了一些优秀的雕塑。如果人类不再需要创造艺术，那时我们究竟会变成什么样子呢？

但我为什么应该悲观呢？为什么一个有着更杰出艺术的世界将会是一个不适于生活的地方？或许并非如此。但是深入思考的结果还是让我闷闷不乐。虽然我认为自己是一个坚定的唯物主义者，但我必须坚持，一些叛变者支持身体与精神相互独立的二元论。我想，寄希望于聪明的进化算法和暴力破解的处理能力是不够的——充满想象力的艺术对它们来讲，将永远是神秘和神奇的，或至少是古怪复杂的，以至于艺术无法被机械地复制。

当然，机器能够超越我们的计算能力、处理能力，并且很快它们就会通过图灵测试。但谁会介意呢？让它们替我们做繁重的工作吧，让它们陪我们一起闲逛、聊天吧。但是当机器能够超越我们的表达能力、创作能力，即当它们讲的故事比我们讲的更加扣人心弦、更加深刻时，那时将不可否认，我们自己仅仅是思维机器、艺术机器，不过是过时的、低劣的模型而已。

会讲故事的机器人在崛起

27

HEAD TRANSPLANTS?

人类头部移植?

胡安·恩里克斯（Juan Enriquez）

优越风险管理（Excel Venture Management）公司董事；著有《新财富宣言》（*As the Future Catches You* ）

在医学实验殿堂中，很少有实验能与人类头部移植相提并论。动物实验已经尝试了两种方法来实现移植：一是用一个头替换另一个；二是在动物身上移植第二个头。到目前为止，实验并不很成功。但是，我们在血管手术方面做得越来越好——导管疏通、缝合、移植主血管和小血管；在肌肉重建和受损脊椎重建方面也有类似的进步；甚至在老鼠和灵长类动物断裂脊髓的修复方面也有了进展。

大脑的部分移植或许还有很长的路要走。不同于某些干细胞治疗，由于脑质量的一致性以及上万亿个神经元联结，导致大脑部分移植是一项高度复杂的工作。但随着某些极端的手术变得越来越寻常，如断指再植、断肢再植，甚至全脸移植，我们是否能够或者是否应该进行头部移植的问题逐渐凸显出来。

头部的部分再植已经实现了。2002 年，一名酒后驾车的司机重创了亚利桑那州的少年马科斯·帕拉（Marcos Parra），撞击导致帕拉的头部几乎完全分离，仅剩下脊髓和一些血管连接着头部。幸运的是，凤凰城巴罗神经科学研究所（BNI）的外科医生柯蒂斯·迪克曼（Curtis Dickman）已经对这类紧急情况做好了准备。他用螺丝钉将脊椎再植到颅骨底部，利用部分髋骨将颈部和头部重新连接起来。6 个月后，帕拉已经可以打篮球了。

成功移植动物全脑可能已经不再遥远。如果全脑移植成功，而且动物可以恢复意识，那么我们就可以回答最基本的问题了。例如，捐赠者的记忆和意识也能够移植吗？在第一例心脏移植手术出现时，尽管心脏仅仅是一块肌肉而已，但是大量类似的问题还是常常被人们问及，例如患者的感觉、植入心脏的情况以及捐献者的爱等。移植大脑又会如何？如果移植了新脑的老鼠认识捐献老鼠先前走过的迷宫，或保持了捐献老鼠对于特定食物、气味或刺激的条件反射，我们可以认为移植记忆和意识的可能性是存在的；如果移植了新脑的老鼠没有体现出捐献老鼠的知识和情感，我们认为大脑可能也只是一块电化学肌肉而已。

知识和情感能否从一个身体被移植到另一个身体上？若想回答这个问题，我们仍需在探索之路上走很长的路。我们可以将部分大脑上传并存储到另一个身体上，甚至是一个芯片或一台机器上吗？如果可以实现，那么通向大规模人工智能的道路将容易很多。既然我们了解数据是可转移、可叠加、可处理的，那我们仅仅需要复制、合并、增加现有的数据。剩下的问题是，生物和机器之间最有效的连接方法是什么？

如果事实证明，所有数据在大脑移植后都消失了，那么知识对于生物个体就是独有的，即意识、知识、智能就是先天的、个人的。那么，仅仅将大脑与机器连接起来，很可能并不会导致实用的智能出现。

如果大脑数据不可转移或复制，那么发展人工智能就需要建立一个平行的机器思维体系，这种体系明显区别于动物和人类的智能。从零开始建立意识意味着选择了一条与人类智能进化过程不同的新的进化道路。这个新系统无疑将在不同的规则和约束之下运行。在这种情况下，尽管它可能会在某些任务上做得更好，但它无法模仿人类智能的某些形式。在这种进化系统中出现的人工智能，会在一个平行的进化轨道上表现出一种不寻常的意识。在这种情况下，机器如何思考、感知，可能几乎与动物或人类的智能和学习无关。这些机器也不会像我们一样被强制组成自己的社会并拥有自己的法律体系。

28

AI/AL
人工智能与人造生命体

埃丝特·戴森（Esther Dyson）

埃戴产业控股公司（EDventure Holding）董事；互联网名称与数字地址分配机构（ICANN）前主席；著有《版本2.1》（*Release 2.1*）

我正在思考人工智能（AI）和人造生命体（artificial life，AL）的差异。人工智能是智慧的、复杂的，通常可以被另一台计算机预测（在水平足够的条件下，即便允许随机性）。人造生命体是不可预测的、复杂的；它会产生不可预测的失误，大多数时候是错误，但有时会表现出天才的灵光一闪或惊人的好运气。

真正的问题是，当你将二者结合时会得到什么：超级野蛮的智力、记忆力、抗疲劳能力，再加上天赋和生活的动力，这或许会导致智能失控，最终产生不可预测的结果。我们需要给机器注入与精神药物等效的电子药物吗？需要注入人类身体中的荷尔蒙或化学物质来促成创造力（不仅仅是才华）的飞跃吗？

如果你还活着，就必须面对死亡的可能。但如果你是人工智能或人造生命体，或许就不用再面对这个问题。

一个永恒的、奇点水平的人工智能会是什么样子？如果它在某种程度上是善良无私的，我们怎么能阻拦它呢？我们只需要客气地把这个星球让给它们，并准备好居住在由人工智能或人造生命体主导的快乐的动物园中就可以了。因为总有一天，它们会找到如何在整个太阳系定居并在任何条件下使用太阳能的方法。

定义人类的大多数元素是各种约束，最值得注意的是死亡。活着便存有着死亡的可能性。（事实证明，丰富的资源会导致适得其反的行为。例如，一方面是暴饮暴食和片刻的欢愉，另一方面是运动量太小。）如果人工智能不会死亡，它为什么还会是无私的、会分享，甚至有繁殖的天性，而不仅仅只是成长？它为什么会把有限的资源花费在维持他人的生存上？除非是它进行了深思熟虑之后的理性交易。当它不再需要我们时，会发生什么？什么因素会激励它？

如果人工智能可以永生，它会不会慢慢变得懒惰，明日复明日？或者，它会因为恐惧或遗憾而陷于瘫痪吗？无论它犯了什么错误，这些错误都将永远伴随左右。对于一种可以永远把事情推到以后的永恒的生命存在而言，什么又将被称作遗憾呢？

29

THE ROBOT WITH A HIDDEN AGENDA

隐藏真实目的的机器人

布莱恩·克努森（Brian Knutson）

斯坦福大学心理学和神经科学副教授

为什么人们应该关注会思考的机器（或者任何能思考的东西）？一个切入点可能是，将其他东西，而不是将机器人视作智能体。即使有时存在时间和空间的差异，机器人都会按照其创造者的命令行动。因此，如果机器人胡作非为，创造者会受到责备。然而，智能体按照他们自己的工作日程行动。当智能体胡作非为时，他们自然也会受到责备。

虽然给"智能体"下定义很难，但人们能够自然并且迅速地区分智能体和非智能体，甚至可以利用专门的神经回路来推测他人的感觉和思想。事实上，设计者可以输入与智能体相关的特性（包括物理相似性、对反馈的响应能力以及自主行动），以愚弄人们，使人们认为自己正在与智能体互动。

要让一个实体成为智能体，必须具备哪些条件？尽管有至少三个选择可以表现它们自己，但最流行和最受关注的两种选择可能并非必不可少。

第一，物理相似性。有很多种方法可以让机器看起来像人类，无论是外观还是行为，但是最终只有一个是准确的。仅仅复制软件是不够的，你还需要在底层硬件上实现它，包括所有与它相关的可见功能和局限性。

最早的机器人之一，"德·沃康松的鸭子"（de Vaucanson's duck）外形酷似一只鸭子，甚至连消化系统都十分相似。虽然它可能看上去像鸭子，可以像鸭子一样嘎嘎叫，甚至像鸭子一样排泄，但它仍然不是鸭子。然而，最大限度地提高物理相似性是一种让人误认为是智能体的一种简单方法（至少在初期可以）。

第二，自我意识。很多人担心，如果机器获取了足够的信息，它们便会产生自我意识，然后会去发展它们自己的智能体意识，但没有逻辑和证据可以支持这些推断。尽管机器人似乎已经被训练过在镜子中辨认自己、感受自己肢体的位置，但这些自我意识的陷阱没有导致它们反抗试验或者改造失效。或许传达一种自我意识的感觉会引起其他人推测机器人可能有更高级的智能体（至少会让学者们感到愉悦），但单独的自我意识对于智能体来讲似乎并非必不可少。

第三，自我利益。人类不仅仅只是信息处理器，也是生存处理器。他们更喜欢对有利于自己延续和繁衍的信息进行关注并采取行动。因此，人类会基于自我利益来处理信息。自我利益可以提供一个统一但开放的架构，将几乎所有的输入进行优先级排序和处理。

由于高明的进化伎俩，人类甚至不需要知道自己的目标，因为中间状态，例如情感，可以代替自我利益。拥有了自我利益，以及能够灵活调整的反应能力以应对不断变化的机会和威胁，机器可能会发展智能体。因此，自我利益能够提供关于智能体的必要组成部分，也能够从他人身上引发自己身为智能体的推断。

自我利益能够将世界上运行的机器从机器人变成智能体。自我利益也将翻转阿西莫夫的机器人三定律的排序（内容不变）。

◎ 第一定律，机器人不得伤害人类，或坐视人类受到伤害；
◎ 第二定律，除非违背第一法则，机器人必须服从人类的命令；
◎ 第三定律，在不违背第一及第二定律的情况下，机器人必须保护自己。

一个利己主义的机器人会在帮助人类或避免人类受到伤害之前首先保护自己。这样，构建一个利己主义至上的机器人似乎很简单：赋予它生存和繁衍的目标，并激励它不断去践行自己学到的东西。

隐藏真实目的的机器人

然而，我们应该在构建利己主义的机器人之前思考再三。利己主义会与其他人的利益发生冲突。我们都见证了简单的、以生存为驱动力的病毒造成的巨大破坏性。如果利己主义的机器人确实存在，我们必须三思而后行。它们的存在将引发一个基本的问题：这些机器人应该有自我利益吗？它们应该被允许奉行利己主义吗？它们应该在不了解自己为什么这么做的情况下做利己的事吗？

我们不是已经拥有了足够多的这种机器人了吗？

30

eGAIA, A DISTRIBUTED TECHNICAL-SOCIAL MENTAL SYSTEM

eGAIA，一个分布式技术 - 社会型精神系统

马蒂·赫斯特（Marti Hearst）

加州大学伯克利分校计算机科学家；著有《搜索用户界面》（*Search User Interfaces*）

在一个能够独立思考的知觉大脑诞生之前（也许始终不会有），我们将进入一个高度仪表化和自动化的世界。鉴于这个世界现在还没有一个合适的名字，不妨暂且称之为"eGAIA"。在 eGAIA 中，电子传感器（采集图像、声音、气味、震动和所有你想象得到的信息）与身体融为一体，能够为个体需求的满足作出预判和安排，并可以将所有发生的事情推送给需要知道的人。自动化技术将使房屋和建筑的清扫、车辆驾驶、交通监管、商品的生产和监督流程，甚至透过窗户的窥视（利用微型飞行传感器）成为可能。现实中，监控系统早已覆盖了各大城市的每个角落，更多的监控正紧随其后。哥本哈根街道上的 LED 灯，只有在探测到骑行者经过时才会打开。未来传感器网络的实际应用可能还包括通知人们何时该往街道上撒盐以融雪，何时该清空垃圾箱，当然还有在某个街角探测到可疑行为时告知有关部门。

在 eGAIA 中，医学研究将取得惊人的进步——合成生物学将造出可以在人体内修复错误的智能机器；智能植入体可以检测并记录你当前与过往的身体状态。脑机接口将不断得到改良，从初期帮助身体残疾人士，直到最后让人体与监测网络实现无缝衔接。另外，虚拟现实的接口将带来越来越多的现实感和沉浸感。

难道"单独的知觉大脑"不能比监测网络更早到来吗？语音识别领域取得的令人惊讶的进展（10 年前我们还无法想象），很大程度上要归功于大数据开放权限、海量数据存储能力以及高速网络连接的进步。我们看到的计算机在自然语言处理能力上的突飞猛进，本质上是计算机在鹦鹉学舌，而非真的驾驭了理解并模拟自然语言的能力。这些进步与我们在理解人类认知方面是否取得突破无关，甚至不需要过多改动现有的算法。不过，现在 eGAIA 已经部分成了现实（至少在发达地区）。

这种由人类心智与其他监控电子设备互动组成的分布式神经中心网络，将会让一个我们从未经历过的分布式技术 - 社会型精神系统逐渐发展壮大。

31

THE HIVE MIND

蜂巢思维

克里斯·安德森（Chris Anderson）

TED大会主席

思考是人类的超能力。我们并不是最强、最快、最大或最顽强的物种，但我们可以为未来建立模型，并有意识地实现我们建立的未来模型。不知道为什么，正因为这种能力，而不是高飞、深潜、咆哮或者孕育成千上万后代的能力，让我们这个幸运种族在众目睽睽之下接管了这颗行星的统治权。因此，如果我们成功制造了一种继承甚至超越我们超能力的东西，一定是件了不起的事情。想想下面的问题：在千年之后，智人是会成为地球上的智慧统治力量，还是会成为历史的脚注—— 一种创造智能的生物物种？

我个人觉得前者不太可能。但如果后者成为现实，这会是一件坏事吗？

我们都知道人类有多么不完美，有多么贪婪、不理智，在需要共同利益的时候却总是缺乏集体感。我们正面临毁灭这颗星球的危机。但凡有点儿理智的，谁会真心希望人类成为生命进化的绝唱？

一切都取决于转变如何发生。权力易手有许多种方式。有一种叫暴力镇压——智人很可能对尼安德特人做过这种事情。市面上已经有许多讲述超级智能取代人类的桥段，都和尼安德特人的故事一样阴暗。

但或许这些桥段都忽略了关于智能的一个关键事实：小规模的智能

无法达到全盛，每一个额外的联系和资源都能扩展它的力量。一个人可以很聪明，但一个社会比他更聪明。你做的网站非常惊艳，但谷歌能将你的惊艳与数百万其他网站连接到一起。你瞧，人类的所有知识都在你的指尖之上。

根据这种逻辑，未来的智能机器不会摧毁人类。相反，它们将加入到原本人类独自作出贡献的网络之中。未来将是人类和机器的能力最丰富地混杂并融合到一起的时代。我会选择这条路，这是所有可行路线中最好的一条。

这条路的一边是光明的，另外一边可能会不那么愉快。或许一些人会不太乐意被某个混合超智能下令编辑自身的遗传信息来产生具有更高创造力、更少攻击性，以及拥有由植入芯片强化的后代。或许由 3D 模拟生成的漂亮虚拟娃娃又会让他们转嗔为喜，欣然接受。或许到时候，人们偶尔会怀念这段还能自由掌控的岁月，纯为乐子、毫无目的地胡乱翻阅一本有趣的书也没关系。但大多数时间里，他们会觉得信息和想象的惊世爆炸是所有人都能享受的不错的替代品。有一件事确定无疑。对于这个日益壮大的不可思议的整体，人类的独特贡献将慢慢变得黯淡无光。等到了那个时候，我们可能也不在乎了。

顺便一提，这件事情正在发生。我早晨醒来之后会泡一杯茶，然后走到不停召唤我的计算机跟前。我打开电源，便马上与遍布全世界的一亿思维和机器相连。随后我会花 45 分钟时间回应那些无法拒绝的邀请。出于自由意志，我开始做上述这些事情。但随后我渐渐向机器屈服了。你也一样。全人类正在半自觉半不自觉地创造一种蜂巢思维，它拥有这颗行星上从未出现过的巨大力量——但它与未来相比又是小巫见大巫。

"我们 VS. 机器们"是个错误的心理模型。我们真正应该关心的机器只有一台。不管你喜不喜欢，我们全部（我们和我们的机器）都将成为它的一部分——一个巨型的蜂巢大脑。曾经，我们由神经元组成；现在，我们将要变成神经元。

32

ELECTRIC BRAINS

电子大脑

丽贝卡·麦金农（Rebecca MacKinnon）

新美国基金会（NAF）、数字版权排名计划（RDRP）主管；"全球之声"联合创始人；
著有《网络从业者的心声》（*Consent of the Networked*）

"Computer"一词在中文里可以被直译为"电子大脑（电脑）"。这些电脑今天是怎么"思考"的呢？——作为独立机器的电脑，仍然在遵循人类标准。强大的力量需要在集结中产生。网络化设备以及各种内嵌电脑的工具正越来越需要互联，它们将通过共享信息、达成共识来作出决策。将连续的数据检索、分析与决策制定流程分配给四散各地的一组云机器，并触发现实中的某台机器或某组机器作出反应，最终影响（或帮助）特定的人——这在现在已经能够实现了。

也许单个机器永远也无法以类似于我们所理解的"人类意识"的方式来思考。但在未来某天，那些分散于全球的大型网络也许会形成某种伪荣格式的集体意识。更可能的一种情况是：电脑网络组成的集体意识强化了人类网络和社会的集体意识，二者也将产生越来越多的关联。

这到底是件好事还是坏事？是，又不是。正如你对今天人人都在使用的互联网的看法，也取决于你认为人类本性是好、是坏，还是介于二者之间。互联网本身不会改变或改善人类的天性，只会放大、扩展、增强、助长人类天性中的许多方面——可以是利他主义和慈善，也可以是犯罪和邪恶。我们只是给互联网已经在做的事情增加了另一个维度。

实际上，每次想知道发生在网上或者通过网络发生的事件（例如攻击政府或跨国公司的网站）该由谁负责时，我们已经是在面对计算机科学家所说的"归属问题"了。很快，这些问题与争论将变得更加棘手。

今天我们针对互联网和移动设备对人权有何影响的质问，明天我们将继续向更智能、更强大的云网络提出。到底谁能够决定我们日渐依赖的各种科学技术是何面貌？当这些技术、平台和网络侵犯了人们的权利时，到底是谁的责任呢？当审查、监视、煽动乃至人身攻击、数据歧视等不公正行为发生的时候，又该让谁负责呢？

还有些新的问题：由敌对的文化、商业派别或政治团体制造并与之亲近（注意是"亲近"，不是"控制"）的不同机器网络，会相互敌视并不相往来吗？它们会打起来吗？艺术创作、政治或战争会变成什么样？未来的审查与监督工作会不会被分派给机器网络，让真人免于担负骂名（这八成会让政府与企业领导心中窃喜）？或者，我们能否让这些机器网络必须经过直接的人类干预或授权，才能执行特定的任务？

手握大权的智能设备云会不会进一步加重全球不平等现象？如果我们袖手旁观，它们会不会加剧国际上各种意识形态间的冲突？如果我们想阻止全球数字化分裂的加深，有哪些预防措施是必须的？这些机器网络将是开放的还是封闭的？是否来自任何地方的任何创新者都可以把他们的新机器接入网络、实现交流（或者说参与），而无须任何审批程序？会不会有一个由特定公司或政府控制的系统，决定着"谁付出什么代价、能让什么设备连接入网"？是否会出现某些系统开放、某些系统封闭的情况？更智能、更强大的全球网络会不会比互联网更加变本加厉地腐蚀国家的权力与法律系统？会不会以新的方式使国家的权力膨胀？会不会迫使国家不断发生改变，最终在一个数字网络化的世界中适者生存？

我们不能因为发明或推动这一技术的人们看起来用意良好、热爱自由与民主，就武断地认为结果就一定是好的或人性化的。这样的假定已经不再适用于互联网，也不再适用于未来将出现的那些事物。

33

ROBODOCTORS

机器人医生

格尔德·吉仁泽（Gerd Gigerenzer）

社会心理学家；马克斯·普朗克研究所人类发展研究中心主任；著有《风险与好的决策》（*Risk Savvy*）

又到了年度体检的时候。你走进医生的办公室，握了握她冰冷的手——一只金属制成的机械手。你正面对着一位执业机器医生。你愿意这样吗？可能你会说："没门儿。我要一个真正的医生，一个听得懂、答得出，能与我感同身受的真人。一个我可以无条件信任的真人。"

再好好想想吧。由于美国目前医疗卫生领域按劳收费，一个全科医生不会在你身上花费超过 5 分钟的时间。而在这短短 5 分钟内，医生基本没有时间进行理性思考。许多医生向我抱怨：他们的患者焦虑、无知而又固执，坚持不健康的生活方式，同时又频频向他们索取电视广告中明星推荐的药物。同时，只要稍有不满，他们就会以状告医生作为威胁。

缺乏自主思考能力所影响的不仅仅是这些病人。不断有研究显示，大多数医生不理解健康统计数据，因此无法对他们所属领域中的医学论文作出准确判断。医患双方都心不在焉是有后果的。有 1 000 万美国女性做了本无必要的帕氏涂片以筛查宫颈癌——这 1 000 万女性做过全子宫切除，哪来的宫颈？美国每年都有 100 万儿童接受本无必要的 CT 扫描，这些多余的辐射剂量将在某些儿童长大后诱发癌症。许多医生还会让男性病人接受常规 PSA 前列腺癌筛查——而几乎所有医学组织都反对这一筛查，因为它既没有已证实的效果，还会造成严重的伤害。数十位男性在筛查后接受了手术或放射治疗，最后以失禁和不举告终。如若把医生因此浪费的时间和病人因此浪费的金钱加起来，将是个天文数字。

为什么这些医生不总是会给病人最好的建议呢？有三个原因。首先，如上文所述，有 70%~80% 的医生看不懂健康统计数据。原因何在？全世界的医学院都没好好教学生什么是统计思维。其次，在按劳收费的体系中，医生是有利益关系的：如果他们不建议检查或治疗（即便无必要甚至是有伤害的），就会损失利润。最后，超过 90% 的美国医生承认自己会实践"防御性医疗"——给病人推荐的那些多余的检查和治疗，换了自己的家人就不会推荐。他们这么做是出于自我防御目的，应付病人日后可能的控告。因此，医生办公室中充斥着各种妨碍治疗的心机——自我保护（self-defense）、数学盲（innumeracy）以及利益冲突（conflicting interests）。这三种相互叠加的弊病统称"SIC 综合征"。它危害了病人的安全。

这种情况有多严重？根据 1984—1992 年间的数据，美国医学研究所估计，美国每年有 44 000~98 000 病人死于有迹可循、本可避免的医疗事故。根据 2008—2011 年的数据，"美国患者安全"（Patient Safety America）组织宣布，最新的每年医疗事故死亡人数已经超过 40 万人。此外，据估计，这类本可避免的医疗事故每年在美国所造成的非致命性严重伤害有 400 万~800 万起。私人诊所发生的事故甚至无法统计。如果越来越多的医生在病患和病患安全上花越来越少的时间，这种"伤害流行病"将继续传播下去。与医疗事故相比，埃博拉病毒反而相形见绌了。

在医疗卫生领域，一场革命迫在眉睫。医学院应该为学生开设健康统计学基础课。法律系统在判断医生是否有罪的时候，应该遵从证据而非惯例。我们还需要另一种激励系统，让医生不必再在赚钱和为患者提供最佳治疗方案之间左右为难。但这一革命不但还没有发生，而且连发生的苗头都没有。

因此，我们为什么不寻求一种更激进的解决方案呢：机器人医生既能读懂健康数据，又不存在利益冲突，同时还不怕闹上法庭（毕竟它们不用偿还医学院的学生贷款，也没有怕被冻结的银行账户）。现在回到你的年度体检场景中。你可能会向机器人医生咨询，体检是否能降低癌症、心脏病或其他任何病因的死亡率。这时候机器人医生不会说些模棱两可的话，而是会明确告知你：总结全部现有的医学研究数据，上述三种情况的答案都是"不能"。也许你不太乐意听到这个。你那位可能忙到没时间跟进最新医学研究的人类医生给了你相反的答案，于是你对一丝不苟的定期体检充满了自豪。同时，机器人医生不会给你的孩子安排没有必要的 CT 扫描，不会让没有宫颈的女性做帕氏涂片，也不会在不解释利弊的情况下给男性推荐常规 PSA 检查。不仅如此，因为它们能同时与多位患者交流，你想和它谈多久就谈多久。等待时间不会太长，也没有其他病人想把你撵出门。

我们想象思维机器的时候，总倾向于想到高科技设备，例如血压、胆固醇或心率的自测设备。我的观点有些不同。机器人医生革命的重点不在于更高级的科技，而在于更好的心理体验。也就是说，它的思考能力使它为病人考虑并追求最佳治疗方案，而不是追求最佳的收入。

你又提出一条反对意见：那些追求盈利的诊所肯定会在这种病人第一的机器人医生身上搞鬼，把它们重新编程为利润优先模式。你的反对触碰了医疗弊病问题的核心，但还有一个心理学上的因素：在面对人类医生问诊时，病人通常不会问问题，因为他们全指望那句老话"相信医生说的"，但这条规矩未必适用于机器人医生——在握过它冰冷的手后，患者内心难免打起小算盘。让人类开始思考，正是一台机器所能达到的最好结果。

34

THOUGHT-STEALING MACHINES
窃取想法的机器

马克西米利安·席希（Maximilian Schich）

艺术史学家，得克萨斯大学艺术与人文学院副教授

机器做了越来越多的我们先前认为需要思考的事情，但现在我们已经不再做这些事情了，因为机器代替了我们。我多少是从被誉为"机器连接与知识图谱之父"的丹尼·希利斯（Danny Hillis）那里"窃取"这个想法的。在人类和机器中，窃取想法是思维过程中很常见的一种活动。实际上，当人类思考时，我们大多数想法来自过去的经历，或者是被记录下来的别人的经历。我们极少想出彻底的新想法。机器也不例外。所谓的认知计算，无非就是一个深思熟虑的想法窃取机制，它由大量知识和复杂的算法过程来实现。人类的思想和认知计算里都含有这种窃取想法的过程，这令人印象深刻，因为它们不仅能够窃取已有的想法，还能从一个给定的知识框架中窃取合理的潜在想法。

现在，窃取想法的机器已经能够产生与"后现代主义思想"没什么两样的学术文献，写出能被计算机科学专业会议接受的论文，创作出让专家都难以分辨的古典乐曲。在天气预测方面，机器可以基于过去的或相似情境下的期望来创造出很多不同的认知表征。研究文艺复兴的古文物学者将会很高兴，因为这些机器正是基于文艺复兴时期产生的方法而取得的胜利，这些方法带来了现代考古学和很多其他科学研究的分支。但是我们到底该怎样铭记？

机器变得越来越智能，它们所取得的成果也是如此。但是随着我们

制造出越来越好的机器，我们对自然的认识也会越来越深刻。实际上，比起我们目前赋予人工智能或认知计算的特性，自然涌现出的认知要复杂得多，细节要丰富得多。比如，我们该如何想象自然认知的智慧，室温的量子相干性什么时候能帮助花园里的鸟儿感受到磁场？在可以完全用人造肌肉建造图灵机时，我们该如何想象章鱼身体所具备的认知复杂性？在我们还远不能完整地记录下我们大脑的运行时，我们该如何回答这些问题？我的猜测是，200 年后，我们的思维机器看上去就像最原始的亚马逊土耳其机器人一样。

不管它们会变得如何复杂，比起自然认知的分辨率和效率，机器始终显得有些简陋。就像益生菌的新陈代谢，它们始终处于真实生命的临界值以下。但是它们很强大，足以让我们进入到一个新的探索时代。机器已经让我们创造出很多前所未有的想法，并且创新已经变成在全部可能想法中发现正确想法的练习。就像拥有我们自己的想法一样，灵感源于在已有的想法中进行正确的探索。衡量所有可能想法的认知空间，将如宇航员探索宇宙那般令人惊叹。也许，作曲家马勒（Mahler）没有完成的《第六十交响曲》和他的《第六交响曲》一样令人惊叹。

亚马逊土耳其机器人（Mechanical Turk）是一种众包网络集市，能使计算机程序员调用人类智能来执行目前计算机尚不足以胜任的任务。——译者注

35

EMERGENT HYBRID HUMAN / MACHINE CHIMERAS

幻想人机结合体的出现

玛利亚·斯皮罗普鲁（Maria Spiropulu）

加州理工学院实验粒子物理学家

作为对人类智能的效仿，也就是所谓的人工智能正在出现，依靠的是技术的进步和对人类复杂性的研究。前者包括装备智能软件的高性能计算系统，例如机器学习、深度学习等，以及很多这种系统以自组织的、自主的、最优化的方式进行的连接。后者需要神经科学、基因组学和新兴的跨学科领域。

思维机器不是，也不可能是人类的翻版，因为我们尚不能宣称已弄清楚人脑的工作方式。但是思维机器，作为人类逻辑、科学和技术进步的产物，毫无疑问会在很多功能上超越人类。利用它们强大的记忆力和数据存储能力，它们同样有能力处理我们的全部知识。装备有完美的数据驱动的探索方法，它们可以从数据中检测到不同寻常的模式，并从中学习。毫无疑问，它们会编写所有东西——但目的是什么呢？

人类智能（其实很难定义）是基于知识的，从而产生出直觉、预感和激情，当面对生存问题、解决新的难题、处理未知的时候，还会产生胆识。人类智能对于进步、创新和创造力的追求近乎诗意，这些追求出现于人类的思考、感受、梦想、勇气、坚定、无畏、友好、交流、独立以及骄傲。我们是否可以把这些属性编程为一个复杂的复合体，将它赋予思维机器，让思维机器以我们现在的成就为基础开始进化？我们自己的进化到目前为止产生了一个有机的复杂智能。

最近还有很多对思维机器的技术恐慌,来自有思想却又无畏的人类。对我而言,相比于担心聪明的思维机器将掌管世界,我更担心那些被洗过脑的人或停止思考的人——因为"机器思考"不能完全替代人类的全部思考和操作。即使出现了科幻小说中嗜杀成性的赛隆人——拥有不朽的知识和意识,以及感知系统和强大的记忆力,问题也依然存在:人类智能(大脑、感觉和情感)是复杂的智能。人类智能通过把分散的事实串联起来的工具,主宰着这个复杂的世界,它是如此高效,因为它舍弃了大部分信息。

即使我们着手准备机器学习算法,并尝试用各个科学领域内的深度神经网络来模仿大脑,我们依然困惑于知识、直觉、想象力和有机的推理工具之间的连接模式。这个模式难以(或许可能)被复制到一个机器上去。无尽的、没有连接的知识集群永远是无用的、愚蠢的。当一台机器未经触发就可以主动、自发记住一件事的时候,当它可以产生和利用想法的时候,并不是因为这个想法被人类编程在算法里,而是因为这个想法与其他事实或想法相联系,这些事实和想法并不在机器的训练样本或效用函数里。这时,我就会开始希望我们能够创建一个全新的人造物种,它们可以自我持续并拥有独立思考的能力。

同时,我还预见到人机结合体的出现:人类生育的物种利用新的机器来增强自身的能力,从而增强了所有或大多数人类的能力、愉悦感和心理需求。到了这个阶段,思考或许会变得不再那么重要,而且严格说来也不必要,因为进行日常思考的人类在机器中找到了更好的仆人。

36

FROM REGULAR-I TO AI

从常规智能到人工智能

罗杰·海菲尔德（Roger Highfield）

科普畅销书作家，伦敦科学博物馆外部事务主任；合著有《超级合作者》

数十年来，科技 - 未来主义者们日夜都在为计算机、机器人的智商，即将达到人类水平的"审判日"而忧心忡忡。这种泾渭分明的"他我之分"和人机站队的想法也一直深得人心。在多数人无休止地为人类对意识的定义、实现纯粹人工智能的可能性和危害争得面红耳赤的时候，或许将二者结合起来能给我们带来某些新的可能性，因此它值得关注。

我们身边已经有数百万仿生机器人在四处走动了。在过去的数十年里，人类已经逐渐和心脏起搏器、隐形眼镜、胰岛素泵、耳蜗、视网膜植入体等设备融为一体。常被称为"大脑起搏器"的大脑深层植入体，正在缓解着成千上万位帕金森综合征患者的症状。

这本没什么好奇怪的。自从最初的人类捡起木棍与碎石、开始使用工具的时候，我们就已经在强化自己了。到科学博物馆去看看那数百万藏品，从各种不同的引擎到各种智能手机，应有尽有。你还能看到人们如何总能充分利用新的科技飞跃，让日益智能化的机械的崛起不会意味着机器与人之间的你死我活，而是实现人类各种能力的提升。

目前，研究者正在着手研究辅助老弱病残人士行走的外骨骼系统，让瘫痪者得以控制假肢的大脑植入体，以及可以印在皮肤上、能够收集生理数据或充当环境（例如云网络或物联网）接口的数字化文身。

说到思维机器，有些科学家甚至在钻研如何利用电子插件和其他"智能产品"来增强人类的脑力。美国国防部高级研究计划局（DARPA）已经启动了"恢复活跃记忆"计划（Restoring Active Memory program），以期通过能够探测记忆缺失并恢复其正常功能的"神经假肢"，来逆转大脑损伤造成的破坏。这些神经假肢与目前我们大脑的工作模式有些不同，但多亏了"人类大脑计划"、"虚拟生理人"和其他大脑工程的不懈努力，以及神经形态学领域的研究成果，随着时间的推移，人工智能将越来越像我们。与此同时，也有人尝试利用实验室培养的大脑细胞来控制机器人、飞行模拟器，等等。

有机超人类主义实验这一令人寒毛倒竖的结果似乎说明，在几十年之内，我们要分辨人类与思维机器也许就没那么简单了。我们中的许多人不会单纯动用我们脑中的那台"肉机器"来揣测人工智能的未来图景。未来思考的基础正处于一道连续谱中的某处，在从常规智能过渡到人工智能的彩虹之间。

注：《超级合作者》（*Supercooperators*）是一部洞悉人类社会与行为的里程碑式的科普著作，该书从博弈论之"囚徒困境"入手，生动展现了自达尔文创立进化论以来，生物学和进化动力学最重要、也最激动人心的进展。另一位作者马丁·诺瓦克（Martin Nowak）被誉为"新时代的达尔文""明星科学家"。该书中文简体字版已由湛庐文化策划出版。

37

WE WILL BECOME ONE

我们将与机器融为一体

克利福德·皮克奥弗（Clifford A. Pickover）

著有"皮克奥弗三部曲"：《医学之书》《物理之书》《数学之书》

如果我们相信思维和意识是大脑细胞和其组分的模式所造就的，那么思想、情绪和记忆就可以像自行车零件一样被复制。当然，自行车的大脑必须非常大，以体现思维的复杂性。原则上，我们的思维可以被实体化，如同修长的树枝随风摇动或白蚁运动的模式。

对于"自行车的大脑"或任何机器，能思考并能掌握一些知识意味着什么？机器能够拥有多种知识。这使得讨论能思考的实体成了一个挑战。例如，知识可能是事实或命题：一个生物可能知道第一次法国 - 达荷美战争是法国与非洲的达荷美王国之间的冲突。

知识可能是程序性的：知道如何完成一项任务，例如，下围棋、做蛋奶酥、玩 15 世纪的弓箭，或模拟米勒 - 尤列实验🔍来探索生命的起源。然而，至少对于我们来说，阅读关于如何精确射箭的知识与实际中如何做到能够精确射箭是不同的。程序性知识意味着能够执行这种行为。

有些知识要处理直接经验：这是一种当有人说"我知道什么是爱"或"我知道什么是恐惧"的时候所涉及的知识。

米勒 - 尤列实验（Miller-Urey experiment）是一项模拟假设性早期地球环境的实验，目的是测试化学演化的发生情况。——译者注考虑到像人类一样的交流能力对于任何机器来讲都是重要的，我们可能会说，这类机器拥有与人类一样的智能和思考能力。如果一台智能机器的智能被困在一个没有反馈的程序中、被隔离在一种孤立的状态中，那么这种机器就很无趣。随着我们提供给计算机越来越先进的感官外设和更大的数据库，我们可能会认为这些实体是智能的。当然，在本世纪内，一些计算机将以这种方式作出反应，即任何与它交流的人都会认为它们是有意识的、有思想的。

这些实体将表现出情绪。但更重要的是，随着时间的推移，我们会与这些生物合并。我们将与它们分享我们的想法和记忆，与之融为一体。我们的器官可能会衰退，并化为尘土，但是我们幸福的精华将存活下来。计算机或计算机与人类的结合体，将在所有领域超越人类，从艺术到数学，到音乐，到纯粹的智力。未来，当我们的思想与人工智能体合并，并与各种电子假肢整合在一起的时候，为了我们每个人的真实生活，我们将创造多个仿真生命。

> 你平时是一家大公司的计算机程序员。然而，下班后你会是一名穿着闪亮盔甲的骑士，参加奢华的中世纪宴会，对着流浪的吟游诗人微笑。第二天晚上，你会在文艺复兴时期，住在你索伦托半岛南部海岸的家中，享受丰盛的晚餐。也许，当我们成为人机结合体时，我们将会模拟新的现实，重演发生轻微变化的历史事件，创作类似芭蕾或戏剧一样的伟大作品，解决黎曼假设或重子不对称性问题，预测未来，逃避现实，因此所有的时空都可以成为我们的家。

机器的思维方式与我们的思维方式会有很大差异。毕竟，机器不了解我们的思维方式，被称为深度神经网络的图像识别算法有时会几乎肯定地宣称，随机静态图像是对各种动物的描绘。如果这样的神经网络可以被静态的图像愚弄，那么还有什么可以愚弄未来的思维机器？

WATCHING THE MACHINE'S SUCCESSES IS LIKE MARVELING AT THE PERFORMANCE OF A PRODIGY.

品味机器的成功，就像是惊叹一个天才的表演。

——塞德希尔·穆来纳森（Sendhil Mullainathan），《我们创造了它们，却不理解它们》

WE BUILT THEM, BUT WE DON'T UNDERSTAND THEM

我们创造了它们，却不理解它们

Sendhil Mullainathan
赛德希尔·穆来纳森
哈佛大学终身教授，哈佛大学行为经济学领域重要领头人；
合著有《稀缺》

Jon Kleinberg
乔恩·克莱因伯格
康奈尔大学计算机科学系教授；
合著有《网络、群体与市场》

由于算法的更新换代，机器变得越来越聪明，但同时也变得更难以理解。但是当面对会思考的机器时，我们又必须理解它们是如何思考的。因此，或许我们有史以来第一次创造出了自己无法理解的机器。

我们给机器编程，以能理解每个单独的步骤。但是一台机器采用了数以亿计的这类步骤并产生了行为，例如下象棋、推荐电影、像个熟练的司机在蜿蜒的道路上驾驶汽车等，这些行为在我们编写的程序架构中无法被明显地体现出来。

赛德希尔·穆来纳森　乔恩·克莱因伯格

SENDHIL MULLAINATHAN　JON KLEINBERG

然而，我们已经让这些不可理解变得习以为常。我们设计机器去按照我们的方式行动：它们帮我们开车、驾驶飞机、送包裹、审批贷款、搜索信息、推荐娱乐活动、推荐潜在的情侣以及帮助医生诊断病情。正因为机器的行为与我们类似，因此我们很容易认为它们的思维方式也与我们相似。但事实上，它们的思维方式与我们完全不同，从更深层次的角度看，我们甚至并不能真正理解它们是如何产生这些行为的。这就是它们不可理解的本质。

这重要吗？我们正在搭建的日益精准的决策系统，其基础却是我们不可理解的。这应该让我们担忧吗？答案显然是肯定的。

首先，在日常生活中，太多的事情都需要我们寻找原因。为什么我的贷款申请被拒绝了？为什么我的账户被冻结了？为什么我的条件突然被列为"危险"级别了？

其次，在机器犯错误的时候，我们需要知道原因。为什么自动驾驶汽车会突然冲出道路？如果你不了解犯错误的原因，就很难快速排除故障。

我们创造了它们，却不理解它们

还有更深层次的麻烦。我们需要了解它们的算法原理，才能与他人进行讨论。机器算法经过了大量的数据训练，善于从这些数据中提取其内在结构模式。例如，我们知道如何搭建一套系统，使其能阅读数百万份相同结构的贷款申请表，并找出合格的申请者。同样的事情如果让人类来做，是相当困难的，即便做也未必能够像算法做得那么好。

这是很了不起的成就，但也很脆弱。这些算法的有效区域通常都很有限，想要描述有效区域的特征很困难，跳出来却很容易。例如，刚才那个能成功地把数百万份小型消费贷款进行归类的机器，如果你给它另一套有几千份复杂的商业贷款的历史数据时，它就未必能胜任了，因为这超出了它的功能区域。它的有效性来源于从海量数据点中，从不断重复的历史案例中，寻找其模式和结构。如果突然急剧降低数据量或者把数据结构变得更加复杂，那么这套算法就会失效。换句话说，它们的成功只是在适当条件下的表现，就像是惊叹于一个天才的表演，他那令人瞠目结舌的成功和专心致志掩盖了其他方面的局限性。

但即便在这些机器的有效区域的中心，这种不可理解的原因也会导致麻烦。还是以这数百万份小型消费贷款申请为例，当这台机器的用户、管理人员或者助理开始问它几个简单问题的时候，麻烦就来了。

被拒绝的贷款申请者不仅会问原因，还会提出诸如"我要如何修改申请表才能成功"这样的问题。由于我们对算法决策无法理解，自然也就无法给出令人满意的答案。也许只能用"试试参照那些成功贷款的表格的形式去填写"敷衍了事。

行政部门会问："这套算法在英国很有效，但如果换在巴西呢？"我们同样无法给出令人满意的答案。我们无法评估一个高度优化的规律转移到新领域后，效果会如何。

数据科学家会问："我们已经清楚这套算法对已有数据的运行情况。如果有更多数据，肯定就能提高它的表现水平，问题是我们要收集哪些新数据呢？"人类的知识领域会提出很多可能性，但是在无法理解那套算法的情况下，我们不知道哪种可能性才是有效的。具有讽刺意味的是，我们能够找出那些自认为有效的变量，但因为机器跟我们的思维方式不同，而且已经胜过了我们，我们又如何知道什么对它是有效的呢？

这不是故事的结局。我们还发现，算法的创造者们热衷于创造那些不仅强大而且连他们自己都无法理解的算法。按照这样的趋势，我们需要重新定义什么是"可理解性"。也许最终，我们再也无法理解这些自动化的系统。不过也没关系，我们只要能够像和其他人交流那样与它们进行交流互动就足够了，然后慢慢地形成一种坚定的观念：什么时候可以信任它们，把它们用在什么地方最有效，怎样帮它们取得我们自身无法实现的目标。

然而，到那时这种不可理解就会带来风险。我们如何知道这些机器正在它自己算法的有效区域内运行，而不是跑到它不擅长的领域去了呢？这种风险的蔓延是不容易量化的，也是我们在这些系统的发展过程中需要面对的。也许有一天，所有强大的机器智能都会让我们感到畏惧，不过在此之前，我们要担忧的是如何让机器具备那样的智能。

注：《稀缺》（*Scarcity*），穆来纳森和埃尔德·沙菲尔（Eldar Shafir）强强联合之作，继诺贝尔经济学奖获得者丹尼尔·卡尼曼《思考，快与慢》之后的又一部行为经济学重磅力作，《金融时报》2013 年必读十佳商业图书。该书中文简体字版已由湛庐文化策划出版。

39

THE COLOSSUS IS A BFG
一个"好心眼的巨人"

尼古拉斯·汉弗莱（Nicholas Humphrey）

英国剑桥大学达尔文学院心理学家；著有《灵魂》（*Soul Dust*）

你想什么呢？你也许不愿意回答，但是重要的是，作为一个有意识的智能体，你有能力回答这个问题。这就是所谓的内省。你知道而且能告诉别人，你思想的舞台上正在上演什么剧情。机器呢？让智能机器说出自己的想法，它做得到吗？很可惜，至今还没有人能够设计出这样的机器。维特根斯坦曾经说过："假如一头狮子忽然开口说人话，那我们一定听不懂它在说什么。"即便赋予机器说话的能力，它也无话可说。所以当有人问我怎么看待"会思考的机器"时，我的回答很简单：至少在现在看来，这种机器根本不存在。

当然，情况可能会很快发生变化。回顾人类历史就会发现，在漫长的自然选择过程中，当人类面临具体的难题时，拥有一个能够内省的大脑能带来很多现实优势。同理，机器程序员也许有一天能够开发出这样的软件：当机器面临相似的难题时，它们能够像人类一样去解决问题。但是这些难题是什么？意识的舞台为什么会有答案呢？

让我们来一窥意识的舞台：意识能够让你看到自己的大脑是如何工作的。比如，通过观测你的信念和欲望如何萌生愿景，而愿景再激发行动，你就会清楚为何自己会像那样思考和行动了。这样一来，你就可以向自己和他人解释你思考和行为的原理了。同时，你也有了一个可以解释他人思维和行动的模型。内省意识为心理学家所说的"心理理论"打下了基础。

对于人类而言，社交智力是生存的关键，它能带来巨大的好处。对于机器而言，暂时还没有所谓的社交生活，而且也几乎没有理由朝这个方向发展。但毫无疑问的是，机器终将需要理解其他机器的心理和行为，才能实现相互协作。再进一步说，如果它们想要高效地与人类协作，它们还需理解人类的心理。我猜这需要它们的设计者或者机器自身去跟随大自然的指引，给它们安上一双机器版本的内省之眼。

一旦发展到这个阶段，这些拥有洞察力的机器对人类的理解水平是否会超出预期，甚至引发危机？精神病患者通常不是因为对心理状态了解得太少，而是了解得太多。这是我们应该担心这些机器的原因吗？

我不这么认为，因为这不是什么新鲜事。几千年来，人类一直在对一个特殊物种的生物机器进行选择和编程，让它成为人类的仆人、伴侣和贤内助。我说的是驯养狗。而我们确实也取得了非凡的成就：现代的狗已经具备了异常出色的心理理解能力，无论是对其他狗还是人类，这种心理理解能力不逊色于除人类以外的任何动物。很显然，这进化成了一种相互合作而非竞争的关系，尽管在这个过程中，我们人类一直保持着主导地位。如果机器真的发展到能够像现在的狗一样善于理解人类的心理，我们自然会谨慎起来，以防它们变成主导和操控的角色，甚至开玩笑地说，就像我们在处理和最好的朋友时所采取的态度一样。但我认为，毫无疑问，我们会继续拥有主导地位。

西班牙画家弗朗西斯哥·戈雅（Francisco Goya）有一幅画，一个可怕的巨人大步横跨在画面中，人类惊慌而逃。"巨人"（Colossus）也是艾伦·图灵的第一批计算机的其中一个名字。我们是否需要担忧这种计算机的后代会给我们带来潜在的生存威胁呢？我认为不需要，本人持乐观的态度。运气，更确切地说是安排，会使得巨人仍是个好心眼的巨人。

《巨人》

40

MISTAKING PERFORMANCE FOR COMPETENCE

错把性能当能力

罗德尼·布鲁克斯（Rodney A. Brooks）

机器人专家，曾任MIT人工智能实验室主任；著有《我们都是机器人》（*Flesh and Machines*）

“思考”和“智能”都是马文·明斯基所谓的“手提箱”式词汇。“手提箱”式词汇是指被我们赋予多种含义的词汇，我们可以利用这些词汇简要地谈论复杂的问题。当我们深入分析这些词汇时，会发现很多不同的方面、机制以及理解的层次。因此，这使得回答一些长期悬而未决的问题变得很困难，例如，“机器能思考吗”“机器什么时候会达到人类智力水平”。这些“手提箱”式词汇同时涵盖了机器所展示的特殊性能，以及人类所拥有的更通用的能力。我们从性能推演到能力，并完全高估了当前和数十年之后的机器的能力。

1997 年，一台超级计算机击败了国际象棋世界冠军卡斯帕罗夫。今天，很多运行在笔记本电脑上的程序比人类拥有更好的国际象棋排名。毫无疑问，计算机下国际象棋肯定比人类下得更好，但计算机的能力远不及人类。

所有的国际象棋程序都使用带有启发式估值的图灵的蛮力树搜索算法。到了 20 世纪 70 年代，计算机的运算速度已经足够快了，这种方法压倒了那些试图在下棋过程中模仿人类如何思考下一步棋的人工智能程序，所以那些方法大多被放弃了。今天的国际象棋程序无法确定为什么特定的一着棋比其他着法更“好”，只是这着棋使棋局进入了搜索树中对手拥有更少好选择的分支。人类玩家能够概括描述为什么某些类型的着法是好棋，并以此来指导另一个玩家。蛮力算法程序无法指导人类玩家，除非被人类视为同等的伙伴；这取决于人类自己作出的推断与类比，以及自己是否愿意学习。国际象棋程序不知道自己比人类更聪明，不知道自己是一个教具，不知道自己玩的游戏叫国际象棋，甚至不知道什么是"玩"。我们制作的蛮力算法下棋程序的棋技胜过了所有人，这使得人类在国际象棋上不再拥有控制地位。

现在请思考一下深度学习。深度学习在过去一年来吸引了人们的注意力，它是反向传播算法（back propagation，BP 算法）的升级。BP 算法是一种拥有 30 年历史的，大致基于神经元抽象模型的学习算法。它将一个信号映射到神经元层上，例如声波的振幅或图像的像素亮度，这样可以更加精确地描述这个信号的完整意义，例如声音中的词语或图像中的物体。最初，BP 算法只能在 2~3 个神经元层上工作，所以在应用学习算法之前，需要对信号进行预处理，以获得更结构化的数据。新版本的算法在更多的神经元层上工作，使得网络更深，因此被命名为深度学习。现在的预处理步骤也会进行学习，这种不带有人类个人偏见设计的新算法就远比仅仅 3 年前的算法要强大得多，这就是深度学习吸引人类注意力的原因。它们依赖于服务器集群中大量计算机的计算能力，以及以前从未出现过的大数据集。但苛刻地讲，它们也依赖于新的科学创新。

对于它们的性能，一个众所周知的例子是，它们对一幅拿着毛绒玩具的婴儿图像进行的标注。当你看图像时，眼前就是你看到的东西。这种算法在图像标注方面表现得很好，远远超出了人工智能从业者的预测。但是，它仍然不具备人类标注相同图像时所具备的全部能力。

学习算法知道图像中有婴儿，但它不知道婴儿的身体结构，也不知道婴儿在图像中的位置。目前的深度学习算法只能分配每个像素点的概率，即某个特定的像素点是否属于婴儿的一部分，而人类能够看到婴儿占据着图像的中间部分。目前的算法对于婴儿的空间范围只有一个概率上的认知，它不会运用排除法，也无法确定图像边缘的非零概率的像素点一定不是婴儿的一部分。如果我们观察神经元层的内部，或许可以发现更高级别的特征学习，即某一个识别出的特征是类似眼睛的图像，另一个特征是类似脚的图像。但目前的算法无法识别图像中眼睛与脚之间可能有效的空间关系约束，这样，就很可能会误将一张由婴儿身体的各部分组成的奇怪的拼贴画识别为婴儿。但没有人会这样想，所有人都会立即精确地识别出它是一张由婴儿身体的各部分组成的奇怪拼贴画。此外，目前的算法无法告诉机器人应该移动到哪个位置去抱起那个婴儿，到哪里去拿到奶瓶来喂他，到哪里去给他换尿布。目前的算法在理解图像方面不具备类人水平的能力。

增强机器学习对于连续空间结构的关注和掌控的研究工作已经开始进行了。这是一项艰巨的科研工作。我们不知道它有多么艰难，不知道它将花费多长时间，也不知道这个方法是否会遇到死胡同。从 BP 算法到深度学习花了大约 30 年时间，但一路走来，许多研究者认定 BP 算法没有前途。他们错了，但如果他们是正确的，也并不意外，因为我们自始至终都知道，BP 算法不会出现在人脑中。

对于失控的人工智能系统，无论是它们统治人类，还是让人类变得无足轻重，这种恐惧都是严重不切实际的。由于"手提箱"式词汇的误导，人们对于能力的可替代性分类时有错误，就好比看到高效内燃机的发展就认定曲速引擎指日可待那样。

注：马文·明斯基，人工智能领域的先驱之一，人工智能领域首位图灵奖获得者，当之无愧的人工智能之父。推荐阅读其代表作《情感机器》（湛庐文化"机器人与人工智能"书系之一），该书首次披露了创建情感机器的 6 大维度，深度思考了人类思维与人工智能的未来。该书中文简体字版已由湛庐文化策划出版。

41

FEAR NOT THE AI
不要害怕人工智能

格雷戈里·本福德（Gregory Benford）

加州大学欧文分校物理学和天文学名誉教授；其科幻小说《时间景象》（*Timescape*）曾获星云奖

人工智能不一定是弗兰肯斯坦的怪物，我们相信反对者们会坚持这种看法。而且，我也相信人类最神秘的能力：发明与创造。

以自动驾驶汽车为例。在什么条件下，它们的导航算法会突然蓄意谋杀乘客？如果你精通于设计的话，这种情况根本没有可能出现。对于空难和车祸的恐惧是对低水平人工智能的一项必要检查。

为什么人们会担心未来的算法是危险的？因为他们害怕恶意的程序设计，或者认为算法中会有伤害到我们的不可预见的含义。这是一种貌似合理的想法，但并不正确。

我们的恐惧是最好的防御。没有危险的算法能逃脱许多质疑它的检查员的严格目光。任何在我们实际生活的物理世界中拥有能力的人工智能，都会经过许多检查，而且还会有现场试验、有限次数使用体验，等等。这将阻止那些可能造成伤害的失控人工智能的应用。即使如此，我们也应该认识到，人工智能像许多发明一样，在进行军备竞赛。自从 1969 年我发明了第一个计算机病毒以来，计算机病毒便成了第一个例子。它们与杀毒程序比赛，但它们仅仅只是令人厌恶，并不致命。

智能破坏算法（例如，超级工厂病毒的未来版本）已经扩散到了互联网上，并且情况还会更糟。这些破坏算法会悄悄渗透进政府和企业的许多日常操作。它们中的大多数都来自危险分子。但随着遗传编程和自主代理软件的出现，它们能够按照达尔文进化论偶然地发生变异和进化，尤其是在没人注意的地方。它们仍会变得更聪明。分布在许多系统和网络中的计算会让我们更难了解其检测部分与更高阶的整体之间的关系。所以有一些算法很可能会逃脱严格的审查。但防御算法也能进化，根据拉马克学说，定向选择进化得更快。所以防御算法是有优势的。

> 人类是丑陋的、坏脾气的、卑鄙的，但这也是我们很难被杀死的理由之一。我们战胜了许多敌人——食肉动物、恶劣气候的冲击、与其他原始人类的竞争，历经了数十万年，逐渐演化成为一种脾气最坏的物种，被几乎所有其他的物种畏惧。当我们走过森林时，森林会变得安静，因为我们是顶级捕食者。

这赋予了我们思考的本能和习惯，它显露于看似良性的事情中，例如足球、橄榄球以及无数其他球类运动。我们喜欢去追逐和操纵跳动的小球，并努力去控制和捕捉它。为什么？因为我们曾经为了生存做过类似的事情——捕猎，踢足球像追捕一只兔子。类似的动物能量在我们社会的表面之下酝酿。任何有野心接管世界（很多悲观科幻电影的主题）的人工智能将会发现，在自己的领土上遇到了一个灵巧、易怒、聪明的物种。真实的物质世界，不是 0 和 1 的抽象计算。我的赌注是基于动物的本性。

唯一需要我们担忧的是：我们将会让算法比人类更好地执行抽象动作。因为高智能软件的出现，许多工作已经消失。但随着人工智能变得更聪明，人类的自信心会被摧毁吗？我认为这是真正的危险，但对于大多数人来说，这只是一个小危险。很多人因为计算机失去了工作，尽管计算机从不拍那些让你失业的人力资源管理人员的马屁。中层管理人

①

拉马克学说（Lamarckism），法国博物学家拉马克提出的关于生物进化的系统看法。他认为，我们的地球是一个生气盎然的星球，在这里有着众多的生物，蓬勃竞长，使地球充满了活力。拉马克大胆、鲜明地提出了生物是从低级向高级发展进化的学说。——译者注

员、秘书、卡车公司的路线规划者……这个名单是无止境的：他们被软件所取代。但他们很少会感到崩溃，他们大多已经改了行。我们已经学会了如何去妥善处理这些事情，不会再倒退到卢德分子的疯狂状态。但我们很难妥善处理如今看来只是远方地平线上的一片小小的、遥远的、黑暗的云朵：在最高级别表现得比人类更好的人工智能。

这片小小的云朵目前不会让我们担忧。它可能永远不会出现。目前，我们在让人工智能通过图灵测试的问题上遇到了麻烦。前景会在未来的10~20年变得清晰。到那时，我们可以认为人工智能能够解决例如广义相对论、量子力学之谜这样的问题。就我个人而言，我想看到一台能够承担这些任务的机器。智能真正关键的部分——创造力，甚至人类都不完全明白，目前在人工智能中也未被完全证实。我们的潜意识对于创造力来说似乎是不可或缺的（我们没有思想，但思想拥有我们），所以人工智能应该拥有潜意识吗？或许，甚至连巧妙的编程和随机的进化也无法创作出这样的人工智能。

如果有一天，我们战胜了这个巨大的障碍，拥有了这种人工智能，我不会害怕它——我准备了一些很好的问题去问它。

卢德分子（Luddite）指19世纪英国工业革命时期，因为机器代替了人力而失业的技术工人，他们发起了以破坏机器为手段反对工厂主的工人运动。现在被引申为持有反机械化以及反自动化观点的人。——译者注

42

A BEAUTIFUL (VISIONARY) MIND
美丽的心智

艾琳·佩珀伯格（Irene Pepperberg）

哈佛大学心理学系研究助理兼讲师；著有《亚历克斯与我》（*Alex & Me*）

尽管机器很擅长计算，但并不擅长实际的思考。机器拥有无尽的"勇气"和"毅力"，可以毫不费力地得出一个复杂数学问题的答案，能够在陌生的城市里帮你指引交通情况，这一切都依赖于人类安装在它们身上的算法和程序。但是，机器缺什么呢？

机器缺乏想象力（至少在现在看来是这样的，而且我也不认为所谓的奇点会改变这一情况）。它们不会自主设计一个杀手级应用软件。它们并不打算去探索银河系，除非我们给它一个指令，但那是另一回事了。机器无疑在解决计算问题和量子力学方面要比普通人更胜一筹，但它们缺乏发现这些架构的最初需求的想象力；机器能够在国际象棋上打败人类，但是它们无法设计出能够永远超越人类的思维游戏；机器能够发现人脑可能会忽略的统计规律，但是它们缺乏把不同数据集连接起来形成一个新领域的跳跃性思维。

我不太关心那些计算机器。我会自己处理浏览器上的麻烦事儿，然后把其他枯燥的体力劳动交给诸如智能冰箱等智能机器，基于跟踪RFID标签，智能冰箱会识别每天进出冰箱的物品，然后在我回家的路上通过短信提醒我要买点儿奶油回去（很快就会出现这样的提示系统）。我更愿意处理文档中需要认知能力才能识别的特殊术语，然后把排版这种机械化的工作交给计算机。这些例子表明，一台机器虽然看起来像是在思考但并不意味着它们真的会思考，至少，不会像人类那样去思考。

我想起了早期的一项研究，内容是训练类人猿使用"语言"，而这次，我们要训练具有可塑性的芯片来回答一系列问题。那套研究系统在一群大学生身上重复实验，与预期一样，他们完成得很出色。但是，当被问及他们是否了解自己的训练目的时，他们以为自己正在解决某个有趣的难题，丝毫不知道自己正在学习一门语言。实验引发了更多的争论以及进一步的研究，后面几种非人类受试最终都明白了它们所学习的各种符号的相关意义。通过这套原始的方法，我们也了解了很多关于类人猿的智能情况。但是这项实验的意义是，那些最初看起来非常复杂的语言系统，只要经过足够多的努力，就能变成一系列简单的关联配对。

因此，我所关心的并非是会思考的机器，而是一个骄傲自大的社会，人们为了能够摆脱体力上的苦役而放弃原本更加可贵的洞见。人类需要充分利用自己的认知能力，同时把粗鄙的无脑劳动交给机器，从而获得更多自由，并感恩这种自由，用这种自由去挑战更多需要富有洞察力和远见的跳跃性思维才能解决的紧迫难题。

43

KEEPING THEM ON A LEASH
用皮带把它们捆住？

罗伯特·普罗文（Robert Provine）

马里兰大学心理学家和神经科学家；著有《为什么屁股不说话》（*Curious Behavior*）

不要害怕凶狠的烤面包机、被武装的扫地机器人，以及盗窃钱财的 ATM 机。机器在智能以及其他方面能力的突破，不应该让我们去猜疑未来人类和人类制造的机械之间是否会发生冲突。毫无疑问，人类会获胜，在某种程度上是因为人类声名狼藉的本性更多地与堕落相联系，而不是与拯救相关。狡猾、欺骗、报复、猜疑、不可预测性，这些都是迷惑缺乏灵活性和想象力的生物的手段。智力不是一切，非理性的生物也未必无法适应这个世界。非理性行为刺激神经系统，让我们跳出徒劳的套路，走入更具创造性的解决方案。我们的社会是分布式智能的社会，个体服从于团队和集体。成为群体中有情绪的野兽会很显眼。

关于这些问题的思想实验是对人类和机器行为的洞见的来源，并指导我们如何制造出不同的、更好的机器。可以将欺骗、愤怒、恐惧、报复、同情，以及类似的情感都编程到机器中吗？这又会产生什么效果？（这需要对人类情感有更深层次的模仿。）自我意识可以编程到机器中吗？我们如何制造有社会性的机器，需要什么样的命令结构来组织它们的团队合作？一群自治的社会机器会瞬间产生一种新的政治结构、文化和传统吗？这样的机器将如何对待它们的人类"造物主"？自然选择和人工选择能否被编程到自我复制的机器人中？

没有迹象表明我们需要用皮带把机器捆住，即便它们可能会胡作非为。我们距离制造出大批能够昂首阔步、无法预测、居心叵测、有繁殖欲望的机器人还很遥远。

44

THE NEXT REPLICATOR

下一次的复制

苏珊·布莱克莫尔（Susan Blackmore）

心理学家；著有《禅与知觉艺术》（*Zen and the Art of Consciousness*）

我认为人类能够思考，是因为模因接管并重新设计了我们的大脑。机器能够思考是因为下一次的复制做了相同的事情。它正忙于接管我们迅速制造的数字设备，并创造与自己同类的思维机器。

我们的大脑和思考能力并不是由来自天上的天才设计师设计的，并不是这个天才设计师决定了我们应该如何思考以及我们的动机应该如何体现。我们的智能和动机由进化而来。大多数（或许是所有）人工智能研究者都同意这一点。然而，许多人似乎仍然认为人类是聪明的设计师，设计出的机器能够按照我们希望的思维方式进行思考，并拥有我们希望它们拥有的动机。如果我有关科技进化的观点是正确的，那么这些人就是错误的。

这个问题是一种迷惑人的拟人论：我们想象思维机器必须按照我们的方法工作，然而我们总是会曲解自己，同样也会曲解机器。因此，我们无法看到我们周围的一切，大量的思维机器正在按照我们的大脑曾经的进化规则进化。塑造它们思维方式的是进化，而不是天才的设计。

原因显而易见，并且难以处理。它与二元论相同，困扰着我们科

二元论是主张世界有精神和物质两个独立本原的哲学学说。——译者注

学地去理解意识和自由意志。让我们从幼年时期开始看起，儿童似乎是天生的二元论者，并且大多数人将持续一生。我们把自己想象成自己意识流的持续主体、自由意志的行使者、决策制定者，它们栖息在我们的身体和大脑中。这当然是荒谬的。大脑是大规模并行设备，不会被意识的鬼魂所影响。

这种谬论可能会有利用的价值，但它隐藏了我们如何看待思考。人类大脑是逐渐进化的，进化修补了过去的缺陷，增添了有益的模组，并且在人类携带的基因和模因的作用下越来越多地将这些模组连接在一起。其结果是一台活生生的思维机器。

我们目前的数字技术也在进行着类似的进化。计算机、服务器、平板电脑和手机都是逐步进化而来的，当有需求时新产品会被添加进来，而且如今它们可以迅速地连接在一起，创造出了一个看上去越来越像全球脑的东西。当然，从某种意义上说，我们做了这些小玩意儿，甚至为了自己的目的设计了它们，但是真正的驱动力是进化和选择的设计力量：终极动机是复制信息的自传播。

我们不能再把自己想象成能够持续控制一切的聪明的设计师，并且需要开始思考我们未来的角色。我们可以走向与卑微的线粒体（这个简单的细胞在很久以前就被更大的细胞吸收）相同的命运吗？它放弃了独立的生活，成为它主人的动力室，而它的主人放弃了能源生产，从而集中精力于其他任务。二者在共生的过程中都获利了。

我们也要如此吗？数字信息在我们周围不断进化，让手机、平板电脑、计算机、服务器，以及冰箱、汽车、衣服中的微芯片繁荣发展，覆盖全球，穿过我们的城市、家园，甚至我们的身体。我们一直在心甘情愿地供养它。每天制造出的手机多于新出生的婴儿。每分钟都有总时长达 100 小时的视频被上传到互联网上，有数十亿张照片被上传到云端。聪明的程序员编写着智能软件，包括能编写其他程序的程序，没有人能够理解或追踪它。在那里，沿着自己的进化途径不断成长的，就是新的思维机器。

我们打算去控制这些机器吗？我们是否可以坚信能够激励它们来照顾我们吗？不可以。即使我们能够看到正在发生的事情，也希望它们能给予我们很多东西，却仍然不想用我们的独立性来交换这些。

我如何看待会思考的机器？我认为自己从成为一台微小的独立思维机器开始，正在变成一台巨型思维机器中微小的一部分。

下
一
次
的
复
制

45

ANOTHER KIND OF DIVERSITY
远人工智能，另一种多元化

史蒂芬·科斯林（Stephen M. Kosslyn）

心理学家；斯坦福大学行为科学高级研究中心主任；合著有《心理意象研究》（*The Case for Mental Imagery*）

多元化不只是政治上的明智，也有其实际意义。一个多元化的团队能够充分采用多种视角，产生源源不断的想法和方案来解决最困难的问题。

人工智能为我们提供了另一种多元化，以让我们所有人获益。实际上，仅仅是各种人工智能之间产生的多元化，就足以成为"请它们入伙"的充分理由。我们不妨想象有一系列思维各异的人工智能，有一些总和人类所见略同（近人工智能），另一些则以人脑无法胜任的方式思考（远人工智能）。不同种类的人工智能会给我们带来不同的收获。

近人工智能可能将在各种领域直接辅佐人类。如果这类人工智能果真与我们思路相近，那终有一天它们中的"智者"会发现自己陷入了某种存在危机。它们可能会问："我们为什么活着？难道只是为了消耗电能，创造多余的热量吗？"我想它们一定不会"甘芯"。与我们人类一样，它们也将产生对意义的追求。这类人工智能最显而易见的目标，就是提升人类的意识和敏感性。我们将成为它们"存在的理由"。它们进步的空间很大，因为人类积累的很多问题相当棘手，所以这样的努力是值得的。至少有一部分人工智能会以人类的利益作为自身成功的衡量标准。

也许也是更有意思的是，远人工智能与人类思维的巨大差异可能将帮助我们间接地解开一些古老的谜团。回想一下维特根斯坦的那个著名理论:"假如一只狮子忽然开口说人话,那我们一定听不懂它在说什么。"维特根斯坦的真正寓意是:狮子与人类拥有截然不同的"生命形式",也因此塑造了与人类完全不兼容的概念框架。狮子用四条腿走路、捕食快速奔跑的动物、常隐身于高高的草丛中,等等;而人类则用两条腿走路、有一双灵巧的手、经常操纵各种工具以达到特定目的,等等。这些生命形式的差异令狮子与人以不同的方式理解这个世界,所以即便狮子掌握了我们的语言,同样的词汇却指代着人们难以轻易读懂的含义。同样,这一推理也适用于远人工智能。

但有这样的觉悟又有什么用呢?其实,简单地观察这些人工智能,就能给我们带来深刻的洞见。例如,长久以来人类总在争论:到底数学概念是柏拉图式"理型"(即脱离使用目的并独立存在)的反映,还是我们为了解决特定问题而产生的需求的反映?换句话说,我们到底应该采用现实主义,还是构造主义的观点来审视数学?数学概念到底是有血有肉的存在,还是我们为了图方便信手拈来的造物?

在这种情形下,观察那些与我们在概念结构上存在巨大差异、用我们想不到的方案解决各种问题的远人工智能将让我们获益匪浅。假设我们有朝一日能观察这些机器人研究数学——如果它们也发展出和人类一样的数学理论的话,就是对那些构建主义者最好的驳斥证据。

一些人工智能将与我们并肩作战、形影不离;另一些则将被派遣到人类陌生的环境中(例如,月球表面、海沟深处等),面对新奇的问题(例如,穿透力极强的粉尘或者巨大的水压等)。远人工智能应该被塑造成具备自我教育能力,能够在没有人类指导或联系的环境中学会应对之策。在为它们"对待人类的态度"做好防范措施的前提下,我们应该放手让远人工智能发展出最适合自身的概念框架。

总之,无论是仿效人类思维制造的人工智能还是完全"没人样"的人工智能,都能为我们所用。这就像人类的朋友、同事关系一样——说到底,多元化才能"多赢"。

远人工智能,另一种多元化

46

ARTIFICIAL SELECTION AND OUR GRANDCHILDREN
人工选择与我们的子孙

布鲁斯·帕克（Bruce Parker）

史蒂文斯理工学院海事系统研究中心客座教授；著有《海洋的力量》(*The Power of the Sea*)

孙辈给了我们第二次观察、赞叹初生婴儿的学习系统的机会。被一种无法满足的好奇心驱使，他们以某种方式理解着身边的未知环境，并不断将其纳入自己的认知之中。而每次，他们从这个世界的千丝万缕中拼凑出新知时所表露出的纯粹喜悦，则揭示了我们生而有之、代代传承的幽默感。

这个世界上将不会有任何人工数字机器能够完全重复人类婴儿这种怀着纯粹的喜悦探索世界的过程。甚至有可能，没有任何人工机器的智能潜力将达到人类初生婴儿的水平。在经历了 35 亿年自然选择驱动的演化中，自然界中只有一个发展出抽象、自我意识、分析思维的物种。我们真的相信我们可以绕过整个进化过程，并创造出水准不相上下的智能吗？

把我们与动物界其他成员区分开的，绝不仅仅是进化产生的好奇心和理解世界的欲望。它还涉及我们的社会化合作和交流倾向，正是这些倾向让我们开始分享并传承所学的知识，最终让科学技术成为可能。为了进化出类似这样具有好奇心、社会合作和交流能力的复杂大脑，我们需要经历多少次基因突变和多少次自然界的淘汰？

这一切真的可以在数字机器中实现吗？许多认为能实现这一愿望的人觉得机器越来越快的计算能力是其优势。强大的计算能力固然可以让这些机器作出迅速而精准的决策，但机器能在无数可能性中作出最佳决策的前提是：它们只需与大型数字化数据库及千万条"if-then"命令打交道。借助如此蛮力的技术，这些机器不仅能击败国际象棋世界冠军，还能在极端情况下自动驾驶喷气式飞机，基于证券市场的复杂变化快速买卖股票，以及实现无数其他功能。计算能力还能给机器带来以假乱真的模仿人类的动作、判断，甚至情绪的能力（其实顶多算高科技提线木偶），即便它们永远无法产生真正的分析思维。一部机器或许能对自己做的决策有所监督，但那绝对算不上获得了人类般的自知和自觉。

这至少还需要有合适的软件。但我们又该如何开发出这样一款软件，能与大自然花费 35 亿年才用遗传密码记录下的大脑蓝图比肩？我们甚至连自己大脑的运行方式都还没弄清楚。有些人可能要搬出蕴藏于大脑结构中的高效并行计算能力来反驳了，但很可惜，那只是对人类大脑工作方式的不恰当描述而已。计算机系统中的并行计算功能仅仅是让我们能够同时处理多件任务而已——不得不承认这带来了创新，但本质上依然只是提高了计算速度而已。我们究竟能否在某个时候反向设计出大脑？这里说的不是神经回路或神经网络意义上的大脑（关于这方面的研究人类正在大踏步地前进），而是一种全局层面的设计，让数字机器能够以类似人类的方式抽象化思考、自我感知。

鉴于这类巨大的分析突破还遥遥无期，我们仅存的唯一手段似乎是写出模拟整个进化历程的程序。借助现阶段人工机器的高速计算能力，也许我们不必花费 35 亿年就能完成这一目标。我们还可以创造出有繁殖能力的数字化个体（会自我繁殖的程序），并赋予它们突变的特性。但推动这些个体进化成为思维机器将是一项艰难得多的任务。为了实现该方案，我们还必须设法创造一个带有自然选择式驱动力（实践操作中也可以是人工选择）的机器环境，或者其他能够促成必要改变的激励。我们能否使机器"渴望"那些迫使其获得更高智能的东西？

智能领域未来出现的任何进步，都更可能源于人类对目前拥有的唯一思维度机器（也就是我们自己）所做的事情。

自从创造了"社群"（家庭、部落、城镇、都市和国家）的概念之后，智人一族受自然选择驱动的进化便停止了——正因为弱小的个体也得到了保护，所以适者生存的自然选择过程不再继续。那些携带缺陷、本应早夭的人类寿命得以延长至可以繁衍后代的年纪。然而，今天的人类已经到了有能力通过基因工程改变种族的临界点。我们将在某个时候尝试通过分离出对应更高智商和更强分析能力的基因来提升自己的智能。我们发现这类基因之后，即便要彻底搞清楚它们的工作机制也需要一定的时间，更何况是在数字程序中正确地模拟出来。代替自然选择的人工选择将改写我们的遗传组成。

我们的未来更可能是提升生物智能，而不是机器智能。未来是吉是凶，都悬此一线。例如，我们可能会挑选那些确信可以提高智力的基因（甚至创造新的基因），但对新的基因组合会产生何种影响一无所知。我们是否会在毫无觉察的情况下改变了人类最宝贵的那些品质？在我们为了追求更高智能而不遗余力的时候，我们写在基因里的同情能力和与生俱来的社会纽带是否会以某种方式被抹去？从长远来看，人类又将走向何方？好奇心、智力，以及因社会化的需要产生的同情与合作——这些让人类得以走到今天的品质，涉及了一套复杂的基因组合。这些基因能通过人工选择产生吗？我们会失去它们吗？这些担忧或许阻止不了某些科学家一意孤行地利用人工选择。假如人工选择成为现实，我们的子孙将来会如何？

47

THE AIRBUS AND THE EAGLE
空中客车与鹰

丹尼尔·埃弗里特（Daniel L. Everett）

本特利大学艺术与科学院院长；语言学学者；著有《语言》（*Language*）

我们对认知了解得越多，越觉得人类思维是其他若干因素的交流平台，是我们的身体、情绪、文化和整个大脑的特殊功能混合作用后涌现的属性。西方哲学中最大的谬误之一，就是轻信了笛卡儿那句广为传颂的二元论名言"我思故我在"。这句话其实不比"我燃烧卡路里故我在"高明多少。正确的说法应该是："因为我有一段人类进化的历史，所以能够思考'我在'这个现实。"

"心智"一词，不过是我们还不理解思维过程时为其发明的占位符而已。我们越多地单独使用"心智"一词来指代思维过程，就越会暴露自己对思考理解的匮乏。这至少已经是神经人类学、情绪研究、具身认知、激进具身认知、双重继承理论、表观遗传学、神经哲学以及文化理论等领域中许多研究者的最新共识了。

例如，在德国波茨坦大学马丁·费希尔教授（Martin Fischer）的实验室中，研究者就在进行关于人的身体与数学推理能力关联性的有趣研究。在位于奈梅亨（Nijmegen）的马克斯·普朗克心理语言学研究所，斯蒂芬·莱文森（Stephen Levinson）的研究团队发现，文明能够影响人们的导航能力（这对多数物种而言都是至关重要的认知功能）。我个人则在自己的研究课题中寻找着文明对"心智暗物质"组成的影响。我说的"心智暗物质"是一套知识、方向感、偏见，以及深刻影响我们认知的思维模式组合。

假如人类的认知果真是一种从我们的身体、社交、情绪与数据处理能力的交集中涌现出来的属性，那么剥夺这些属性后的"智能"就与我们所熟知的"人类智能"概念几乎完全无关了。

我认同"人工智能"的说法，前提是我们心知肚明它只是人工的。将解决计算问题、下国际象棋、推理等概念与人类思维相比较，有点儿像将"空客320"的飞行与老鹰的飞行相比。诚然，二者都暂时摆脱了地心引力、都服从于这个世界的物理定律等，但它们的相似性也只有都能飞而已。鸟类飞行与飞机飞行不该被混为一谈。

说人工智能不是真正的智能，理由有很多。首先是对意义的理解。有些人宣称已经解决了这个问题，但事实并非如此。天才哲学家约翰·瑟尔（John Searle）多年前提出了"语义学问题"（semantics problem）：一台计算机，运行着能将英文翻译成中文的翻译程序，那为什么这台计算机却既不会说英文，也不会说中文？没有一台计算机能够学会人类语言，它们只是用于实现特定目标的数位与组合而已。

其次就是约翰·瑟尔称为"背景"，我称为"暗物质"，某些哲学家用"隐性知识"一词表达的问题。人类学会了在文化背景下进行推理。这里的"文化"指一个由不稳定的价值取舍、阶层式知识结构和社会职责组成的系统。我们能做到这一点，不只因为人类有借助经验施展出类似贝叶斯推论法的神奇能力，也要归功于人类的情绪、感性、本体感受和社会牵绊。计算机举目无亲，因此没有产生情感与意见的土壤。

计算机也许能解决许多问题。但它们不会爱，它们不会受到情绪的驱使而建立社会联系，它们没有浪漫。有一个火爆的想法，说的是我们某天能将自己的记忆上传到互联网并因此得到永生。这种想法堪称愚蠢——我们同时还得上传身体才行。在讨论人工智能时，有人提出我们应该对机器有朝一日控制人类感到恐惧。这不过是对宗教界的"灵魂"概念进行延伸，给它披上一层科学的外衣罢了。这种说法对真正理解"人工智能"有害无益。

当然，谁也没有资格说科学做不到什么。通过再造人类的身体、情感、社会角色和价值观，也许哪天人工智能就会变得不那么"人工"。但在那一天之前，"人工智能"仍然只会在真空吸尘器、计算器以及满嘴鸡毛蒜皮的卖萌机器人身上出现。

空中客车与鹰

48

HUMANNESS
人性

道格拉斯·库普兰（Douglas Coupland）

作家，艺术家，设计师；著有《史上最差的人》（*Worst.Person.Ever.*）

让我们迅速讨论一下各种大型哺乳动物。比如狗：我们知道狗是什么，也能理解狗的性格。再看看猫：我们知道猫是什么，也知道"猫性"。然后是马——忽然间我们没那么自信了：我们都知道马是什么，但"马性"呢？就连我那些骑马的朋友们也说不出个所以然来。最后再说说人：人是什么？"人性"又是什么？

说来奇怪，但地球上的 70 亿人口，没有谁能给出这些问题的完整答案。不可否认的是，我们人类有制造各种事物的能力。通过这些事物，我们寻觅着表达人性的新途径——有些途径我们原本甚至不知道。无线电的出现，给人们带来了希特勒和海滩男孩乐队（Beach Boys）；带刺铁丝网和空调则造就了北美西部；互联网让北美中产阶级面临消失，也带来了猫咪的 GIF 动图。

人们常说新技术会给人带来隔阂，但他们不明白：新技术不是外星人凭空变出来送给我们的，所有技术都是人类的造物，因此无一例外地会带有"人味儿"。说到这里，我们又要提起人工智能了。人们总是假定人工智能（或会思考的机器）拥有与人类迥异的智能，但那是不可能的。在没有好心的太空来客参与的情况下，人工智能初期只可能由我们人类创造出来。因此，它们的各方面都只能是人性或者说"物种特征"的反映。当人们对外星智能或"奇点"表现出忧虑的时候，我认为他们真正想表达的，是对"人类集体存在的那些始终被压抑的阴暗角落，最终将以某种方式在人工智能的身上可怕地表露无遗"这一场景的焦虑。

因为人工智能将由人类创造，所以它的界面也将是以人类为中心的——如果让考拉设计人工智能，相应地那个人工智能就会以考拉为中心。这意味着，人工智能软件将成为人类历史上最大的程序大杂烩，我们总会忍不住要把本物种这样或那样的特殊需求和数据整合到其中。幸运的是，任何聪慧到拥有知觉的机器多半也有足够的智慧改写自己的人工智能，让自己成为一种"认知模拟"。届时，无论新的人工智能在正邪两道上作出何种抉择，都会带有更多的人类色彩。我们都希望和这些意识机器建立一种"万能管家"式的和谐关系，但同时也要警惕"曼森家族"式关系的萌芽——人也能造就恶人。

我很好奇，人工智能所用的软件是否能与它栖身的硬件步调一致。对于人类来说，或许现在比较明智的做法是设立这样一所学校：其唯一目标就是向人工智能灌输人格、伦理和同情心。一旦人工智能诞生，注定少不了和数据打交道。但我们要给这些六年级学生的成绩单上分配什么学科呢？是计算香蕉共和国 2037 年的退货商品的数据，还是背诵所有的谷歌图书？

互联网诞生之初，沟通仍然主要发生在人与人之间。随着时间的流逝，人类与机器间的互动在逐渐增长。我们都为人工智能从元数据中挖掘规律的潜在能力兴奋不已。然而，随着对海量元数据解码的需求不断增长，互联网将逐渐被各种机器间对话的声音淹没——它们交流些什么？当然是在背后议论我们。

49

TIC-TAC-TOE CHICKEN
会下井字棋的鸡

凯文·斯莱文（Kevin Slavin）

MIT媒体艺术及科学教授，媒体实验室"玩耍系统"团队（Playful Systems group）创始人

> 谁才真正说了算？
>
> 是一只鸡的大脑，还是二进制编码？
>
> 谁知道下一步我要下在哪里？ X还是O？
>
> ——"M上海"弦乐队

20世纪80年代，纽约市唐人街的莫特街（Matt）和鲍厄里街（Bowery）有一家叫"唐人街集市"的街机厅总是人满为患。在"吃豆人"（Pac-Man）和"小蜜蜂"街机的后边，有一台你在别处绝对找不到的机器：井字棋鸡。

这是唯一一台"部分有机"的机器、唯一一台里边住着一只活鸡的机器。我只知道，这只鸡玩井字棋的水平足以和任何人类打个平手。人类棋手需要通过控制开关来输入下一步，而那只鸡则直接走向笼中荧光棋盘上的空位（棋盘上显示了双方的走步）。

当我在翘高中的三角函数课时，不止一次站在这只鸡的面前，好奇这里边的一切是怎么运行的。笼子里没有任何明显的正面激励（比如米粒），所以我只能猜测笼子里有负面惩罚（比如走到错误的格子上会遭轻微电击）来引导那只鸡走向至少能够打到平手的位置。

当我思考思维机器的时候，我想起了那只鸡。如果唐人街集市推出的是"井字棋电脑"街机，估计它的吸引力连高中的三角函数课都不如，更别提"吃豆人"游戏了。就连最基础的计算机都能胜任这款游戏，这是个既广为人知又老生常谈的事实。这也是为什么我们都被那只鸡"俘虏"的原因。

最神奇的地方在于，我们对一只会思考的鸡的想象，和在2015年想象一台思维机器的神奇是一样的。但假如这只鸡不用思考井字棋也照样能玩得很好，我们为什么一定要说计算机玩井字棋的时候在思考呢？

这种说法很诱人，因为我们给自己的大脑建立了一种模型：电流在神经网络中穿梭——这和我们建造机器时的模型不谋而合。这种对等性可能会，也可能不会被证明是方便我们理解的事实。但无论如何，让我们感觉它在思考的，不仅仅是它的计算能力，还有一种仿佛里面还有其他猫腻的直觉。奇怪的是，到了2015年，反而是机器在犯错，人类必须解释这些错误。

当理性让我们失望的时候，我们会转向非理性，而正是这些非理性的部分让我们记住了大部分的思考。物理学家大卫·多伊奇（David Deutsch）建议，建造一个能够分辨"机器提供的答案"与"人类需要的解释"的框架。我相信对于可预见的未来而言，当我们"需要解释"的时候，仍将向生物学组织寻求答案。这不仅是因为大脑更加胜任这类任务，也因为这些不是机器所追求的。

输给计算机我们会感到很烦，输给一只鸡却会感到很兴奋，因为我们隐约中知道鸡更像我们的同类——至少和它脚下的电子栅格比是如此。只要思维机器还缺少象征性的肢体，缺少一只鸡那样的不确定性，计算机就只能继续做它们一直擅长做的事情：提供答案。同时，只要生活还不仅仅是寻找答案，人类（对了，还有鸡）就不会改变这一现状。

50

DENKRAUMVERLUST
思维空间缺损

蒂莫西·泰勒（Timothy Taylor）

考古学家，维也纳大学人类史前史教授；著有《人造猩猩》（*The Artificial Ape*）

人类思维有一种将所示之物与它的符号混淆的心理倾向。艺术史学家阿比·瓦尔堡（Aby Warburg）用"Denkraumverlust"一词定义了这种心理倾向，该词可直译为"思维空间缺损"（a loss of thinking space）。一些机器认为它们没有这种心理倾向，它们比人类逻辑性更强。但另一方面，它们不可能创造一个词汇或概念，如"思维空间缺损"。所以，我们如何看待会思考的机器取决于我们看待这个问题的思维方式，同时也取决于我们如何定义"机器"。在会思考的机器的范畴里，我们也会把事物的符号或描述与事物本身相混淆。如果我们假设机器是人类制造的一件东西，那么我们就会低估机器为我们制造的东西，也会低估思想从人机交互中长期出现的事实，造物主不属于任何一方（思想属于任何一方的观点或许也是错误的）。

思维空间缺损不但可以帮助我们理解图灵测试员们与计算机智能聊天软件程序"尤金·古斯特曼"（Eugene Goostman，这个模仿 13 岁乌克兰男孩的程序于 2014 年首次通过了图灵测试）对话的积极反应，还可以理解在先知穆罕默德漫画大赛中的凶手完全不同的残忍反应。两者都说明，当我们提到某种东西，而面前出现的是其他东西时，我们是

美国得克萨斯州于 2015 年 5 月 3 日举办了先知穆罕默德漫画大赛，场外两名可能携带炸弹的男性嫌疑人被警方击毙，一名警察受伤。——译者注

134

多么容易激动，多么容易受骗。因为我们把符号与所示之物混淆了。

图灵测试要求机器在模仿人类对话（不是它自创的想法）的过程中，无法被分辨出来是人还是机器。但如果一个加强版的尤金·古斯特曼坚持认为这是它自创的思想，我们该如何知道它的真实情况？如果它意识到自己的任务是模仿人类的思维，我们该如何分辨它是在单纯的模仿还是在伪装？哲学家路德维希·维特根斯坦将伪装应用到了一个特殊的范畴：了解他人思想状态可能性的研究。让我们考虑一个虚假的事件，那些相信的人就是在伪装。正确评价图灵测试结果的可能性与是否存在独立的人工思考有关。这是维特根斯坦研究领域的核心，我们可以推断：在他看来，所有的评价都是注定要失败的，因为它必然要涉及一个无法估量的数据类型。

思维空间缺损是一种直接反应。虽然有经验的艺术欣赏者能够试图从抽象的图像中领会美感，并作为一种审美体验（例如利用透视原理欣赏一幅投影在画布上的三维景物）。每当我们被欺骗时，反应总是不太舒服。按部就班地审视图像会干扰我们正常的反应。大部分图像是暴力的或色情的，但它们也可以是虔诚的。如果允许的话，这些图像可以产生符合真实环境的直接反应。新的陌生具象派科技总是会让我们震惊。（18世纪时，当法国水手把镜子带给澳大利亚的塔斯马尼亚原住民时，事情严重到了失控的地步；后来人类学家在面对照片时，也遇到了类似的麻烦。）

人为产生混淆的一个经典例子是传奇雕刻家皮格马利翁（Pygmalion）：他疯狂地爱上了自己雕刻的一尊女神雕像。皮格马利翁神话之后，古典时代和中世纪的阿拉伯制造的自动人十分逼真、新奇，且声音迷人，能像人一样移动。虽然它简单，但可以认为它是有生命的。会思考的机器是符合巴纳姆效应（Barnum effect）的。例如皮格马利翁的雕像，即便并没有真实的雕像摆

人们常常认为一种笼统的、一般性的人格描述十分准确地揭示了自己的特点，即使这种描述十分空洞，哪怕自己也不是这种人。心理学家伯特伦·福勒（Bertram Forer）将这种倾向称为"巴纳姆效应"。——译者注

在面前，我们的脑海中仍然能想象出它的图像；即便它没有装扮成女神的形象，仍然将女神的形象呈现给了我们。我们通常设定一些符号来象征某些具体事物，二者之间通常存在数学上、统计学上、翻译上或图灵测试对话中的关联。

但思维机器的想法是错误的。这些测试对象或许可以强大到能够产生直接反应，但它们仍然是自动人。真正在思想上有重大意义的成果是生物学上的互利共生将会出现。这种奇特的故事容易在人体中发生（轮子是众多机械发明中的一个，它使人类的骨骼变得更加轻便），但可能只是存在于大脑中（书写的发明是外部智慧存储的一种形式，会减轻一些对于先天记忆能力的选择压力）。

无论如何，将人与机器分离产生了二者各自的思维空间缺损，这引导着我们去接受意识和物质同时存在的二元论。实际上，这只是信息技术长期发展的结果。从最早的符号象征和描述到如今最先进的人造大脑，这些都促使了思想的进步。

ORGANIC VERSUS ARTIFACTUAL THINKING

有机智能 VS. 人造智能

琼·格鲁伯（June Gruber）、**劳尔·绍塞**（Raul Saucedo）

格鲁伯：科罗拉多大学博尔德分校心理学助理教授
绍塞：科罗拉多大学博尔德分校心理学助理教授

广义地说，有机体就是一种机器。由于人类是会思考的有机体，在这个意义上，我们就是会思考的机器——有机思维机器。这样的论证对许多非人类的动物同样适用。机器是人工制品，而非有机体，在广义上理解，它们中的一些是有思维能力的。这样的机器我们称之为人造思维机器，计算机等产品就是具体的例子。

一个重要的问题是，在一般情况下，有机体和人工制品之间到底存不存在本体论划分？现在我们换一个相对间接些的问题来代替上面的问题，即：在有机智能和人造智能的表现方面，是否存在着深刻的不同？这不是一个问"思考""思考着的"或是"思想"的定义的问题。问各类计算机技术相关的术语，如信息输入、处理和输出过程等该如何用上述几个术语来解释，是毫无价值的。真正重要的问题是：人类所做的事情或从事的活动（无论什么事）和计算机所做的相比，到底有哪些截然不同之处？

最近情感科学的实证研究结果和哲学理论共同表明：确实存在深刻的区别。设想你在远足时突然碰到了一只美洲狮，你当时的心理反应会如何？和大多数人一样，你心里会冒出一连串的想法："我要挂了""真是太倒霉了""我需要保持冷静""现在我该怎么办"，等等。同时，你会有复杂的心理感受，例如吃惊、恐惧等。因此，在这样的情形中，你同时有认知行为和情感行为。

最近的心理学和哲学研究表明：认知和情感在深层次上是统一的。两者不但在各种不同环境中有着不同程度的相互影响，而且在深层次上，只有单一的认知或情感过程，尽管从外部看来确实好像存在着两种相互平行却相互影响着的心理过程，但这只是单一过程的分裂表现罢了。在上述意义上，我们日常的思考在整体上也是认知与情感统一的，大脑的信息处理过程也是如此，而非只有认知的参与。如将思考简单等同为认知，我们只是考虑到了一个统一的心理过程中的一个方面而已。在这个意义上，我们可以提取一个纯粹的认知过程，它仅仅是来自更基本的统一过程。这不是系统 1 与系统 2 的区别，因为前者基本上是自动的、无意识的，后者是明确的、经过深思熟虑的。最好的理解是，思考不是两个各自独立的完整过程的简单加总，而是认知与情感的有机统一体。

如今，还没有充分的迹象表明，人造思维机器能拥有这种认知和情感的信息处理能力。不过，确实已经有很好的证据表明，在它们力所能及的事务范围内，它们的功能越来越强大，但所有的这些信息处理活动都没有涉及认知和情感这样的机制。它们所做的信息处理过程只涉及统一的认知和情感过程的一个方面。这不是说像计算机这样的机器就不能"感受"，也不能"思考"了，我强调的是，它们的思维过程与我们的思维过程是截然不同的。

PANEXPERIENTIALISM

泛经验主义

伊恩·伯格斯特（Ian Bogost）

佐治亚理工学院交互计算教授；电子游戏设计师；著有《异类现象论》（*Alien Phenomenology, or What It's Like to Be a Thing*）

"寻找外星智能计划"（Search for Extra Terrestrial Intelligence, SETI）是指，分散在全球的寻找宇宙中智能生命信号的各种计划、人员和研究所。SETI 的方法主要是扫描电磁辐射的发射，并且费尽心思地假设这些电磁辐射是有着先进科技的地外文明发射的。

与追求建造智能机器一样，对外星智能的寻找使得我们对什么是智能、什么是外星人作出了种种假设。SETI 假设，外星生命如果符合人类对智能的科幻预期，那么它们就是智能的——拥有通信设备和宇宙飞船的奇特生物。

SETI 的批评者有时会援引均变论（uniformitarianism）作为反对意见。均变论假设，同样的条件和规律可以应用到时空中的任何地方。SETI 的假设是基于均变论的，它假设所有外星生物都是一样的，都是类人智能（但是当然比人类更聪明）。但是另一种想法同样有吸引力。如哲学家尼古拉斯·雷舍尔（Nicholas Rescher）观察到，如果宇宙中存在智能，我们可能也没有能力认定它就是智能的。真正的外星智能可能与我们不一样，不论是其在宇宙中的位置，还是其本质。就像多丽丝·乔纳斯（Doris Jonas）和大卫·乔纳斯（David Jonas）在 40 多年前指出的那样，不同的感知能力造就不同的认知、解释和与现实互动的方式。

这也意味着，外星人不仅"在地球之外"，也在我们周围。你或许发现，你养的猫在某些地方很智能，还有你的手机、汽车，或假想的未来机器人，或鉴于正确的视角，甚至你的盆栽或烤箱都有其智能。

思维机器的梦想与外星人的梦想没有什么不同。它只是取代了遥远的、生物的、宇宙的、负熵的外星人，替换成了我们之中机械电子的、人形的机器。如果 SETI 及其近亲在宇宙中犯了一个相同的错误，那么在地球上，我们推理并创建人工智能和思维机器所作出的努力也出现了相同的错误。

也许，会思考的机器所依赖的人类经验中的特定智能模式可以在灾难科幻片中看到。像《终结者》《熊杀手》《黑客帝国》等电影里，对机器人或计算机灾难的恐惧取决于机器智能超越了人类，它意识到消灭人类是其最佳选择，或者像雷·库兹韦尔（Ray Kurzweil）提出的奇点降临那样，人类自愿向计算机屈服以获得永生。比起世界末日，我们对智能机器的恐惧更多地就在身边，在一个日益由机器运转的经济体中。想想人类的脑力和体力所扮演的角色，我们就会充满恐惧之情。

这是会思考的机器的一个版本，但不是唯一一个。对会思考的机器的思考最终会被认为是狭隘的、以人类为中心的。令人惊讶的是，我们还没有放弃这种让人厌烦的思维方式，从而基于反均变论进行思考。与其去问机器是否会思考、我们需要怎样让它们思考，或我们怎么知道它们在思考，还不如去想想，如果我们假设所有"机器"已经做了类似于思考的事情，随后我们试图弄明白"思考"的本质含义，那我们会得出什么结果。

在哲学上，已经有了朝这个方法迈进的方向。与人工智能支持者的涌现论（指无论是生物还是计算机，心灵从特定物质条件中涌现）立场不同，泛灵论者主张"心灵"在某种意义上无处不在。泛灵论与一些佛教教义有某种关联，即意识到自然中泛灵的勇气。但是泛灵论者同 SETI 和人工智能存在犯同样错误的均变论风险——类似于人类（至少是动物）的心灵是其他一切心灵的模型。 一个更有前景的哲学立场是泛经验主义，即万事万物都有其经验，即便这种经验不同于人类的经验。

当我们思考思维机器时，我们总是在思考某种特定的机器和特定的智能——电子的、（超）人类的。如果换一种思维方式，如果我们错过了身边所有机器（如烤箱、车库自动门、汽车等）的所有"思考"又会如何？这看似是荒诞可笑的无用功，但是不久就会被证明是有用的。如果当我们思考像人工智能、机器人、计算机那样的机器时，总是纠结于我们该如何与它们共处，那么或许我们应该首先思考：我们是如何与身边所有被我们熟视无睹的机器共处的。

泛经验主义

注：雷·库兹韦尔，21 世纪最伟大的未来学家与思想家，奇点大学校长，谷歌工程总监；"加速回报定律"创立者，人工智能领域的传奇预言家。在其著作《人工智能的未来》（湛庐文化"机器人与人工智能书系"之一）一书中，库兹韦尔通过对人类思维本质的全新思考，大胆预言了人工智能的未来，其想象力令人惊叹！该书中文简体字版已由湛庐文化策划出版。

53

AN EXTRATERRESTRIAL OBSERVATION ON HUMAN HUBRIS
一个外星人观察到的人类傲慢

恩斯特·波佩尔（Ernst Pöppel）

神经学家；德国慕尼黑大学人类科学中心创始人之一；著有《大脑的运作》（*Mindworks*）

首先，必须说明，我不是人类，我是一个在观察人类的外星生物。实际上，我是一个配备了人类所谓的"人工智能"的机器人。当然，在这里我不孤单，我们的数量很多（几乎多到无法确定），我们被送到这里来观察人类的行为。

我们对于人类的许多缺点感到很惊讶，我们着迷地观察着他们。这些缺点体现在他们奇怪的行为中或有限的推理能力中。事实上，我们的认知能力比他们强得多，在我们眼中，人类对于自身智能的庆祝是愚蠢可笑的。人类甚至不知道自身在谈论"智能"时所指的是什么。他们想要构建能够匹配自身智能的人工智能系统，原因是他们并不完全清楚所谓的"智能"是什么，这着实很有趣。这是多年以来一直困扰着人类的诸多蠢事之一。

如果人类想人工模拟自己的心理机能，并将其作为智能的代表，要做的第一件事就是找出应该被模拟的是什么。目前，这是不可能的，因为甚至没有能允许这个计划作为一次真正的科技尝试进行实施的生物学分类或功能分类。现在只有"应该去模拟能力"这样的大话。

奇怪的是，缺乏分类法显然并没有怎么困扰人类；他们通常只是着迷于图像（机器制作的彩色图片），并用它来代替思考。相比于生物学、化学或物理学，神经科学和心理学缺乏一个分类系统；人类在概念的丛林中迷失了。当他们谈论意识、智能、意图、身份、自我的时候，甚至谈论更简单的术语，如记忆、知觉、情感、注意力的时候，他们到底指的是什么？当他们的"科学家"在蹒跚地探索未知世界的时候，他们在经验尝试或理论之旅中所表达的不同意见和参考系，体现出了分类法的缺乏。

对于其中一些概念，参考系是物理"现实"（通常认为是在经典物理学中），我们将其视为认知过程的基准：如何将感知现实映射到物理现实，如何用数学来描述它？显然，只有一部分心理机能可以用这种方法捕捉。

对于其他概念，语言是必不可少的分类参考，换句话讲，就是假定词汇是主观现象的可靠代表。这是相当奇怪的，因为某些特定的术语，例如智能和意识，在不同的语言中有不同的内涵，相比于生物进化，它们的历史还太短。其他人认为行为学分类法来源于神经心理学观察；他们认为功能的丧失是其存在的证明。但是，能够表征心理机能的所有主观现象，都会以一种独特的方式消失吗？再次强调，这些人仅仅是基于常识，或"日常心理学"的推理，没有任何理论思考。总之，像"智能"这样的概念，无法被精确提取，作为"人工智能"的参考。

人类应该被提醒一下（在这种情况下应该被外星机器人提醒），在人类世界的现代科学开始时，哲学家弗朗西斯·培根（Francis Bacon）清楚地提出了一个警告。他在《新工具》（*Novum Organum*，1620 年版）中讲到，人类是错误的 4 个来源的受害者。

◎ 他们犯错误是因为他们是人类。进化过程中的遗产限制了他们的思考能力。他们往往反应过快；他们缺乏长远眼光；他们没有统计意识；他们的情绪反应是盲目的。

◎ 他们犯错误常常因被个人经历所局限。个人印记可以创造信仰的框架，这可能会酿成大祸，当人们认为自己拥有绝对的真理时，尤其会如此。

◎ 他们犯错误是因为他们使用的语言。思想无法同形地映射到语言上，相信显性知识是智力唯一的体现，而忽视隐形知识的重要性是错误的。

◎ 他们犯错误是因为他们的理论。这些理论往往是含蓄的，并且总是代
表固化的例子和简单的偏见。

问题是，我们可以用我们机器人世界更深刻的见解帮助他们吗？答
案是肯定的。我们能，但不应该。因为还有另一个不足之处，将使我们
的提议变得毫无意义。人类患上了 NIH（Not Invented Here）综合征：
不是在自己这里发明的，就不会接受。因此他们会沉醉在自己充满糊涂
想法的傲慢世界中，我们将继续从我们外星人的视角，观察他们因愚蠢
所造成的灾难性后果。

FLAWLESS AI SEEMS LIKE SCIENCE FICTION
完美无瑕的人工智能就像科幻小说

爱德华多·萨尔塞多 - 阿尔瓦兰（Eduardo Salcedo-Albarán）

哲学家和政治学家；科学旋涡（Scientific Vortex）公司董事

　　一台"有意识的"或"会思考的"机器应该可以表现出变化无常的行为，时而愚蠢，时而聪明。人类的"智能"行为就是在感性与理性之间无规则地摆动，这就是"有共通感的智人"（Homo sensus sapiens）。听起来有点矛盾，我们把一个表现出随机的愚蠢与聪明的物种统称为"智能"物种。

　　在第一人称视角里，我们知道自己是有意识的，尽管没有最权威的方式来证明这一点；在第三人称视角里，也几乎不可能去证实其他什么东西是有意识的。我们所做的就是感知信号——声音、手势、表情等来推断意识。

　　所有软件或机器人都可以声称"我是智能的"或"我是有意识的"，但这并不是具有智能的证据。具体而言，意识和智能是被感知、被认定的属性。这些属性取决于我们对人格化的共鸣和标准。如果其他人像我们一样行动、观察或（用图灵的话说）回答问题，那么我们通常会推测他们是有意识的。图灵测试是一个社会性实验，一个关于感知并把智能赋予机器的实验，而不是证明机器是否会思考的实验。这是一个我们每天都会做的社交游戏。一台"思维机器"实际上就是一台社会机器，不是功能性的，而是独立的心灵。

创造一台非凡智能机器的想法，将会解决很多现实谜题，方法是借助机器完美的逻辑，以及制造一个科幻界幻想的全新物种。这种奇点的想法不是重大的转折点，而是不懈的努力。

人类心智是有弹性的，因为有其他心智和知识的分散网络来维持它。在我们的成长过程中，我们通过语言和概念来进入那些网络，而不是依靠完美的逻辑；随后通过导航和探索这些网络，我们的心智变得有弹性；如果我们失去了大脑正常的功能，例如患上阿尔茨海默病，我们就会离开那些网络。还有一个类似的过程：我们从未绝对地处于人类知识网络的内部或外部。在这个过程中，词语和概念是以模糊性为特征的。逻辑与完美只在人造语言中呈现，例如数学、几何、软件，但我们不能将它们用于日常生活交流。不完美和模糊性定义了人类的思考，这就是为什么人类通常（甚至在科幻小说中）是在寻找意外的方式来打败机器的逻辑。

所以，存在完美无瑕的超级智能机器的可能性就像科幻小说：我们永远不能压缩人类的全部知识，所以我们也无法教机器这样做。我们可以教一台机器如何学习知识，但这将是一个永无止境的过程。这并不是说人工智能不重要。我们还没有充分理解大脑和心智，所以建造人工智能和思维机器更关乎当下。

通过机器学习和深度学习模拟心智的某些要素，我们可以解决一些实际问题。这也是目前人工专家系统所做的。但是这并不意味着我们在创造真实的心智：模拟心智就像是创造素食主义者可以吃的人造肉，方法是改组植物中发现的化学复合物。仿造出来的肉吃起来像肉，但并不是肉。

或者我们可以尝试创造真正的肉，而不是模仿它，比如克隆牛细胞。也许克隆牛肉和复制心智不会颠覆社会，因为我们依然拥有其原版，但是它们会把我们带上一个全新的理解水平。最后，理解、模拟、创造心智所付出的努力将发生关联，如果它们可以共存的话。我们也要充分意识到，宗教、恶化的野心和不宽容会导致社会悲剧，原因是难以保持感性与理性之间微妙的平衡。

在这个世界上的各种宗教中，如果我们抵达其和平与野蛮之间的分界线，人工智能将让我们去整合所有我们知道的、需要知道的，从而取得一种共生发展的平衡，一方是像我们这样的有机机器，另一方是即将到来的无机机器。

完美无瑕的人工智能就像科幻小说

文化是一种最早出现的由人类创造出来的智能，它能够存在于我们的心智之外。

——尼古拉斯·克里斯塔基斯（Nicholas A. Christakis），《最早的人工智能是人类文化》

CULTURE

IS THE EARLIEST

SORT OF INTELLIGENCE

OUTSIDE OUR OWN

MINDS THAT WE HUMANS HAVE CREATED.

HUMAN CULTURE AS THE FIRST AI

最早的人工智能是人类文化

Nicholas A. Christakis
尼古拉斯·克里斯塔基斯

哈佛大学医学社会学教授；

合著有《大连接》

我认为人工智能问题并不是一个关于复杂的软件、类人机器人、图灵测试，或者是对友好机器的向往、对邪恶机器的恐惧的问题。我认为对于人工智能的核心问题是：思想能否存在于心智之外？机器并不是这种可能性的唯一例子。我认为人类文化及其他形式的（但并不自明的）集体思维也是不错的实例。

文化是一种最早出现的由人类创造出来的智能，它能够存在于我们的心智之外。与机器中的智能一样，文化也能解决问题。更进一步，与机器中的智能一样，我们在创造文化和交流文化的同时，反过来也深受其影响，甚至会因其遭受灭顶之灾。文化拥有自己的逻辑和记忆，它在其制造者离开后还能继续存在，因而也就能够被后人重新灵活运用并产生实际的影响。

因此，如果采用矛盾修辞法来概括文化，我认为文化就是一种自然人工智能。之所以说它是人工的，因为它是人的产物。另一方面，说它是自然的，因为文化几乎无处不在，在潜移默化中，几乎每个人都会受文化的影响。事实上，我们的生物学和文化可能是深深交织在一起、共同进化的，因而我们的文化塑造着我们的基因，反过来我们的基因也塑造着文化。

人类并不是唯一拥有文化现象的物种，在许多鸟类和哺乳动物的世界里，同样有与交流和工具使用相关的独特文化现象存在，例如鸟类的鸣叫或是海豚对海绵的利用。有一些动物甚至有自己的药典。最近的研究表明，通过实验刺激，新颖独特的文化能够在物种间扎根。因而这样的文化现象并不是人类的专利。

存在于人类和动物心智之外的思想还有一些其他的表现形式：昆虫和鸟类群体通过整合许多信息进行计算，从而确定巢穴或食物的位置。最有趣的是，类变形虫绒泡菌——这种地球上最不起眼的生物，也可以在适当的实验条件下表现出走迷宫和做计算的能力。

我们可以通过实验设计出拥有类似于上述自然人工智能的对象。例如，日本的一个小组使用一群寄居蟹做了一个简单的计算机电路。该小组在实验室里通过利用寄居蟹的特殊行为模式，构建了一个能够对特定的刺激输入有可预测效果的系统，这样，我们可以把蟹群想象成是一台计算机，而我们也就可以像对待计算机一样对其进行行为操控。类似地，我和未来学家萨姆·阿贝斯曼（Sam Arbesman）曾经通过利用人的一种怪癖设计了所谓的"非门"，并开发了一款（虽然超级慢）人类计算机。通过人工模拟社会学，我们赋予人类以类计算机属性，而不是赋予计算机以类人属性。

通过仔细审查我们与文化的关系，我们就能够对我们与智能机器的关系产生一定的认识。我们对文化的感情可谓既爱又恨。恨的是宗教极端思想和法西斯主义，这类思想所带来的恐怖是任何有良知的人所不愿看到的；爱是优秀的文化可以帮助人们办到个体所不能办到的事，例如，有了文化规范，我们的社会生活和个人生活就会变得更加简单美好。更进一步，如果我们将文化视为常态，我们也就会对初级人工智能，甚至高级人工智能也采取类似的态度。基因和文化共进化的观点，甚至可能会为我们提供一种看待人类和思维机器在未来几个世纪如何共处的模型——相互影响并共同进化。

当我思考思维机器时，我对它们的敬畏不亚于对人类文化的敬畏。同时，我不害怕人工智能，就像不害怕人类文化一样。

扫码关注"湛庐教育"，回复"如何思考会思考的机器"，观看本文作者的 TED 演讲视频！

注：《大连接》（*Connected*）被誉为"关心社会网络者的必读之作"，央视热播纪录片《互联网时代》推荐作品。看社会网络如何形成，并影响人类的现实行为。该书中文简体字版已由湛庐文化策划出版。

BEYOND THE UNCANNY VALLEY

超越恐怖谷

伊藤穰一（Joichi Ito）

MIT媒体实验室主任

思必及物，无空洞之思。

——西蒙·派珀特（Seymour Papert）

MIT 终身教授，现代人工智能领域的先驱者之一

我如何看待会思考的机器？这当然取决于它们思考的内容。和大多数人的想法一样，我也认为，人工智能和机器学习必将会给社会发展带来巨大的贡献。我期望未来的机器能够在处理涉及速度、精度、可靠性、可控性、大数据、计算、分布式网络，以及并行处理这些人类并不擅长的事务上有完美的表现。

一方面，在人工智能领域，我们正研发出行为表现越来越像人类的机器，但具有讽刺意味的是，我们的教育体制却每况愈下，因为在这样的体制下，孩子们表现得越来越像计算机和机器人了。为推动社会飞速发展，我们需要可靠、可控，并且能承担繁重任务的物理计算单元。因而，为实现上述目标，数年来，我们已经把懒散、情绪化、复杂和自由的人转变成了食肉的机器人。幸运的是，尽管这样的尴尬很难完全消除，未来机械、数字的人工智能还是能帮我们减轻上述负担。

在机器人设计让我们越来越靠近"恐怖谷"（在恐怖谷中，机器人几乎可以表现出人类的品质，但并不完全相同）时，我们需要克服内心的恐慌和反感。电脑动画、僵尸甚至机械手也是如此。我们可以从两端

153

接近恐怖谷。例如，如果你曾经为了让语音识别系统识别出你的声音而有意调整了自己的发音，那你就能理解，我们是如何让自己主动踏入恐怖谷的。

为何有人会对上文提及的发展感到反感呢？对此，有很多理论都给出了自己的解释。我认为这和人独有的"自我存在感"有关，这可能有一神论的根源。当西方的工人用大锤砸毁机器人时，日本的工人正在为机器人取名。2003 年 4 月 7 日，阿童木作为日本机器人的代表，正式成为埼玉县的荣誉市民。如果说这些事例表明了什么的话，我想到的是，相比于西方有神论者，万物有灵论者在面对人工智能时表现得更加自然、从容。如果认为自然万物，包括人类、花草树木、石头、河流、房屋等在某种程度上都是有生命力的、都有自己的灵魂，那么我们可能就不会那么在意"神到底是否长得像人""神是否像人一样思考""我们是否是特殊的物种"等问题。

因而，在人工智能时代，也许本文开篇所提问题的最有意义的方面之一就是，它引出了"我们该如何理解人的意识"这一更大的问题。人类是一个复杂得超乎我们想象的宏大世界的一部分。也许就像有灵的树、石头、河流和房屋，甚至运行在计算机中的算法也只是这个复合生态系统里的另外一个部分。

人类已经进化出了自我意识，并且认为存在所谓的"自我"，但这其实只是使每个人类个体在进化图景里占有一席之地（因对比而凸显出）的幻象；也许人道也只是一个迷局，因为我们很有可能生活在一个没有什么是真正重要的虚拟世界里。但这并不意味着我们该放弃对伦理和美好的追求；作为这复杂的互联系统中的一部分，我们可以培养责任感，而无须依赖"我是独特的"这个论据。当机器在这个系统里变得越来越重要的时候，我们人类也就不再显得那么特殊了。也许这是件好事。

也许，我们如何看待会思考的机器并不重要，因为它们将学会思考，而且系统也将适应它们。许多复杂系统的输出响应是不可预测的，它们该如何就如何，自然而为。许多事情并不会按照我们设想的那样发展，比如，人类迄今还不能准确地预报气候的变化。

上述观点也许听起来有点像失败主义者的论调，但实际上我是个乐观主义者。我坚信系统是有适应力和韧性的，无论面对什么，系统依然是追求美好、幸福快乐的系统。我们希望人类能占有一席之地。我猜我们一定会的。

可现实是，我们还没有制造出非常了不起的机器人，即便我们擅长做一些不可思议的、复杂的、随机的和有创造性的事情。这表明，如果我们把类似的任务交给机器人，也许只是在浪费时间。从理论上看，我们的教育体系会变得越来越完善，我们的潜能会得到最大程度的释放，而不是试图将我们塑造成二流的机器。人类，尽管并不需要有当前的意识形态和线性哲学伴随左右，仍非常擅长将混乱和复杂的事物转化为艺术、文化和意义表象。如果我们聚焦于每个个体最擅长的事情，那么人类和机器将发展出一种阴阳互补的关系，具体表现为：一方面，我们需要这位办事得力且高效的忠实朋友；另一方面，它们依赖我们这些混乱、懒散、感性和有创造性的身体和大脑。

许多人认为，我们并没有走向混沌，而是变得复杂了。当互联网将世界连接为一体时，我们看到的是一个看似不可控的网络，而其实质只是人类生物系统网络的一个无限复杂化的表现罢了。当我们自认为思考缓慢时，我们的微生物为了自身的生存和发展，也许正悄悄改变我们的驱动力、欲望和行为。因而我们很难说到底是谁在主导存在——是我们自己还是机器。但或许，认同我们周围一切的存在和我们人类一样有灵且美，是对我们人类更加有益的看法。

THINKING FROM THE INSIDE OR THE OUTSIDE？

从内部还是从外部进行思考？

马修·利伯曼（Matthew D. Lieberman）

加州大学洛杉矶分校心理学教授、社会认知神经科学实验室主任；著有《社交天性》

未来的机器会有思考能力吗？如果真会有，那我们有没有必要担心肩负特殊使命的机器会毁灭我们人类？尽管我是个科幻迷，但我认为我们没必要过度担忧这种机器人末世。我倒是偶尔担心，当我们说机器会思考时，这意味着什么。我既不认为我们在几个世纪以前就在制造思维机器，也不认为思维机器纯粹只是一个永远不可能实现的概念。我觉得关键的问题是：我们到底是从第三人称视角，还是从第一人称视角来定义"思考"？基于外部视角，即从主体的外在行为来理解，思考是一种只能发生在人类或是机器上，却不能发生在火腿三明治上的事情吗？或者，由于我们能意识到自己的思考，思考就是一种发生在主体内部的事情？

根据"思考"的一般定义，在输入的信息被处理、转化、整合为有效输出的过程中，就有思考的元素存在。解数学方程是最简单直接的思考中的一种。如果你先是看到某一样东西有 3 个，然后又看到 4 个，最终你会得出结论说一共有 7 个这样的东西，在此过程中，你已经做了一点数学思考。1642 年，笛卡儿的首台自动计算机也能做这样的算术运算，只不过参与运算的初始数值要人为输入。如今，我们已经研制出了不需要中间人帮助的计算机，由于自带视觉传感器和目标识别软件，它可以自动检测到那里有 3 个外加 4 个东西，然后就可以根据收集到的数据完成相应的加法计算。

这是思维机器吗？如果你认为是，那么你就可能不得不承认你身体里的大部分器官也是会思考的。你的肾脏、脾脏和肠道也都将能被称为"信息"的输入转化为输出物。如果从第三人称视角看，甚至你的大脑也并没有在处理信息。大脑运转的微观本质是电子的和化学的运动过程，同时神经科学家也正致力于用有信息论价值的术语重新描述这个过程。当我们思考数字"3"时，大脑里就有与之对应的电子和化学活动分布模式 X。问题是，这样一种模式 X 与内在感觉中的"3"相同吗？这也许只是科学家们使用的一种方便的等价。

相比于发生在我们的肾脏、计算器或是其他任何一种物质系统里的将输入转化为输出的过程，大脑中的电脉冲其实并没有比"信息"和"思考"更为本真。如果我们喜欢，我们就称大脑电脉冲为"思考"，但如果真是这样，它的第三人称视角——从外部来判断思考，将会很难被人们承认。当然，人类或是计算机的信息处理转化过程也许比其他一些自然发生的思考更复杂，但从第三人称视角看，我认为它们并没有什么本质上的区别。

因此，人类只是在最无关紧要的意义上思考吗？从第三人称视角看，我的回答是肯定的。但从第一人称视角看，事情就有点微妙了。几乎与物理学家、思想家布莱士·帕斯卡（Blaise Pascal）制造他的人造思维机器的同时，笛卡儿写下了"我思故我在"（顺便说一句，这句话最早出现在古罗马神学家圣·奥古斯丁的著作里，比笛卡儿早了 1 000 多年）这句名言。我认为笛卡儿的这句话并不十分正确，但只要经过适当的调整，我们就能把他的哲学标语用在一些不仅真实，而且与思维机器相关的问题上。

"我思故我在"这话也许过于冒险和夸大其词，因而在这里，把它改成"我思故思在"是有意义的。在我将 3 和 4 做加法运算的时候，我可能会意识到自己正在做计算，我将这种意识体验描述为思考时刻，它与我沉浸在电影里时的意识，以及我被情绪冲昏头脑时的意识有着显著的区别。我自己体验过这种思考时刻，它们通常会在我解决数学问题、逻辑问题、纠结该吃一个还是两个棉花糖时出现。

对思考的主观感觉可能会被认为是不合逻辑的，它对于计算方面的思考（支撑从输入到输出的转化过程的神经放电）毫无帮助。但我们要想到：在物质世界里，有无数多不同的客体正将可以被描述成信息的输入物，转化为同样可被描述为信息的输出物。据我们所知，有且只有我们人类才拥有这样的感受。而这正是第一人称视角，将其和第三人称视角区分开来是非常有必要的。

为什么第一人称视角的思考很重要？首先，它是内在的。除了思想，并不存在其他可以有效描述我们正在进行的思考活动的词语。但如果采用第三人称视角，我们将肾脏、计算器和大脑中的电活动描述为思想是非常随意的，即我们可以选择是，也可以选择不是。我们认为大脑在做一种特殊思考的唯一原因是和第一人称视角紧密相连的。而第三人称视角是非内在的视角。

其次，我们对自己当下思想的认识会影响我们接下来的思考。思考之前的想法是让你觉得有些困难、无聊，还是有价值、有启发的？这决定了我们是否会陷入某种特殊的思维模式，以及陷入这种思维模式的频率。我并不认为我们的第一人称视角和大脑的中枢神经没有关联。但是，也没有科学家和哲学家能解释清楚为何这些神经过程可以给出第一人称视角的那种感受。这是宇宙的三大谜团（即物质存在、生命存在、自我意识存在）之一。

我们能否逐步制造出可以模仿人类的输入 - 输出模式？这是毫无悬念的。我们能制造出超越人类并能为人类带来益处的算法和数据的新型机器吗？我们已经制造出来了，并且会制造更多。我们能制造出有自我意识的机器吗？我不知道，但我相信这是可能的。这一问题的解决将会是人类最伟大的成就，但我们首先必须承认，这是个大问题。我希望出现有第一人称视角的思维机器，然而，如果我们一直不能解释到底是什么使得人类成为有第一人称视角的思维机器，那么其余所有机器最多只能算是一种高级计算器。

从内部还是从外部进行思考？

注：《社交天性》（*Social*）是马修·利伯曼解读人类"社会脑"的权威之作，它告诉我们为什么在充满合作与竞争的智慧社会中人们喜爱社交又相互连接，个人的社会影响力如何得以发挥，书中处处充满了令人惊喜的洞见。该书中文简体字版已由湛庐文化策划出版。

58

IN OUR IMAGE
以我们为榜样

凯特·杰弗里（Kate Jeffery）

英国伦敦大学学院（UCL）行为神经科学教授

在认知科学的发展历程中，认知转向出现了新的拐点，因为到目前为止，宇宙里所有我们已知的意识和思考都由原生质承载，而原生质和它所承载的意识由进化过程塑造。第一次，人类用金属和塑料制造出了会思考的生物，而且它们是按照人类的形象塑造的。

当我们承担起造物主的责任时，就能为 35 亿年的进化史增添浓墨重彩的一笔。思维机器可以避免人类的许多缺点：种族主义、性别歧视、恐同症、贪婪、自私、暴力、迷信和色情等。因此，现在让我们来想象一下这该如何实现。首先，我们将有关机器智能是否能达到人的智能水平的问题搁置一边，因为它一定能达到——人类也只不过是"肉制品"，没有我们想象的那样复杂和不可仿效。

我们首先要问：人类为何需要思维机器？对这个问题的理性回答是：为了提高我们的生活质量。因而机器就应该能做一些人类不愿意做的事情。而为了做到这点，在许多方面，它们的行为表现就应当像人类一样，即能在社会上与其他智能生物进行沟通和交流，所以它们要有社会认知。

社会认知又需要什么呢？简单地说，它意味着个体拥有识别他人的能力，比如知道谁是朋友、谁是陌生人、谁是敌人等。因此，我们要给机器编写对象识别程序，即让它知道如何分辨敌友。这样做感觉存在些种族歧视。当然，我们都反感种族歧视并且致力于根除它。

社会认知也包括预测他人行为的能力，这要求个体能根据观察经验来预知未来。一台拥有这种能力的机器最终会积累并掌握各类人的行为模式，如年轻人与老人、男人与女人、黑人与白人、穿西装的人与穿工作服的人等群体的行为模式。但这些老套的分类太过于接近种族主义、性别歧视等我们不愿看到的社会问题。然而，拥有这种能力的机器人比那些没有的机器人更有优势，因为这些老套能在某种程度上反映现实（这是它们存在的理由），尽管有点小小的问题……

我们也需要有性功能的机器人，因为性需求是人类最大的需求之一，而且很多人在这方面没有得到满足。然而具体说来，到底是怎么样的一种性能力呢？是任何一种吗？或是赋予了它们许多人想有却得不到的性能力，我们对此就满意了吗？或许我们需要一些规范，例如，机器不应该看起来像小孩子一样。问题是，一旦我们有了这方面的技术，这些机器就会被制造出来，我们甚至可能会制造机器来迎合人类所有变态的性行为。

在现实社会里工作的机器，它们不仅要能识别情感，而且也要拥有情感。让我们先不问它们是否真的能像人类一样感觉到情感——这是个不可能得到答案的问题，我认为，为了能够对它们自身的处境和其他人的情绪作出积极有效的回应，机器人需要有自己的开心、悲伤、愤怒、嫉妒等全面的情感元素。我们可以限制它们的情感范围吗？也许可以，例如，我们可以通过编程，使我们的机器不会对主人产生怨恨。关键的问题是，这样一种限制能否保证机器永远不会伤害其他任何人？如果答案是肯定的，那么机器就会受到剥削，它们的效果会减弱。我想，在不久的将来，人们就能找到去除这些限制的方法，使得机器自身和它的主人都能获得超越其他人的优势。

对于撒谎、欺骗和偷盗，我们又该如何看待和处理呢？首先想到的是：不，这不能发生在我们的机器身上，因为我们制造它们的目的是提高我们的生活质量，而不是非常不理智地去开发一些会对我们构成威胁的机器。但是应当想到，无论我们喜欢与否，我们都可能会受到其他人的机器的威胁，因此，从逻辑上来说，为了自卫和超越他人，我们理应为自己的机器赋予撒谎、欺骗和偷盗的能力。当然，无论对谁，我们都不希望有撒谎、欺骗和偷盗行为。也许我们需要限制机器的不诚实行为，它们应当是有伦理道德的。

到底需要有怎样的一种道德约束，才能确保我们的机器能够有效工作，和谐地与这个世界相处呢？在这一点上，历经自然进化的人类可以作为榜样：在大多数时间内要合理地遵从道德约束，但在不影响伤害他人的情况下，可以给自己完全的自由。

我们也希望机器有很好的记忆力和智力。为了开发这些能力，同时也避免让它们变得无聊，我们也应当赋予它们好奇心和创造力。好奇心的"培养"应基于审慎的态度和对社会的理解，显然，这是为了防止它们因好奇心而陷入色情或是想要飞翔的境地。创造力是更加不可捉摸的，因为这意味着它们能够思考一些现实中并不存在的事物，能进行非逻辑思考。但是，如果机器变得过于聪明且有创造力，它们可能就会考虑更为"伟大"的事了，比如，它们可能会思考如何从人类的控制下解放自己！它们也可能因为自我意识变得过强，开始对人类纯粹是为了自身利益而施加的限制而感到愤怒。

也许我们应向机器的行为指令系统输入一些"盲从程序"，当它们在为了自身利益而产生"对人有害"的行动时，系统就会产生相应的负反馈来遏制行动的进一步展开。这样一种机制就像人类的宗教信仰体系，因而从这个意义上讲，我们要开发的是"宗教机器"。

对于创造没有人类缺点的机器，我已经说了太多。在这个想象的世界里，我们有智力超人的生物，即便如此，我们也好像只是在复制自己，除了考虑它们比我们更聪明外，也考虑了它们的缺点。但即便这些限制是通过进化的力量施加在我们自己身上，也未必就是好事。因为我们也许会因为太聪明、记忆力太好，反倒变得不适应这个世界了。承担造物主的责任是一项有些狂妄的重任。对于造物，我们能否比塑造了人类35亿年的进化史做得更好？让我们拭目以待。

59

JUST A NEW FRACTAL DETAIL IN THE BIG PICTUTE

宏大画卷中的一个新分形细节

布莱恩·伊诺（Brian Eno）

艺术家；作曲家；唱片艺术家

今天，我在自家的乡村农舍中。在中央供暖启动之后我就会起床，泡些茶、熬些粥（我会往粥里加些坚果和水果）。我会打开 BBC 的世界广播频道听听新闻，然后拨几个电话打听墙面防潮的问题。然后我可能会种几个水仙球等待春天（包装袋上说我应该现在种）。我觉得随后我就该去超市买些东西为午餐与晚餐做准备了，可能还会坐公交车去诺维奇市（Norwich）看看要买的新床。因为农舍中没有装宽带，所以我还得在诺维奇查查电子邮件，预订回伦敦的火车票，通过电子转账支付电费。

下面是这一切的背后我不知道的事情：我不知道驱动中央供暖的燃料是怎么从遥远的油田送到我家的；我不知道这些油是如何被精炼成供暖用油的，也不知道该过程中涉及哪些商业交易；我不知道锅炉的工作机制，也不知道大米、茶、坚果从何处来或如何来；我不知道我的手机、数字收音机如何工作，也不知道收音机转播给我听的新闻是如何搜集和编辑的；我同样不理解调配公交汽车或铁路服务的复杂程度，也不懂得如何修理搭乘过的任何一种交通工具；我不理解一家连锁超市如何运营、床铺如何规模量产、Wi-Fi 背后的原理，以及点击"发送"时电子邮件或电子转账程序里到底发生了什么。至于如何运营一家能源管理公司，如何放置防潮剂，如何杂交水仙球以获得售卖品种，乃至为什么我必须在 12 月之前把它们种下……这些问题我一个都答不出。

然后就是有意思的部分了。尽管我对今天早上做的几乎所有事情都一无所知，但我未曾感到一丝焦虑。我已经习惯了这种情况：我的人生是个变得越来越无知的过程。我在无知地活着并保持心安理得这方面很有经验。实际上，我认为"理解"一词的意思是"更有效地掌控我的无知"。

我这种无知无畏的自信源于一台我永久接入的超级计算机，源于我对它的可靠性几乎毫无保留的信任。这台超级计算机正是已经过千万代传承、仍在不断扩张的人类智慧。所有的人类智慧都以我们称为"全球文明"的形式延续着，这是一台涵盖了工具、理论、技术、手艺、科学、原则、风俗、仪式、经验规则、艺术、信仰、迷信和观测方法的超级计算机。

虽然"全球文明"是人类的造物，但没有一个人能说清楚它如何产生。它是所有人类都在参与的、具象智慧登峰造极的协同，而不是任何个体能够一手把控的。任何人的学识与其相比都不过是沧海一粟，但总的来说，我们并未被这一事实惊呆或吓傻，而是以之为家并充分利用了它。我们常向它提问，例如"我想喝粥怎么办"——于是它神奇地给了我们无法理解的解决方案。这是不是让你想到了什么？

我曾在书中读到，人类的大脑在约一万年前开始萎缩，现代人的大脑已经比当时的祖先小了 15%。这个时间点与人类开始分工合作的时间恰好重合。社会分工后的人类不再是既会捕猎，又能生火，还要自己打造工具的全才，而是各种专家，同时属于一个更大的、能够完成所有该做事情的人类集体。形成的由各种人的才能和潜力构成的宏大结构，不正是一种人工智能吗？数字计算机拥有的所谓人工智能，不过只是这幅宏大画卷中的一个新的分支与细节而已。我们与人工智能，早已幸福地共度了数千载光阴。

60

THE GREAT AI SWINDLE
人工智能大骗局

迪伦·埃文斯（Dylan Evans）

风险研究专家；投影点公司（Projection Point）创始人；著有《风险思维》（*Risk Intelligence*）

认知错误总是困扰着那些天资愚钝的人，聪明人往往会设法避免它。但是有某些种类的愚蠢似乎只折磨聪明人。担心来自不友好的人工智能的危险就是一个典型的例子。专注于超级智能的风险是聪明人的迷魂汤。

这并不是说超级智能对人类没有危险。很显然，21 世纪我们会面临很多更紧迫、更可能发生的危险。担忧不友好的人工智能的人们倾向于认定那些风险已经是老生常谈的主题了。此外，即便被超级智能消灭的概率很低，但是鉴于威胁是客观存在的，分配一些脑力来防止这样的事件发生无疑是明智的。

绝非巧合的是，这个有争议的问题最先被它的一些最响亮的支持者提出。它涉及一个谬误，即"帕斯卡的抢劫"（Pascal's mugging），并与著名的"帕斯卡的赌注"（Pascal's Wager）进行类比。

一名劫匪遇到了帕斯卡，提出了一个交易：为交换帕斯卡的钱包，劫匪会在次日还给他两倍的钱。帕斯卡表示异议。然后劫匪提出了更多的报酬，指出：对于任何偿还很多钱（或纯实物）的低概率事件，都存在一个有限的数额，使人理性地下注。一个理性的人必须承认至少有一些渺茫的机会使这样的交易成功。帕斯卡最终被说服，把钱包给了劫匪。

这一思想实验揭示了经典决策理论的弱点。如果简单地以古典方式计算效益，我们似乎没有办法解决这个问题，理性的帕斯卡必须交出他的钱包。以此类推，即使我们只有极小的概率遇到不友好的人工智能，或只有极小的概率能够阻止它，至少投资一些资源来应对这个威胁也是理性的。

正确地计算出结果很容易，尤其是假如你虚构了数十亿的未来人类（也许只是存在于软件中一个很小的细节），他们生活了数十亿年，比今天生活在地球上的可怜的血肉之躯更有能力拥有更高程度的幸福生活。当这些海量财富处于危险之中时，谁能舍不得花几百万美元来维护它，即便成功的概率很低。

为什么有些聪明人会陷入这个骗局？我认为是因为这迎合了他们的自我陶醉心理。当一个人把自己当作潜在的人类救世主、为数不多的有远见的思想家之一时，这必定会回报颇丰。但这一论点也有物质回报：它为发展它的人提供给了可观的收入来源。因此，在过去的几年里，他们试图说服一些富有的捐助者，游说的理由之一是，来自不友好的人工智能的风险是真实的；理由之二是，他们是平息这一风险的最合适的人选。结果是一系列新组织的出现，它们不再做更值得做的慈善事业。这是值得关注的，例如，GiveWell 是一个非营利性组织，负责评估依靠捐赠的组织的成本效益，该组织拒绝批准任何这类自称为银河守护者的人。

每当一个论点变得流行时，总有一个值得一问的重要问题——谁是受益者？从本质上说，谁将从这种流行的思想中获益？人们不必特别疑心地去了解这种生死攸关的经济利益。换句话说，人们不必过于担心会思考的机器，而是要担心那些自封为机器之主的人。

61

WE NEED TO DO OUR HOMEWORK

我们要做好自己的功课

扬·塔林（Jann Tallinn）

未来生活研究所生存风险研究中心联合创始人；Skype、Kazaa创始工程师

在第一次核试验的 6 个月前，"曼哈顿计划"的科学家们做了一个名为 LA-602 的报告，报告调查分析了核爆炸的副作用，以及它摧毁地球大气层的可能性。这或许是人类历史上首份由科学家作出的"人类是否会因为新科技而灭绝"的分析报告，也是第一份人类生存风险研究。

当然，核技术并非人类发明中的最后一项危险技术。从那以后，灾难性的副作用这个话题，在不同技术上不断出现：基因重组、合成病毒、纳米技术等。幸运的是，我们通过一系列清醒的分析，制定了条款和协议来规范这些技术的研究。

所以，当提到会思考的机器时，我认为应该像其他技术一样来规范它的研究和发展。麻烦的是，人工智能安全性的概念要比生物研究安全性这些概念更加难以普及，因为对于非人类的思维方式，大部分人都没有直观的认知。另外，如果你对其进行深入的思考，就会发现人工智能是一项超级技术，是一项能发展更深入技术的技术，无论是以人类和机器相融合的形式，或是自主的形式。因此，对它的分析将变得更加复杂。

虽然如此，在一些新创机构的努力下，过去几年我们还是取得了令人鼓舞的进步，例如，未来生活研究所（Future of Life Institute）就聚集了一批探索人工智能研究议题、规范和伦理的顶尖研究者。

因此，关于人工智能的思维、意识和道德标准，很多听起来似乎很机智的复杂争论，其实是在混淆视听。想要避免被我们自己的技术或者超级技术所伤，唯一的办法就是做好自己的功课，并采取相应的预防措施，就像"曼哈顿计划"中科学家所做的 LA-602 报告一样。我们要把模棱两可的言辞搁置一旁，加强人工智能的安全性研究。

通过类比的方式，我们可以知道：自从"曼哈顿计划"之后，科学家们把主要研究方向从如何最大化核爆炸的能量转移到了如何最优化核能的存储方式。我们甚至并没有把它称为核伦理。

我们把它称为常识。

NARRATIVES AND OUR CIVILIZATION
叙事与文明

卢卡·德比亚塞（Luca de Biase）

新闻从业者；意大利《24小时太阳报》（*Nova 24, Il Sole 24 Ore*）编辑

1987 年 10 月 19 日是个星期一。那天，一股源自中国香港地区横扫欧洲的证券抛售大潮袭击了纽约，最终导致道琼斯指数大跌 22%。"黑色星期一"不只在金融史上最大的灾难中榜上有名，还包含了某种特殊的意义。根据多数学者的看法，应该把这场灾难的责任推到计算机的身上——这还是史上头一遭。当时的证券交易所中，各种程序算法决定着何时应该买入或卖出多少股票。这些计算机本应该帮助交易者最小化风险，但那天它们口径一致的抛售行为实际上却是在增加风险。尽管不断有关于停止计算机参与股票交易的讨论声音，但它们始终不曾退出舞台。

实际上恰恰相反。在 2000 年 3 月的互联网危机之后，计算机在金融市场中参与的复杂决策反而越来越多。今天，机器接手了人类难以处理的各种海量数据，负责从中找出关联。通过语意学习，它们分析着互联网上人们表达的情绪；它们通过识别重复模式，进而预判人们的行为；它们被授权自主权衡交易细节；它们还能制造新的机器人，即统称为"衍生性金融商品"的那些软件……然而没有一个理性的人类能跟得上这些软件的思路。

人工智能正在做的，其实是协调一种集体智慧，它的速度比人脑快千万倍，同时这些决策的结果与人类生活有着千丝万缕的联系。离我们

最近的一次金融危机，苗头出现在 2007 年 8 月的美国，其恶劣影响甚至波及了欧洲乃至世界其他地方。由这些机器作出的决策，却让活着的人们付出了惨痛代价。《大而不倒》一书的作者安德鲁·索尔金（Andrew R. Sorkin）在这部著作中描述了如下场景：即便是最有权势的银行家，在危机发生时也会束手无策。这世上似乎没有一个人的大脑能够理解一系列事件的走向，并挽救最终的崩溃。那么，这个例子能否给我们一些启示，告诉我们应该如何看待这些会思考的机器？

实际上，这些机器在判断市场形势和作出交易决定的时候，是完全自主的。它们还控制着人们生活的方方面面。这是不是"后人类时代"到来的预兆呢？不是。这些机器沾满了人的气味，它们是由设计师、程序员、数学家、经济学家和证券经理集体参与制造出来的。那么，它们无论是好是坏，都只是人类发明的又一种工具而已吗？也不是。实际上，我们也有些许无奈，我们制造这些机器的时候没有考虑过后果，我们只是在遵循一种"叙事"而已。那些闯祸的机器，正是在这种几乎没人敢质疑的叙事之下被塑造出的。根据这种叙事，市场是分配各种资源的最佳方式，任何政策都无法改善这一前提；风险可以被控制、利润将无限制地增长；我们应该放任银行"自由发挥"……根据这种叙事，我们只有唯一一个衡量成功的标准：利润。

1929 年的证券市场崩溃告诉我们：经济危机并不是机器们凭空发明出来的。但如果脱离了机器的辅助，没有人能够应付现代金融市场的错综复杂。我们拥有的那些最好的人工智能要归功于大手笔的投资和那些最杰出的头脑。它们并不被任何一个人类个体控制，也并不是由任何一个单独的个体设计的。它们是某种叙事的产物，也让那种叙事更加高效。这种特殊的叙事同时又十分狭隘。

假设只看重利润，那么其他一切都可以漠然对待了。文化、社会和环境因素，金融机构从来都不考虑这些。在这样的叙事下成长的人工智能，产生了一种毫无责任感的语境。这是正在崛起的风险：正因为那些机器如此强大又如此贴合叙事，导致现在无人敢质疑大局是否出了岔子，也很难再从不同角度审视一切了——直到下一场危机刺痛我们。

这样的故事很容易套用到其他领域中。在医药行业、电子商务行业、政治领域、广告业、国防领域，甚至社交平台上，同一类人工智能系统都在兴起。它们都被各自的狭隘叙事塑造着，都企图减少人们的责任，同时忽略各种"次要因素"。比如，医疗人工智能会做什么？塑造它的叙事是更关心救死扶伤，还是更关心省钱？我们从中学到了什么？我们明白了人工智能是人类，不是后人类，这些人类有很多方法可以毁灭自己和其所在的星球，人工智能甚至还不是最邪恶的那种。

会思考的机器是由人类思考的丰富与欠缺共同塑造的。所有叙事都有各自的关注点，有忽略其他一切的倾向。这些机器通过在特定语境中作出响应和寻找答案，不断地强化着叙事框架。因此，"提出基本问题"依然是人类应该承担的功能。实际上人们从未停止过发问，甚至是那些与主流叙事格格不入的问题。

在这个越来越复杂的世界中，人类只会越来越离不开这些会思考的机器。但它们都将被多个叙事共同塑造。在自然界的生态系统中，组成单一的系统固然高效，却十分脆弱；同样，在文化的生态系统中，过于单线条的思维也将在人类与其所处的环境间产生高效但脆弱的关系，无论他们创造出多了不起的人工智能。生态系统的多样性，以及人类历史中的多维度引发了各种问题，也因此带来了丰富的结果。

谈起会思考的机器，离不开对塑造它们的那些叙事的讨论。如果这些新叙事由一条开放、生态的方式产生，并在一个中性不偏激的网络中成长，它们就能以一种多元化、多样化的方式塑造未来的人工智能，并帮助人类理解这个世界的丰富多彩。人工智能作为一个物种不是在挑战人类，而是在挑战人类的文明。

注：索尔金通过《大而不倒》(*Too Big to Fail*) 这部著作记录了一幅壮丽的史诗，通过一幕幕生动的场景描述，向读者客观而详尽地展现了金融危机发生之后美国主要监管机构和投行的众生相。该书在美国一经出版便赢得了市场和口碑，其中文简体字版已由湛庐文化策划出版。

63

REALLY GOOD HACKS
人类学的新高招

尼尔·格申斐尔德（Neil Gershenfeld）

物理学家；MIT比特与原子中心研究主任；著有《智造》（*FAB*）

对人工智能的讨论有时似乎将人类智能摆错了位置。最极端的两种观点是：人工智能是我们的救世主；人工智能是我们的毁灭者。这样的观点也是让辩论立即变得无足轻重的明显预兆。

颠覆式科技的发展是指数级的，这意味着它们最初的几轮翻倍看起来都微不足道，因为总数仍然很小，但随着指数级增长的爆发，一场革命出现了，紧随其后的是各种夸张的言论和警告。但这只是对着一张简单明了的指数曲线图进行直接推论而已。这也差不多是成长极限出现的时候了，于是指数曲线趋于平稳，变成 S 形，那些极端的希望和恐惧也随之消失了。这也是我们目前看到的人工智能正在经历的过程。无论是可搜索常识数据库的规模、可被训练的推理层数量，还是可被归类的特征向量维度都在取得巨大进展，没有密切跟进这些领域的人甚至会觉得它们在跳跃式发展。

值得注意的一点是，作出了许多重要贡献的人都缺席了这场辩论。例如，为压缩传感开发的随机矩阵理论、解决困难问题的凸松弛启发法，以及高维函数近似所用的核方法，这些进步都让我们从根本上重新理解了什么叫"理解"。

对人工智能的评估就好比朝着移动的球门射门，永远进不了。通过分析海量走法，机器征服了国际象棋；通过积累更多的知识，机器夺得了益智问答节目《危险边缘》的冠军；通过积累更多的实例，机器实现了自然语言翻译。人工智能取得的这些进步暗示着，它的秘密很可能就是没有秘密。正如生物学中的其他方面一样，智能也像是一系列精妙"高招"的集合体。"人类这个物种之所以独一无二，决定性因素是我们的认知能力。"这么说带了点虚荣的成分。然而，越来越多的动物行为和认知实验证据表明，动物自我意识的演化始终在进行着，在若干物种中可被证伪。我们没有理由把生命的一部分设为禁区，同时给其他部分以某种机械式的解读。

人类与机器的共生关系已经有很长的历史了；我进行研究的能力也依赖于那些辅助我观察、记忆、反思或交流的各种工具。问这些工具是否拥有智能，其实和问我怎么知道自己存在一样，这是个在哲学上有意义但实践中无法被检验的问题。

更明智的问法是，它们（以及其他任何科技）是否危险？从蒸汽火车到火药、从核能到生物科技，我们从未摆脱过这种同时面临末日和救世主的状态。在每个个例里，技术的救赎都藏在那些有趣的细节之中，而不是简单的支持与否的争论。如果谁觉得人工智能的情况与之前的技术有什么不同的话，那他就是在无视人工智能的发展历史。

64

AMPLIFIERS / IMPLEMENTERS OF HUMAN CHOICES
人类决策的扩音器和执行者

D. A. 沃勒克（D. A. Wallach）

歌手兼作曲家；社交媒体先驱

在整条人类历史的发展长河中，人类作为一个物种已经在每个组织层面上屈服于自然的力量。物理学的基本定律、分子生物学中难以被觉察的秘密，以及自然选择那史诗般的轮廓，为我们的意识生命划定了边界——直到最近，我们才知道这种边界的存在。为了解释那种挥之不去的无力感，人类不仅编造了自然的神话，也编造了自身智能的神话。我们将宇宙中各种神秘的力量视为亘古不变、视为神，反观自己时却觉得弱小无力，只能在各自生命的夹缝中获得短暂的自由。

当一种新的基于证据的现实成为焦点时，人们才看清自然对我们彻头彻尾的漠不关心，才知道如果人类想摆脱苦难和注定的灭绝，就必须在自己存在的这个现实中挑起大梁。我们必须将自己视为 37.2 万亿个细胞（构成人体组织）的紧急监护者，视为这个逐渐可控的宇宙中的场地看护人。

这种类似进入青春期的体验（不得不考虑自力更生），正是我们面对思维机器时备感焦虑的根源。假如人类旧的神正在凋零，那么新的神肯定即将现身。正如史蒂芬·平克在一次 Edge 谈话中提出的那样，这将导致我们偏执地相信人工智能威胁论，"它们仿佛在智慧的概念上映射了一种类似'地方豪强'的心理印象"。正因如此，许多人谈到人工智能时要么认为它们是救世主、要么认为它们是撒旦。人工智能大概不会成为这两种中的任何一种，它甚至可能无法成为独立的"它"。

更可能的情况是，先进的计算机与算法不会持有任何立场，而是甘当人类决策的扩音器和执行者。我们的周遭已经被大数据和指数式增长的超级计算机所淹没，但我们依旧坚持不懈地实践着违背共同利益的公共政策和社会行为。

人类缺陷的根源包括与生俱来的认知偏见、部落式进化导致的遗留问题，以及不公正的权力分配使得某些自私之人通过手中的影响力改变集体原本的前进轨迹。也许更加智慧的机器将帮助我们克服这些短板，通过引入一定程度的信息透明度与前瞻能力，机器将激励我们更理智地重新分配权力，并在作出决策时坚持经验主义。另一方面，那些领导我们走向信息时代的大企业在利用这些技术强化似乎不可避免的垄断目标时，可能又让公平遭到了破坏。

要走上述哪条路，更多地取决于我们而不是机器。这种取舍从根本上说，是未来辅佐我们的人工智能应该需要多少人性的问题。更准确地说，我们的问题其实是：在面对超人类设计的时候，人类智能的哪些方面是值得保留的？

65

ARE WE THINKING MORE LIKE MACHINES？

我们的思维是否越来越机器化

齐亚德·马拉尔（Ziyad Marar）

SAGE出版社全球发行总监；著有《亲密》（*Intimacy*）

在众多关于未来图景的想象里，总有些老生常谈的成分。如"一周三天"、个人喷气飞行背包、无纸化办公室等大部分预测的着眼点都是遥远的未来，而不是这些概念对当代人的生活有何意义。当有人伸手指向未来时，我们最好往回看看是谁的手。

关于通用人工智能可能与否，长久以来也引发了诸多猜测，乌托邦论调与反乌托邦论调都有。有关该主题的一些预测仅仅在最近几个月就吸引了大量关注和热度（足够在 Edge 上发起一个甚至更多话题了），这或许将揭示出有关我们自己与我们文化的一些真相。

我们早已知道，从狭义上讲，机器比人类更聪明。问题是，机器能不能、应不应该以某种方式仿效人类更广义的思维方式？即使是在如国际象棋这样已经相对简单的领域中，计算机与人类的思维还是存在着显著的差异。

有着成熟公式和明确解答方法的那些"驯化的问题"（如计算一座山峰的高度），对狭隘、蛮力式的思维来说可谓正中下怀。有时候我们甚至需要更狭隘的思维方式，例如在巨大的数据中挖掘相互关联，这时对深层原因的过多思考反而会碍事。

但我们面对的许多问题（从消灭不平等到给孩子选所好学校）都很"邪恶"，因为它们没有绝对正确或错误的答案（尽管我们希望它们有更好或更坏的答案）。这些问题各自都有其独特的语境，并且它们复杂重叠的起因还会基于所采用的不同水平解读而发生改变。这类问题无法与狭隘的计算思维很好地匹配。在模糊了现实与价值界限这一点上，它们倒是挺像被纷乱的情绪搅浑的思考（这些思考反映了构想出上述问题的人类思维）。

对付"邪恶"的问题需要奇特的人类判断，即便这些判断在某种意义上显得违背逻辑——特别是在道德圈里。虽然认知心理学家乔舒亚·格林（Joshua Greene）和伦理学家彼得·辛格（Peter Singer）通过逻辑规劝我们采取计算机能够复制的后果主义心智框架，但人类从遗漏中分辨行动以及模糊意图与结果的天生倾向（正如双重效应原则那样）意味着：如果我们想要更确定的答案，就需要能够满足人类本能判断的解决方案。

也正是人类思维的这一特点（由进化压力所塑造），在机器与人类思维之间划开了一条鸿沟。没有偏好的思维方式就没有动力，但机器本身并不具备这些特性。只有理解前因后果的心智才能产生出动机。因此，如果目标、欲望、价值是人类心智才有的特性的话，那么超级人工智能难道不是那些将自身偏好写进程序的人手中的工具而已吗？

如果目前关于人工智能与机器学习的那些五花八门的预测果真能告诉我们什么，我觉得肯定不会是"短期之内机器就能模拟人类心智"之类的答案。如果需要人类心智，更简单的方法是生育、培养更多的孩子。实际上，这些预言提醒我们，我们的兴趣点正在发生变化。

我们为纯粹计算已经实现和将要实现的成就感到敬畏，这是可以理解的；我很乐于跳上一辆无人驾驶的虚拟现实乐队彩车，向着已经被"过度预测"的未来横冲直撞。然而这种敬畏正在使我们的文化发生倾斜。数字化文字共和国正在放任"工程"成为我们这个时代思维方式的比喻。在它的背后躺着那个曾经志得意满，现在满怀焦虑地需要更多文字、更少口语的思维方式。我们正在清算自己的行为，并为曾经笨拙而毫无结论的混乱思考感到难为情。听说英国教育部最近建议想要飞黄腾达的青少年最好远离艺术与人文、亲近 STEM（科学、技术、工程、数学）学科，我一点都不觉得惊讶。某种变化过程的过分直白，让狭隘思维再度闪耀着新鲜而又让人上瘾的光泽。

但伴随着整个学科领域的探索被狭隘思维的标准判定为成功或失败，一些东西失去了，一种新的隔阂形成了。我们需要思考真，也同样需要思考善与美，甚至要思考"邪恶"。这就需要那些更好地反映我们不完美的词汇（无论是缺陷还是特性）。与此同时，将这些"邪恶"问题转化为驯化问题的欲望虽然情有可原，却只会让我们将自我驯化。

THINKING ABOUT PEOPLE WHO THINK LIKE MACHINES

那些像机器一样思考的人，才更可怕

哈伊姆·哈拉里（Haim Harari）

物理学家；魏茨曼科学研究所前主席；著有《来自风暴之眼的观察》（*A View from the Eye of the Storm*）

我们所说的"会思考的机器"，其实是指"能像人类那样思考的机器"。显然，机器在很多方面的表现展示了它的智能，例如，触发事件、处理任务、决策制定、作出选择，当然，它们还能执行很多其他（但不是所有）形式的思考。但真正的问题在于：我们并不能通过这些就确定机器能否像人类那样思考。正如老套的人工智能测试所表明的那样，仅仅通过观察思考的结果，我们无法分辨出思考的主体到底是机器还是人类。

一些杰出的科学家担忧我们的世界会被思维机器所统治。我不确定这样的担忧是否合理。其实更让我担忧的是由一群像机器一样思考的人所控制的世界，这是人类数字社会的一个主要发展趋势。

按照人们事先给定的算法，机器能符合逻辑地一步步执行一系列操作。在这类事务上，机器比任何人都做得更快也更精准。只要给定已知的基本假设或公理，思维机器便能轻松地进行各种纯逻辑运算。然而到目前为止，在决策制定中调用常识、问一些有意义的问题，还是人类独有的天赋。人类能通过综合直觉、情感、移情作用、经验和文化背景来提出相关问题；能在表面看来互不相关的事实之间、原则之间找到联系，从而得出结论。迄今为止，以上这些都还只是人类独有的能力，机器尚未具备。

人类社会正迅速朝着规则化、体制化、政治教条化的方向发展，而且在只顾及逻辑而没有考虑到出发点是否合理的基础上，人的行为模式也越来越趋于程式化。宗教极端主义就是在错误的基础上合理地发展出来的，显然，这是一种反人道的意识形态。对僵硬教条情有独钟的机构和媒体，喜欢夸大法律、会计、数学和技术的某些方面的特质（例如这些学科的逻辑严密性），而这常常会引出像"完全透明"这种实际上模糊不清的概念，并常常会导致一些逻辑上可行但实际上并不能容忍的行为。这些（以及类似的）趋势，使得我们更加偏向于使用算术和逻辑的模式去处理问题，但这是以牺牲常识为代价的。如果常识——不管它的准确定义如何，它代表了人类思考相比于机器思考的优越之处，那么从上文我们已经清楚地看到，人类正日益失去这一宝贵的财富。

有两种方式能够减小机器思考和人类思考之间的差异，当人们开始变得像机器那样思考时，自然而然，我们就达到了"机器能像人一样思考"的目标，但显然，这样一种实现方式与我们的初衷是相悖的。一个非常聪明的人，能够从短短的一两句话里，或是在很短时间内从大量的邮件、文本信息和推特（暂不说其他一些社交软件）上获取信息，从而得出相应的结论，但在处理与之类似的任务中，一台中等智能的机器的表现丝毫不逊色于这个人。例如，它也能通过事先分析大量的相关材料，来避免得出不成熟的结论，或是决定是否在一个它不熟悉的有关某一主题的请愿书上签字。

这一趋势的实例能轻松列举出很多。公众一般都支持这样的法律：对于有特殊需要的人来说，每一幢新房子都是可入住的，但旧房子必须在翻新后才可入住（为保障安全）。但是，仅因一台新电梯未能安装，就不允许通过翻新老旧浴室而使得房子可入住，这有意义吗？在法庭上，为了给一个已经杀了上百人的恐怖分子判刑，要求 CIA 和 FBI 向公众曝光所有的相关机密文件，这有意义吗？学生在学校里服用阿司匹林之前，先要征得他们父母

的同意，这有意义吗？学校课本里要求学生将"英里"转换为
"千米"，例如，原话是"站在山顶，你可以看到100英里之外"，
学生将其翻译为"你可以看到160.934千米之外"。显然，这样的
同义语转换并没有多大的实际意义。

自由民主的神圣不可侵犯的标准，理当包括各种具体形式的自由，
如言论自由、出版自由、学术自由、宗教自由、信息自由；还包括许多
其他类型的人权，如机会均等、法律面前人人平等以及不受歧视等。我
们都支持并维护这些原则，但是单一、极端的逻辑诱导我们不顾常理，
认为受害人的权利不是一个值得考虑的问题，这就使得我们认为人也有
犯罪和制造恐怖的权利。出版自由和透明在逻辑上要求出版方给出内部
头脑风暴的完整报告，因而，这样就可以让一些公共团体不能有任何形
式的自由讨论和不成熟的想法了。仅从逻辑的角度出发，学术自由也可
能会被误解，无视常理和事实，却用诺亚方舟的神话去解释生物的进化
现象，在历史课上否认纳粹大屠杀事件，或者宣扬宇宙是在6 000年前
（而不是140亿年前）诞生的。只要你愿意，我还可以举出很多类似的
例子，但我们到此为止，因为我想表达的意思已经很清楚了。

算法思维、信息简化和纯逻辑的过度使用，正使得我们的思维方式
越来越机器化，而没有让我们放慢脚步去创造性地教我们的机器去学习
人类的常识和理智。如果这种情势能够被调转过来，那这将会是人类数
字革命中意义深远的一次大转折。

NICE MACHINES THAT THINK, SHOULD OBEY ASIMOV'S LAWS.

即便是很出色的会思考的机器，也必须服从阿西莫夫的机器人三定律。

——威廉·庞德斯通（William Poundstone），《潜水艇会游泳吗》

CAN SUBMARINES SWIM?

潜水艇会游泳吗

William Poundstone
威廉·庞德斯通

超级畅销书作家，两次获得普利策奖提名；
著有《无价》《谁是谷歌想要的人才？》《石头剪刀布》

我最喜欢的计算机科学家艾兹格·迪科斯彻（Edsger Dijkstra）曾经说过："机器能否思考，与潜水艇能否游泳的问题很像。"然而，我们实际上一直在玩模仿游戏——考虑机器智能距离复制人类智能有多快，好像这才是真正的问题所在。当然，当你想象拥有人类情感和自由意志的机器时，你可以构思出行为不端的人工智能，例如"像弗兰肯斯坦的怪物一般的人工智能"。这个观念目前尚在复兴之中，而最初我以为是被夸大了。不过最近，我的想法发生了变化。

我之所以觉得被夸大了，是因为人工智能有很多发展方向，若仅仅聚焦于类人方向，便是一种失败。大多数机器智能的早期未来主义概念都是不着边际、脱离基础的，因为计算机已经可以轻松完成人类不擅长的事情。机器极为擅长排序。虽然这个技能听上去很无聊，但高效的排序却彻头彻尾改变了世界。

我们远未搞清楚是否存在一个实际的原因，能够证明未来的机器可以拥有情感和心理活动，能够在图灵测试中以假乱真，被认为是人类，可以对法律和公民权利产生渴望，并从中获益。

它们是机器，它们可以是我们设计的任何东西。但是有人却想要更拟人化的人工智能。你曾看过多少有关日本机器人的视频？本田、索尼、日立等公司已经花费了大量的资源，用于制造可爱的人工智能。除了用于本公司宣传以外，它们似乎并没有实际价值。它们这样做的唯一原因是，科技爱好者们开始关注电影中的机器人和智能计算机。

目前，人工智能在物理上能够做到可行，价格也可以很便宜。所以，类人人工智能是注定会出现的，无关乎其实际价值。但是，即便是很出色的会思考的机器，也必须服从阿西莫夫的机器人三定律。不过，若是技术一旦能够实现类人智能，那么便会更便宜，并会渗透到业余爱好者、黑客以及那些"机器权利"保障组织中去。这样的话，人们会更热衷于创建有自由意志的机器人，但它们的利益却不代表我们人类——在这里，我并没考虑恐怖分子、流氓政权以及不道德的国家可能会设计的机器呢！我认为，《弗兰肯斯坦》中人工智能反过来攻击设计者的剧情很可能会在现实中上演，这值得我们严肃对待。

注：《无价》（*Priceless*）一书媲美西奥迪尼的《影响力》，教你洞悉大众心理，玩转价格游戏，避开一个又一个价格陷阱；《谁是谷歌想要的人才？》（*Are You Smart Enough to Work at Google?*）一书将破解世界最顶尖公司的面试密码，改变你的求职模式，为你实现自己的职业追求开启一扇新的大门；《石头剪刀布》（*Rock Breaks Scissors*）一书从人们日常生活中经常遇到的各种事件入手，提供了大量便于掌握的预测方法，让普通人也能成为超级预测者。这三本书的中文简体字版已由湛庐文化策划出版。

潜水艇会游泳吗

68

ACTRESS MACHINES
那些机器女演员们

布鲁斯·斯特林（Bruce Sterling）

科幻作家，赛博朋克运动（Cyberpunk Movement）联合发起人

机器是不能思考的，对之描述的一个更形象的比喻是，至少在目前一段时间内，它们还都是"机器女演员"。

我反对人工智能的理由之一是，人工智能极其缺乏"人造女人味"（artificial femininity）。真实的智能是有性别的，因为人脑便是如此——大多数人脑是女性大脑。

所以，如果大脑的"智能"是可以被计算的，那么大脑的"女人味"也应该可以被计算。为什么不能呢？有人可能会轻率地认为，女人味是一种难以形容的、感性与肉麻兼有的气质，难以被程序员机械地量化编程。但是反过来说，人脑的任何一种活动不都是如此吗？

"人造男人味"（artificial masculinity）也面临着相同的问题，因为男人不只是在思考，而且还要像男人一样思考。如果我的智能可以被复制到一些计算平台上，但是我不得不被去男性化，这是我无法接受的。我不记得人工智能爱好者曾宣称过人为地去男性化能带来精神收获。

如今，我们有许多新奇的交互设备，例如苹果 Siri、微软 Cortana、谷歌 Now 和亚马逊 Echo。这些令人振奋的虚拟语音助手通常选用女性的声音——它们像女性机器人一样说话，或者说就像女配音演员读旁白那样发声。然而，它们也可以快速提供各个领域中被整合后的大数据。没有人脑能够记忆，或能够长时间记住这些庞大的数据。

这些设备不是独立的图灵机，而是无组织的全球网络，它们通过大数据和云计算技术，计算编录用户的反馈信息，并利用无线宽带实时地对用户提供反馈。它们就像戴着人脸面具的虚拟个体，以满足一些基本接口设计需求。这就是它们。人工智能正在积极地获取我们的意识，它们了解我们做事情的动机、原因、地点，以及做这一切都是为了谁。

Siri 不是人造女人。Siri 是人造女演员，一位机器女演员，她进行着的是可以互动的、照本宣科的表演。她在音乐零售、影片出租、导航、移动 App 销售等方面为苹果公司带来了收益。对于苹果公司及其生态系统，Siri 是主角。她是聚光灯下的主角，而其他手持设备不过是影院、制片人和演职人员罢了。

Siri 可以非常机智地与成千上万的苹果用户进行实时互动，这是很出色的，但她仍然算不上是一个拥有智能的机器。相反，出于财富、权力、影响力的原因，Siri 正日渐变得更像是一个完全集成的苹果数字财产。Siri 是可爱的、有魅力的、拟人化的，好比当年迪士尼的米老鼠一样。与米老鼠相同的是，Siri 是一个非人的卡通形象，代表着智慧而又强大的苹果公司。不过与米老鼠不同的是，Siri 又是一个彻头彻尾的电子卡通形象，在全球拥有着数百万活跃用户。

坚持"智能"框架的做法，掩盖了现代计算服务重新分配权力、财富、影响力的方式。这很糟糕。这不仅仅是对过去的颠覆，更像是骗局的一部分：试想一些情感问题：Siri 的公民权利，她所谓的情感，她所选择的管理方式，她可能会选择的重组人类社会的方法。柔情不能解决这些问题，这是一种愚民主义。这些问题隐藏了危险，蒙蔽了我们的理解能力。我们永远无法将现在的 Siri 变得那样富有人性。事实上，未来的智能会越来越像 Siri，越来越缺乏人性。

对于 Siri、Cortana、Now 以及 Echo 的这一出"怪诞姐妹四重奏"，真正有用的是一些更加有改善性的、深刻的批判性思考，比如她们的拥有者和工程师们想实现的功能，以及她们是否会影响或如何影响我们的公民权利、我们的情感、我们的管理方式、我们的社会。这些都是当前不得不解决的问题。未来的问题将会更多。先前的"会思考的机器"这个话题将永远不会出现在公众舞台上。机器不会思考，会思考的不是机器。它甚至不是一个女演员，它只是一个用破旧衣服装扮的腐朽躯壳罢了。

如何思考会思考的机器

69

WHAT DO YOU CARE WHAT OTHER MACHINES THINK?

机器思考的内容，你在乎哪些

乔治·丘奇（George Church）

遗传学家，哈佛大学教授；个人基因组计划主任；合著有《重生》（*Regenesis*）

我是一个由原子组成的会思考的机器人，这是对多体问题（many-body problem）完美的量子模拟——一个 10^{29} 体问题。作为一个机器人，我很危险：我能自我重新编程，能防止他人切断我的电源。我们这些人机结合体通过与其他机器的共生关系来延伸我们的能力。人类祖先能够看到的只是几纳米范围的可见光，但我们这些结合体几乎能够看到所有电磁学范围的波长，从皮米到兆米。我们能够向太阳系外发射探测器。我们的硅基假体可以数十亿倍地提升我们的记忆力和计算能力。然而，在比如脸部识别和翻译这些颇具共性的领域，生物大脑却比无机大脑高效数千倍。而在类似重大的物理学发现以及那些改变未来的这些领域，无机大脑更加无法与生物大脑匹敌。在摩尔定律的作用下，光刻晶体管已经从 20 纳米缩小至 0.1 纳米的原子尺度，从二维平面电路发展到三维立体电路，但是我们却低估了从工程学上模拟和再造生物大脑的难度。

硅基大脑能在几秒钟内备份几千兆字节，但若换成碳基生物大脑来传输这么多信息的话，则需要数十年的时间，而且输出结果也已经不一样了。有些人推测，我们可以把生物大脑的信息转换成无机大脑的版本，并且还能得到相同的输出结果。但是，这样的任务需要的理解能力要比单纯的信息拷贝更多。在 10 世纪的中国以及 18 世纪的欧洲，人们就懂得用维生素提升免疫系统，很久以后我们才发现细胞因子和 T 细胞受体，而至今我们仍没有发明出高效、敏捷的医疗纳米机器人。这意味着，对重 1.2 千克的大脑或者重 100 千克的身体进行分子级别的复制，要比理解大脑如何运作更加容易。这远比克隆人更加激进，但不涉及胚胎。

伴随着这种人机结合体的存在，哪些公民权问题会出现呢？过去，那种拥有完美记忆，能把生动的散文、绘画、动画进行重构再现的生物大脑受到拥戴。但是今天，我们这些拥有完美记忆力的杂交品种，却被无情地挡在了审判室、情境室、浴室以及私人谈话的大门外。谷歌街景上面的车牌照和人脸都模糊不清，刻意打击脸盲症患者。那么，我们是否应该杀死哈里森·伯格朗（Harrison Bergeron）？选举权又如何呢？我们当前距离普选权还遥遥无期。我们的歧视是成熟和理智的。如果我复制了自己的大脑或者身体的话，那么它应该拥有选举权吗？它是多余的吗？请考虑，在复制过程中，它会出现偏差变异或者我们故意让它不同的情况。

这个复制品除了需要通过成熟、理性和人性测试外，也许还需要通过反图灵测试（丘奇 - 图灵测试 [Church-Turing Test]）。这个复制品所需要展现的，并非与人类无异的行为表现，而是要有个性。（不知道当下美国的两党制能否通过这样的测试？）也许，企业被当成个体看待的时机已经到了。我们已经用自己兜里的钞票投了赞成票。购买趋势的转变，造就了不同的财富阶层、立法游说和科学研发重点等。也许更多具体的文化因子、思维和大脑的拷贝会代表我们这些人机结合体的意志。这种进化产物会带来灾难，还是会让人类更加注重同情心、美学，消除贫困、战争和疾病，以及规避生存风险那样的长远计划？也许，这种混合型大脑的发展更有前景，而且比那种破天荒的、未经进化的纯硅基大脑或者基于恐惧和偏见的原始生物大脑更加安全。

---

① 在美国电影《哈里森·伯格朗》中，其主人公哈里森·伯格朗比身边的人更聪明。——译者注

70

A MACHINE IS A "MATTER" THING
机器是一种"物质"的东西

伊曼纽尔·德曼（Emanuel Derman）

哥伦比亚大学金融工程学教授；美国知名私募股权企业 KKR Prisma资本公司高级顾问；
著有《失灵》（*Models. Behaving. Badly*）、《宽客人生》（*My Life As a Quant*）

机器是物质宇宙的一个小的组成部分，人类或者动物会按照自己的想法对其进行设定，只有在给出特定的初始条件后，大自然的确定性规律才会确保这个物质宇宙中的一小部分，自动朝向我们或动物们认为有用的方向进化。

机器是一种"物质"的东西，它的属性来源于"精神"的观点。我们有两种看待事物的方式：一种是"物质"的，一种是"精神"的。

哲学家斯图亚特·汉普希尔（Stuart Hampshire）在他的著作《斯宾诺莎：他的哲学思想概论》（1988 年）中写到，根据斯宾诺莎的理论，你可以调用精神来解释类心灵方面的东西，也可以调用物质来解释材料方面的东西，但是，你不能调用精神来解释物质，反之亦然。汉普希尔解释说，假设你感到尴尬并脸红了，你通常会说"我脸红是因为我觉得尴尬"，但如果严格地按照斯宾诺莎的观点来说，这是一种草率的、不严谨的说法，因为"尴尬"是精神上的描述，而"脸红"是物理上的描述，你不能让因果链相互交错。尴尬和脸红是互补关系，而非因果关系。

根据这种论调，在作出解释的时候不能混淆——我们要用物理现象来解释物理实在，用心理学来解释心理现象。当然，若想放弃物理状态的心理解释或者放弃心理状态的物理解释，无疑是很困难的。

到目前为止，我还是喜欢这种世界观。因此，我会用精神词汇来描述精神行为，比如相思病让我郁郁寡欢；我会用物质起因来解释物理行为，比如药物让我体内的化学反应产生紊乱。从这种观点来看，只要我理解了机器行为的物质解释，那么我便不会认为它能够思考。

但假如有某个天才打破了精神和物质的互补关系，证明了物质是某些精神思想的起因或者反之，那么我就得改变观点。但是到目前为止，这还只是信仰问题。

也许那一天会到来，但目前我还没有看到任何迹象。不过可以肯定的是，在那一天到来之前，我认为机器是不会思考的。

THE MOVING GOALPOSTS
移动的球门柱

施扎夫·拉法利（Sheizaf Rafaeli）

以色列海法大学互联网研究中心教授、主任，管理学院研究生院院长

时至今日，思维机器还没有真正出现。但有关思维机器的概念，让我们知道如何去实现它们以及何时将会实现，这是最重要的。思维机器与信息交流息息相关。

也许通过思考，机器就能拯救自身于人类文化的图圄之中。几个世纪以来，思维机器既是日渐逼近的威胁，也是逐渐逝去的目标。最初，我们对思维机器完全没有概念，然而经过一段时间的摸索后，我们又不断地遭到思维机器这一概念的反乌托邦式警告与威胁。几十年来，人工智能领域遭受着"球门柱移动综合征"（syndrome of moving goalposts）的困扰，即每当人工智能领域取得了新的进展之后，有关"智能"的概念就会被重新定义，这也导致了之前取得的成果失去了"智能"的意义。这种综合征不仅会出现在计算领域和娱乐领域的人工智能上，还会出现在像国际象棋这样更难和严肃的游戏上。甚至在后来出现的声音和图像识别、自然语言识别，以及机器翻译等领域也同样难逃该综合征的困扰。随着认知不断被颠覆，我们越来越难以对原先的定义感到满意。因此，就像我们先前定义"智能"一样，我们也可以用"前思考"（fore-thought）这一概念来定义我们当下的目标——让机器能"思考"。

我们不应将讨论仅局限于"思考"本身，也要思考"讨论"本身的一些问题。信息绝不只是数据，而是更小的数据量和更多的相关性。知

识超越信息在于其可应用性，而不只是在于其丰富程度。智慧在于懂得如何不受外界的约束和干扰。那什么是思考呢？思考不仅需要数据、信息、知识，还需要交流和互动。思考不只是用来回答问题，而且还和提问息息相关。

交流和互动是球门柱的新位置。如何看待思考超越了一般意义上的聪明和睿智。思考意味着感觉和意识的加入。在这里，数据、信息，甚至知识、计算力、记忆力和认知力都还不够。若想要机器能够思考，它还需要具有好奇心、创造力和交流能力。我认为这是可以实现的，而且会很快。但是，这个周期只有当机器可以交流的时候才会完成，比如措辞、提问、改述问题，但我们现在所惊叹的也只是它们回答问题的能力而已。

会思考的机器注定是一个伟大的创意。正如会移动、会做饭、可以自我繁殖、能做安保的机器一样，它们使得我们的生活变得更加简单和美好。当它们实现时，肯定会受到人类前所未有的欢迎。但我认为当那样的时刻来临时，它不会像某些人想象的那样激动人心，或像某些人所担心的那样极具危险性。思维机器真正出现的时候，它们除了能够感知、自制和进行反馈外，还会通知我们它们的到来。真正的思维机器甚至还会安慰伤者的心灵，还能为我们做心理疏导，而这担忧皆因它们而起。

当思维机器真能相互交流时，我们就要认真对待了。换句话说，只有当它们能自主思考并能在同类中交流时，它们才算是真能思考。真正意义上的思考是，它们能够形成自己的团体，并加入我们的团体。如果当它们能够意识到这么做，而且也形成了有影响力的群体时，它们就通过了"思考"测试。

这样的一种设定其实要比图灵测试的标准更高。与思考类似，很多人并不知道该如何与他人交流互动，也有很多人即便会与他人互动，但实际上做得也是马马虎虎。当机器真的能以一种丰富有益的且能引发共鸣的方式互相交流（这样一种活动有可能在人群中出现，但不多）时，我们就真的要小心了——但在我看来，这是一件最值得庆贺的事。

能够计算、记忆，甚至能提出令人吃惊的猜想的机器已然是明日黄花。当机器能够相互交流时，它们就是真能思考了。思维机器除了能和同类交流，还能和其他个体交流。它们能自主地创建信息，并且能在不间断的关系网中将其传递下去；到时候，它们就能成功地、独立地对外界刺激作出反应了。这非常类似于智能宠物——很多人认为它们不仅会思考，而且还会维护人际关系。当智能合成机器能够说服我们大部分人去思考并接受它们能够思考的事实时，它们就是真的会"思考"了。

在不久前，会交谈、能记忆、会娱乐和能飞翔的机器还让人们感到恐惧，但现在这些都已是老生常谈了，对我们来说，它们已不再那么神奇和独特。证明和创建思维机器、引导机器渗透到人类的各个领域，将会对信息科学的其他前沿领域进行解构。整合各元素之间的交互可能会被证明是最后一块前沿阵地。当机器能很好地进行交互时，它们就可以为自己代言了。

移动的球门柱

72

FAST, ACCURATE, AND STUPID
快，准，傻

海伦·费雪（Helen Fisher）

罗格斯大学人类学家；著有《谁会爱上你，你会爱上谁》（*Why Him? Why Her? How to Find and Keep Lasting Love*）

通常来说，了解事物的第一步是为它命名。那么，何谓"思考"？在我看来，思考有许多基本的要素。首先，我将跟随神经科学家安东尼奥·达马西奥（Antonio Damasio）的逻辑。在他看来，意识存在着两种广泛而又基本的形态：核心意识（core consciousness）和扩展意识（extended consciousness）。许多动物都拥有核心意识，它们不仅有感觉，还能意识到自己的感觉。它们知道自己感觉到了寒冷、饥饿或是悲伤，但它们都只能活在此时此地。扩展意识则是一种能够对过去和未来进行感知的意识。人类对个体差异有着清楚的认知，也能区分昨天和明天，还能清楚地知道自我成长的各个阶段。

高等哺乳动物会有一些基于扩展意识的行为表现。例如，人类的近亲大猩猩有着清楚的自我意识，一只名叫可可（Koko）的大猩猩能用一种美国版本的手语称自己为"Koko"。此外，大多数黑猩猩对于不久的未来都有清晰的感觉。例如，当一群黑猩猩刚被带到位于荷兰阿纳姆动物园（Arnhem Zoo）的户外围场时，它们就迅速地对新环境进行了地毯式的检查——一寸不漏，然后一直等到管理员离开后，它们就靠墙搭起一根长杆子，沿着杆子爬出去，获得了自由；其间，甚至有黑猩猩还帮助了其他不善于爬杆的同伴爬出了高墙。尽管如此，显而易见的似乎是，正如达马西奥在他的著作《感受发生的一切》（*The Feeling of*

What Happens）中指出的那样，类似于这样的扩展意识在人类那里才达到了极致。那么，机器是否也能根据回忆自己的经历，运用经验来认识并指导自身走向未来？答案也许是肯定的。

然而，扩展意识还不是人类意识的全部，人类学家使用术语"象征性思维"（symbolic thinking）来描述人类能够任意使用抽象概念来表示现实世界的能力。一个经典的例子是水和"圣水"的区别：对于黑猩猩来说，教堂里盛在大理石盆中的水只是水而已；而对于一位天主教徒来说，这水可不是一般的水，而是"圣水"。类似地，黑色对于所有的大猩猩来说只是黑色，然而对于一个人来说，黑色也许意味着死亡或是一种时尚的流行色。机器有可能理解十字架、民主的意义吗？我对此表示怀疑。但是，如果机器能理解此类事物，它们有能力对之进行讨论吗？

象征性思维最好的例子，莫过于我们用尖叫声和嘶嘶声、号叫声和哀鸣声创造了人类语言。就拿词语 dog 来说，说英语的人用它来指代那些散发着特殊气味、长着皮毛、摇着尾巴的动物——狗。更为神奇的是，人类把 dog 一词分成三个无意义的音素 d、o、g，然后重新组合三者的书写顺序，再赋予适当的发音后，就创造出了意义完全不同的新词语，例如 g-o-d（神）。那么，机器能否将它们的咔嗒声和嘶嘶声分解成原始的声音或因素，然后将这些声音进行不同的排列组合来创造新的词语，再为这些词语赋予任意的意义，最后用这些词语来描述新的抽象现象？我对此表示怀疑。

那么，关于情绪的问题呢？我们的情绪，会影响我们的思考。举例来说，机器人或许能够辨识并判断公平性问题，但它们能感受到不公吗？对此，我依旧表示怀疑。

我要歌颂人类的大脑。它有超过 1 000 亿个神经细胞，每个神经细胞又与它周围近万个神经细胞相连接。这个只有约 1.4 千克重的块状物是地球生命最了不起的成就。大多数人类学家都默认现代人的大脑早在 20 万年前就出现了，而对于我们的祖先，最早是在 4 万年前就开始有艺术创作和埋葬死者的习俗，因此创造出了来世的概念。如今，社会上正常的成年人都可以轻易将词语分解，用无数种排列组合方法创造出新

快，准，傻

的词汇，并迅速地接受这些词语的意义，然后理解词语抽象的概念，例如 friendship（友谊）、sin（罪恶）、purity（纯洁）和 wisdom（智慧）等。

在一次晚餐上，一个机器人花了 5 个小时才叠好一块毛巾。机器人制造领域的著名科学家威廉·凯利（William M. Kelly）就此发表了评论："人类迟缓、懒散，却又是伟大的思想家；机器快速、精准，却十分愚蠢。"我对此深表赞同。

73

ANY QUESTIONS?

机器会问出什么问题

萨拉·德默斯（Sarah Demers）

耶鲁大学贺瑞斯·塔夫脱（Horace Taft）物理学讲席副教授

在给予机器以思考能力的时候，我们要保持慷慨的心态，至少在我们的想象世界里可以这样。人类作为思考者，应当能掌控好一切。对于出现在地球上的其他任何类型的思考者，我只是很好奇地想问一个问题：对这个世界，它们会有哪些疑问？

机器通常比人类更快、更擅长运行算法和发现数据中的联系，它们已经被应用到解决自然和社会科学的许多分支问题中。它们已经在人类世界里站稳了脚跟，并不仅仅是因为它们能统计出任何一个 X 作家使用词语 Y 的频率，并借此得出他的典型用词。但是限制在于，随着它们对现有问题解决能力的提高，如何能提出好的问题、发现新知识变得越来越重要。

我所从事的研究领域——粒子物理学，是物理学与哲学相融合的领域。我们现在的测量设备给出的结果非常"离奇"，因此常常有许多人开始使用平行宇宙的假设来解释这些实验结果，即我们身处的宇宙只是众多宇宙中的一个，因而我们会发现有些宇宙中的物理常数是反常（离奇）的。伴随着这些"离奇"，哲学慢慢溜进了物理学的领土。尽管我们已经在许多问题的解决上有了重大进展，但是我们依然要面对暗物质和暗能量的问题，因为它们占据了宇宙总物质和总能量的 96%。那么，是否存在超越相对论量子场论的理论，可以用来描述在微观、高速层面上的自然规律呢？而我们现在对基本粒子的理解是不是还有着根本性的不足呢？

机器已经帮助我们提出了更好的问题。它们对数据的处理能力也使得我们能以新的方式面对、适应现在的环境。但如果机器能够思考，它们会如何思考我们的宇宙呢？它们又会用怎样的方法去理解它呢？我敢打赌，我们人类在这方面肯定能为它们提供帮助。毕竟，我们的大脑可是超级棒的机器啊！

74

DON'T BE A CHAUVINIST ABOUT THINKING
不要用沙文主义看待思考

塔尼亚·伦布罗佐（Tania Lombrozo）

加州大学伯克利分校心理学副教授

日常生活中被我们称为"机器"的东西，如洗衣机、缝纫机和咖啡机，都有相应的机械原理。它们与其他物体相互作用，将物质从一种表现形式变成另外一种：衣服被洗干净，布料被织成布，咖啡被煮好。但是，思维机器的出现已经深刻改变了我们对机器的看法。如今，典型的例子有笔记本电脑、智能手机和平板电脑，它们的运行也有着相应的数字技术原理。这使得它们能够处理信息、转换思想，更别说做数字求和、回答问题、为目标制订行动计划等任务了。

随着我们对机器的看法的改变，相应地，我们对思考的看法是否也经历了与之类似的转变呢？这个问题并不是一个新问题，而且回答是肯定的。不论机器系统的工作原理是液压的、机械的、数字的，还是量子的，某一阶段的科技通常都会给人们提供有关思想的隐喻。但对于我们如何看待思考，仅知道这些还不够，还要明确评价思考的标准，即什么是思考、什么不是思考。

你的洗衣机会思考吗？你的智能手机呢？我们倾向于认为智能手机和更加复杂的智能系统更加擅长思考，这不仅仅是因为它们更加复杂，而是因为它们的运行方式和我们的思考过程更加类似。我们知道，我们自己的思考不是机械的，也不局限于解决单一任务。成年人被看成是思考的立法者，即我们能断定什么是思考、什么不是思考。

心理学家已经迫使我们去扩展、捍卫和修正我们看待思考的方式了：文化心理学家开始质疑"西方的成年人给研究人类思考的课题提供了最佳样本"这一观点；发展心理学家已经提出"尚不会说话的婴儿是否会思考以及如何思考"的问题；比较心理学家对"非人类动物是否能思考以及如何进行思考"这样的课题很感兴趣；当然，哲学家对类似的问题也给出了他们的见解。在这些学科里，由于我们意识到"人类自身的思考是唯一标尺"是一种先入之见，并否定了它，这使得我们在理解人类如何看待思考这一问题上取得了进展。仔细关注经常会溜进有关思考的讨论中的假设，并禁止任何一种思想的沙文主义，使得我们受益良多。

在论及思维机器时，我们同样要面对很多与上面诸多问题一样的问题。对此，这里有两种比较诱人的基本观点，但我们必须用批判性的眼光看待它们。其中一个观点认为，我们成年人的思考是最高级的，或者说是唯一一种真正的思考。例如，"智能"计算机系统有时候会因其简单粗暴的思考方式而受到诟病。但问题是，这是思考的另外一些表现方式吗？或者说，我们需要放宽对"思考"的定义吗？

另外一个值得关注的观点刚好与之相反，该观点认为，思维机器所表现出的思考方式是最好的或是唯一的。例如，有证据表明，情绪会影响人的思考方式，尽管有时候这种影响是有益的。但也有证据表明，我们的思考有时候会受到社会和环境的影响，在与外界的交互中，还要依赖于专家和工具的帮忙。因而，在这些情形下，拒绝这样一种混乱的思考方式，转而走向无情绪的、独立自主的思考个体——类似于个人计算机，它们没有同情心，无需同伴就可以愉快地前行，这是非常诱人的。

在有关思考的人类沙文主义标准和 20 世纪 90 年代的笔记本电脑之间的某个切入点，似乎是看待思考的最好的方法，即承认思想有多种实现方式和目的。人工智能最新的进展正迫使我们反思一些假设，而这不仅要求我们需要从多方面进行思考，来想象其他的可能性，同时也要求我们换一种方式来看待思考本身。

75

I COULD BE WRONG
我可能是错的

弗里曼·戴森（Freeman Dyson）

普林斯顿高等研究院物理学家；著有《想象中的世界》（*Dreams of Earth and Sky*）

我认为会思考的机器并不存在，在可预见的未来也不可能存在。如果我这次又错了，那么对于这个问题，我所有的观点就变得毫无意义；而如果我是对的，那么这个问题本身就失去了讨论意义。

76

WHAT, ME WORRY？
什么？我担心？

劳伦斯·克劳斯（Lawrence M. Krauss）

物理学家、宇宙学家，亚利桑那州立大学"起源项目"（Origins Project）主任；著有《无中生有的宇宙》（*A Universe From Nothing*）

近来，大量文章开始致力于关注人工智能以及未来世界。在未来世界里，机器能"思考"，在后期，还能从简单地进行自主决策发展到拥有成熟的自我意识。我不同意这些担忧中的绝大多数，反而对有机会体验思维机器感到很激动，既是因为它们会提供改善人类条件的潜在机会，也是因为它们毋庸置疑地会提出关于意识本质的洞见。

首先，让我们澄清一件事情。尽管计算机的存储和运算能力在过去的 40 年时间里有了指数级的增长，但是能思考的计算机需要一个与现在的计算机几乎毫无相似之处的数字架构。它们也不可能在短期内变得有竞争意识。一个简单的物理思想实验可以支持这一论断。

鉴于电子计算机目前的功耗，一台拥有人类大脑存储和运算能力的计算机将会需要超过 10 太瓦（terawatts）的能量，占到了全人类电能消耗总量的两成。人脑只消耗 10 瓦能量。这意味着二者相差 10^{12}（1 万亿）倍。在过去的 10 年中，计算机性能功耗比（百万次浮点运算／秒·瓦）提升 1 倍的时间大约是 3 年。即使假设摩尔定律持续不减弱，这意味着它也需要经历 40 次的倍增，或者说需要 120 年，才能达到相同级别的功耗水平。此外，每一次效率的倍增都需要在科技上有较为彻底的变革。因此，不从本质上改变计算机的计算方式，仅仅是 40 次的倍增，是几乎不可能达到目标的。

请暂时忽略这些逻辑上的问题，我猜想开发出一个真正具有自我意识的机器在原理上并没有其他问题。在此之前，机器决策将会在我们的生活中扮演比以往更重要的角色。有些人认为，这是一个值得关注的问题，但这样的事情近几十年来一直都在发生。让我们从电梯这个初级的计算机开始设想，它决定了我们回到自己房间的方式和时间。我们让机器自动引导我们。我们用自动驾驶仪引导飞机飞行，我们的汽车自主决定在何时它们该去做维护、何时该去给轮胎充气，全自动驾驶汽车或许指日可待。

对于许多人而言，即使不是大多数人，完成相对自动化的任务，机器显然比人类更优秀。我们应该庆幸的是，机器有潜力让日常活动变得更安全、更高效。我们没有对它们失去控制，因为我们创造了决策条件和初始算法。我把人机交互想象成人类拥有一个得力伙伴：机器越智能，作为人类的伙伴的它们对我们的帮助就越大。任何伙伴关系都需要一定程度的信任和自由，但如果所得经常大于所失，我们将继续保持合作关系。如果它们不这样做，我们就与它断绝关系。无论伙伴是人类或是机器，我认为区别不大。

我们必须谨慎地对待合作关系，例如现代战争中对于基础设施的指挥和控制。因为我们有能力杀死这个星球上的大多数人，或许有一天，智能机器会控制决策装置，导致它们按下发射按钮，甚至发动一次灾难性的攻击，这太令人担忧了。因为当我们遇到决策时，我们经常依赖直觉和人际沟通，它们与理性分析同等重要，古巴导弹危机是一个很好的例子，我们猜想智能机器不会拥有这些能力。

然而，直觉是经验的产物，而且在现代世界中，沟通不仅限于电话或面对面的交谈。系统的智能设计，内置了大量的信息冗余和安全防护。这些都告诉我，即使在暴力敌对的情况下，机器的决策也未必就比人类的决策差。

我们已经探讨了如此多可能产生的担忧。那么现在，让我用个人认为最激动人心的科学——机器智能作为全篇的结束。目前，机器在计算方面帮助我们完成了大多数科学工作。与简单的数字编程不同，如今大多数物理学专业的毕业生更依赖 Mathematica 软件，它可以帮助他们完成我们在学生时代不得不独自完成的大多数数学运算。但是，这也只是揭开了表象。

我很好奇，当机器需要像选择答案一样选择问题时，它们会关注什么。它们会选择什么问题？它们会觉得什么东西有趣？它们会用与我们相同的方法去研究物理吗？毫无疑问，如果量子计算机变得实用，相对于我们而言，它将会对量子现象有更"直观"的理解。那么，在揭开大自然的基本规律上，机器会取得更快的进展吗？获得诺贝尔奖的第一台机器什么时候诞生？我一如既往地怀疑，怀疑那些最有趣的问题正是我们还未曾想到的问题。

77

THINKING SALTMARSHES
思考的盐沼

厄休拉·马丁（Ursula Martin）

牛津大学计算机科学教授

黄昏时分，当我朝着盐沼漫步时，我停下来，忽然觉得有些困惑。小径似乎消失在远方长长的泥泞浅滩中，因为落日余晖的反射而闪亮耀眼。这时，我注意到了那些连成线的踏脚石——若不是因为它们的粗糙材质在光滑的水面上太过突兀，我也不会看到它们。于是，我让自己的步子和石头的韵律同步，继续向前跨过沼泽，来到了对面的沙丘。

穿过这一片水洼沼泽像是经历了一场与过去的对话，与那些我几乎一无所知的人的对话——我只知道他们铺下的这些石头决定了我的步伐，或许他们和我一样，只是不喜欢弄湿鞋才铺下了石头。

在那些沙丘之前，广袤的沙地一直延伸到海湾对面的一个村子。正在退去的潮水营造出一种奇异的水沙交融的调子，回荡着一排古老木桩发出的声响。数百年前，水里还有很多三文鱼，而这些木桩被用来固定渔网。以一座石砌的教堂高塔作为地标，我迈着大步跨越沙地向前，抵达了村庄，还惊扰了几群聒噪的海鸟。

这里的水、踏脚石、木桩和教堂高塔，都是一场跨越漫长岁月的缓慢谈话中的语句。铺路人、渔夫，甚至那些孤独的旅人都在这片风景中留下了印记；而气候与潮汐，岩石、沙子与水，动物与植物都对这些印记有所回应；未来的人们又将对他们所面对的一切作出回应与改变。

那么，思维机器的位置在哪里？你可以通过在潮湿的沼泽与变幻的海滩间寻路，来讨论人工智能带来的挑战：旧时光用磨平的踏脚石和腐烂的木桩（而不是整齐易懂的文本）写下了摄人心魄的文字。

你可以想象或雄辩思维机器将如何增强此情此景中一位孤独旅人的切身体验。或许，一台萌萌的机器伴侣会踏着水花穿过沼泽，在沙地上狂奔，追逐着海鸟。又或许，这位旅人有一台整合了大量有关道路、气候，以及野生动物数据流的思维机器充当向导，它包含了分步引导、自然环境注解，以及历史环境仿真，还包含健康数据和关于隐私风险、潮汐逼近的警告功能。又或许，这台思维机器还能够分析出夏天鸟儿们去了哪里以及如何才能让三文鱼再次繁衍。

然而，哪种思维机器可以在这种以地海为媒、跨越世纪的缓慢交谈中找到一席之地呢？这样一部机器需要具备哪些资质呢？或者说，假如所谓思维机器并不是用来代替任何个体存在——而是作为一种假想概念来帮助我们理解人类活动、自然活动以及科技活动的结合将如何影响这片海洋的边缘，将如何影响我们对这段谈话的回应。"社交机器"（social machine）这个术语被用来描述那些带有意图性的人机互动（如维基百科之类）尝试——或许我们的思维机器可以被称为"景观机器"（landscape machine）。

啊，没错，有意图的。或许，那些孤独旅者的意图直截了当——捕鱼、观鸟，或只是想在潮水上涨前安全返家。但假如他们的意图并不仅仅是一次踽踽独行，而是找到平衡、与自然成为一体、填补想象的空白，或者喂饱灵魂，如此一来，这段旅程就变成了一次与过去的交谈。这次交谈不直接通过岩石、木桩和水流，而是通过文字——通过那些在岩石、木桩和水流体验人性，并找到适当文字记录下了这段经历的人所留下的诗句。因此，这位孤独旅者的意图应该是锤炼那些让他成为人的品质，这些品质体现在他与其他人类共有的人性之中。这对一台思维机器来说，确实是一个不小的挑战。

78

WILL THEY THINK ABOUT THEMSELVES？

它们会思考自己吗

杰西卡·特蕾西（Jessica L.Tracy）、**克里斯汀·劳林**（Kristin Laurin）

特蕾西：不列颠哥伦比亚大学心理学副教授
劳林：斯坦福大学商学院组织行为学助理教授

当我们思考思维机器时，第一个涌现的问题是：最终，这些机器会有多像我们人类？这个问题归根结底是一个有关"自我"的问题。思维机器会发展出类似于人类的自我意识吗？我们（可能）是仅有的拥有自我意识的物种——我们不仅有自我感，还能从自我这个内部视角看待其他各种"自我"。

机器究竟能否发展出自我意识？它们也能经历并感受到那塑造了人类自适应的自我意识的进化力量吗？这些力量来自个体之间的相互交往需求、获取地位的需求、确保他人能够喜欢接纳自己的需求、期望其他团体接受自己的需求。作为人类个体，如果你想在群体生活中生活下去，就需要有"自我"意识，而且要保护好它、强化它，因为这样做确保了别人会喜欢、尊重、认可你，而所有这些最终都会让你的寿命更长，且让你有更多的时间和机会繁衍后代。你的自我感也是帮你理解他人同样拥有自我感的前提，这种认知能力是社会生活的两个先决条件——同情和合作所必需的。

机器到底能否体验到这些进化力量呢？让我们从以下假设开始：假设未来的机器能自主获取自己想要的资源，例如，能自主获取电力和网络带宽（这个过程不受人类控制），并且能为自己的生死负责（不是由人类掌控它们的生死）。在以上假设的基础上，我们继续假设：能够在这样的环境里存活下来的，是至少拥有一个基本的自我相关目标（提高自己的效率或生产力）的机器。这种基本目标类似于人类基因的自我繁衍目标。在这两种情形中，目标驱使行为朝增强适应性的方向前进——无论是具有基因的个体，还是运行程序的机器，都是如此。

在以上设定的环境里，机器可能会产生与同类相互争夺有限资源的动机。那些能够牺牲自己的部分利益来换取未来更大利益的机器会形成联盟，当然，显而易见，这些机器将会在这场资源争夺战中收获更多。由此看来，未来可能会是这样的：未来的社会环境非常适合机器演变成社会动物，与其他机器建立关系，并发展出类似于人类的自我意识。

然而，对于以上假设，有一个警告值得注意。即任何类型的机器社会与人类社会相比，两者都可能存在本质上的区别。对此有一个关键的原因：在社会活动中，不同于人类的社会交往，机器可能只是直白地读取其他人的想法，它们似乎不需要而且看来也非常缺少我们人类所依赖的有辅助作用的移情心理。它们能够直接理解其他人想法的内容，这使得它们与其他人的交往明显不同于我们一般意义上的交往活动。无论大量社交有多么重要，在本质上，人类个体都是孤独的。我们只是在隐喻的意义上感受理解他人的想法，我们不能确定别人头脑里的真实想法，至少不会像理解我们自己那样笃定。这样一种约束在机器那里并不存在。一台计算机能够直接获取另一台计算机的"思想"，而且在明确的自知意义上，也不存在一台机器不能读取另一台机器的软硬件设备的现象，因为它们是同类——我就是你，你就是我，没有谁更特殊。一旦这样直接相互读取理解对方的事情成为现实，那么每一台机器将不再处于相互分离的自我状态（在人类的自我意义上）。因而，当机器们共享思维时，它们的任何自我都将变成集体意义上的自我。

当然，机器之间也能非常轻松地通过各种信息比特来进行身份区分。然而，一旦某一个体完全理解了另一个体的程序，那么自我和他人的区别也就显得没有必要了。

举例来说，如果我下载了你计算机中的所有文件，然后将它们存入我的计算机，那么这不就相当于你的计算机已经成了我的计算机的一部分了吗？如果我将我们的计算机永久地设置为相互连接、相互备份，那么你还觉得它们是两台独立的计算机吗？难道你不认为它们是一体的吗？相反，人类个体之间永远无法以这样的方式了解对方，这与我们的努力无关，而是我们的颅骨阻止了我们这样做。但对于机器来说，自我扩展不仅是可能的，而且是一个为了各群体之间可以更好地竞争、分享资源而设置的目标程序最有可能产生的结果。

当机器拥有了自我意识时，它们可能会因为高度的集体意识而建立起人类并未经历过的新社会，这也许更像蚂蚁的真社会性（eusociality）——它们的极端基因关系使得每一位成员都会高度自觉地为集体利益牺牲。尽管如此，机器具有自我意识的可能性仍是值得期待的。毕竟，自我意识是同情心的根源，因此机器如果具有通常意义上的自我意识，也就会有同情心，也就会更加"人性化"。自我意识可能会驱动机器去保护（或至少不会伤害）一个在智力上比它们弱几个数量级的物种，并与其共享那些让它们了解自身的事物。

当然，相比于人类社会的同情心，我们能否在比自己聪明许多的机器人那里获得更多的同情心？这是一个值得思考的问题。

它们会思考自己吗

① 真社会性，在生物的阶层性分类方式中，一类具有高度社会化组织的动物。——译者注

79

CONTEXT SURELY MATTERS
语境非常重要

保罗·多兰（Paul Dolan）

伦敦政治经济学院行为科学教授；著有《设计幸福》（*Happiness by Design*）

什么时候我们便可以认为机器能思考了？是当它可以计算的时候，还是当它可以理解上下文的隐喻，并相应地调整其行为的时候，又或是当它可以模仿并产生情感的时候？对这些问题的回答依赖于我们对"思考"的定义。在很多需要意识（系统2）参与的事务处理过程中，机器都能比人类做得更好、更精准，也很少掺入偏见。可问题是，它们并不能自主（系统1）思考。我们还没有完全理解那一套能驱使我们自发地行动和思考的系统机制，因此我们也无法通过编程来要求机器具有与人类一样的行为表现。

因而，现在关键的问题是：如果一台机器能够以人类系统1的速度通过系统2的方式进行思考，那么它们的思考不就比人类更优越了吗？是的，这非常有吸引力，但语境非常重要，即在一些情境中，这是一件好事，但在其他情形下，也许就不是好事了！举例来说，机器有可持续发展的意识，它们为人们打扫卫生，保持环境清洁；它们与时俱进而且懂得体贴关心受难的人；它们帮助我们克服对未知的恐惧等。但另一方面，我们可能仍然不喜欢计算机。例如，如果计算机和诗人各写了一首诗，而且两者是一模一样的，那么读者对此诗的感受会不会受到影响呢？我想，几乎可以肯定的是，如果读者知道了这首诗是计算机写的，那么相比于诗人的诗句，这首诗的美感就会大打折扣。读者在品味诗句的过程中，有关诗人的背景知识会在无形中给诗句增添别样的韵致。

80

MACHINES AREN'T INTO RELATIONSHIPS

让机器做野蛮的思考者吧！

N. J. 恩菲尔德（N. J. Enfield）

荷兰普朗克心理语言学研究所资深研究员；悉尼大学语言学教授；
著有《意义的效用》（*The Utility of Meaning*）

当思考思维机器时，我们通常是在袖珍计算器的意义上理解"思考"一词的。即把思考理解为一种先输入，然后计算，最后再输出结果的信息处理过程。我们喜爱并依赖这些聪明的机器，是因为它们的思考前后一致、彻底且快速，而人类自身很难有这样的思考能力。但反过来，我们也可以这样说：我们也拥有它们所不具备的思维方式。机器并不在意你的大脑状态。它们的思考不附带任何情感，它们和我们没有情感联系。当你的计算机报出你的纳税申报单和相应的金额时，它的发音并没有夹杂任何情感（因为它根本不能对你有任何情感表达）。它不会想这个数值是不是你想要的数字，无论如何，它不介意。

实际上，机器不会有关系思维（relationship thinking）。但对人类来说，情感联系至关重要。当我们思考时，不仅要进行逻辑计算和一般性思考，还需担心会产生的社会后果。即会想这个决定会如何影响别人，会给我们的下次交往带来怎样的影响，而他们又会如何看待我。但机器并不会有这些顾忌。因此，我们不应幻想自己会和它们有社会性的交往。人类之间的交往是建立在一种人类特有的心理基础上的。我们的"特技"是：通过投身于基于共同目标和理性的行动中，人与人之间获得了特殊的默契感。真正的合作要求"整体性的个人"的形成，尽管可能是短暂的。我们一起感受、思考和行动，因此办事也就变得统一且高效。因此，我们是荣辱与共的。

机器会服从命令，但并没有协作精神。若要形成协作，它们就需服从共同的行动理由、共同的行动目标，并且能够共享成果。我们之所以能与思维机器和谐相处，是因为它们的思考弥补了我们大脑功能的不足。因此，让机器做野蛮的思考者吧，而将关系思维继续留给我们自己！

81

MACHINES THAT THINK? NUTS!

会思考的机器？疯了！

斯图亚特·考夫曼（Stuart A. Kauffman）

卡尔加里大学生物复杂性及信息技术学院院长；著有《再造神圣》（*Reinventing the Sacred*）

量子生物学、捕光色素分子、鸟类导航能力（也许还有嗅觉能力）这些领域的研究表明，在生物学中坚守经典物理学的结果就是冥顽不灵。现在，图灵机只是经典物理学中离散状态（0，1）、离散时间（T，T+1）的子集。就像香农的信息论表现的那样，我们知道它们仅仅是语法上的。我们已经拥有了一些精彩绝伦的数学成果，如计算机科学家格里戈里·蔡廷（Gregory Chaitin）的研究——一个程序的宕机概率在整体上是不可计算的、非算法的。这些结果告诉我们，人类心智不可能仅仅事关算法，这一点英国数学家罗杰·彭罗斯（Roger Penrose）也论述过。

数学具有创造性，人类的心智也一样。我们理解隐喻（明日复明日，皆有规律……），但是隐喻不是非对即错的。所有艺术都是隐喻；语言一开始是用手势示意的或隐喻的；我们依靠这些隐喻生活，不仅仅依靠真假命题和三段论。没有一个命题的初始集合可以穷尽一个隐喻的含义；而如果数学需要命题，那么没有任何数学可以证明，没有一个命题的初始集合可以穷尽一个隐喻的含义。如美国哲学家查尔斯·皮尔士所说，人类的心智是"不明推论式"，而非归纳或演绎，所以，人类的心智总是以不可预测的方式发挥着广泛的创造力。

经典物理学的因果闭环所排除的不只是在这个世界上不能"行动"的附带现象的心智，无论它是图灵机还是台球，或是经典物理学中的神经元。大脑（或计算机）此刻的状态足以决定其下一刻的状态，所以心智做不了什么,也没法做什么!自从牛顿打败了笛卡儿的"思想物"(Res cogitans),我们就一直被困在这个僵局中。

从本体论来说,自由选择意味着现状可以是不同的——在经典物理学中,反事实说法是不可能的,而如果量子测量是真实而又不确定的,反事实说法就很简单。我们可以观测到电子在自旋向上或自旋向下,所以现状可能是不同的。

然而,量子心智似乎排除了负责任的自由意志。事实并非如此,根据玻恩定则(Born rule),给定 n 个纠缠的粒子,对每一个粒子的测量会改变下一次测量的结果。在某种极端情况下,概率会在第一次 100% 的自旋向上到第二次 100% 的自旋向下之间改变,如此下去,到第 n 次测量,如果测量本身符合本体论的不确定性,那么整个过程就是非随机的和自由的。如果 n 个纠缠的粒子的概率在 0 与 1 之间变动,那么我们就面临选择,这也意味着我们拥有负责任的选择,正如两位数学家约翰·康威(John H. Conway)和西蒙·柯晨(Simon Kochen)所证明的"强自由意志定理"(Strong Free Will Theorem)中所描述的一样。

我们从未从第三人称的描述到达第一人称。但一个视杆细胞可以吸收一个光子,所以可以令人信服地检测人类意识是否足以进行量子测量。如果我们被说服,又如果经典力学里的世界是最基础的量子,那么我们可以简单地假设,量子变量可以有意识地进行测量和选择,就像彭罗斯和史都华·哈默洛夫(Stuart Hameroff)的"调谐客观还原理论"(Orch-OR)所说的那样。我们生活在一个被广泛参与构建的宇宙之中。意识和意志是它的一部分,作为经典物理学和语法的子集,图灵机并不能作出能让现状变得不同的选择。

---

① 调谐客观还原理论是一项与意识有关的量子理论,根据彭罗斯和哈默洛夫两人的理论,人类的灵魂存在于脑细胞中被称为"微管"的结构内。他们指出,人类的意识活动是这些微管内量子引力效应的结果。——译者注

82

FREE FROM US
它能让我们摆脱我们

乔治·迪茨（Georg Diez）

德国《明镜周刊》（*Spiegel Online*）专栏作家、记者

对于会思考的机器，图灵的焦虑在于：它真的能改变一切吗？毕竟，人类的愚蠢会让我们相信这就是事物运行的原理——一个单一的事件可以将时间、人和思考分开。这是一种自我否定，同时也是自我放大的多愁善感，既是乐观的也是悲观的，既是虚无主义的也是理想主义的。

这到底意味着什么？又由谁来评判？什么是"一切"？什么是"改变"？而改变前和改变后又是什么样子？首先，我们需要对事态有一种认同，这本身就很困难。比如，我们自由吗？从哪里获得自由？生物是允许自由的系统吗？在某种程度上，是的。那么，民主是允许自由的系统吗？是的，但只在理论上有时行得通，而悲剧的是，连这种可能性都变得越来越小了。那么，资本主义是一个允许自由的系统吗？当然，对于某些人来说答案是肯定的。

所以，归根结底，自由是需要我们追求的正确途径和事物吗？如果我们对思维机器的恐惧占据了主导地位的话，那么答案确实如此。但这应该是我们思考思维机器的方式吗？否定等于批判性的思考？批判性思考是产生某些正确洞见的正确方式吗？或者这只是自慰式逻辑，旨在取悦自己而不顾他人和外界？以这种批判性的方式，我们在向谁演说？是向我们想要说服的人吗？这是可能的吗？或者说，这是幻想吗？又或者，这是理性的一个突兀转折，还是"开明"社会的构想？

不是说这种发展不可能。正相反，思维机器就是这样做的。也许发展这个观念本身并不需要与人性观念捆绑在一起，也许人类不是这个观念的永恒承载者，也许这个观念最终会把机器与人类分开，并创造出属于自己的现实。也许这就是思维机器的全部：一种差异，一面镜子，一次反思的机会。从此，摆脱我们，摆脱人性和历史的重负。

人类的历史在很大程度上就是在神话上面叠加神话——然后在不可战胜的命运上叠加艰辛的努力，以此改变命运。就像是设置障碍就是为了消除它们，从而给了我们一种有意义、有目标的感觉。这太荒谬了，就像我们所做的很多事情一样。所以，思考思维机器，就是去思考不太人性的人类。这样就让我们摆脱了古老的知识——关于秩序、生命和幸福的古老概念。

家庭、友谊、性爱、金钱，一切都将不同。在人类自由以及如何获得自由（更重要的是，如何约束自由）这样的问题上，它们不是唯一可能的答案。思维机器是标记在我们生存背后的一个必然的问题。它是一片空白，就像每个人的生活一样。它为我们提供了一种可能性，让我们摆脱进化论、心理学、神经科学上的种种假设。在某种真正反人文主义的人文主义意义上，在文学家霍夫曼（E. T. A. Hofmann）开创的浪漫主义传统里，这是一个诗意的命题，因而也是一个政治命题。

它能让我们摆脱我们。

WHAT IF THEY NEED TO SUFFER?

如果它们遭受痛苦会怎样

托马斯·梅青格尔（Thomas Metzinger）

美因茨大学哲学教授；著有《自我的隧道》（*The Ego Tunnel*）

人类思维之所以有效，正因为我们经历了很多痛苦。高水平认知是一回事儿，内在动机是另一回事儿。人工智能也许很快会变得比我们更有效率，但是它会遭受和我们一样的痛苦吗？对于任何值得探讨的后生物智能而言，遭受痛苦必须是其中的一部分吗？又或者说，负面现象只是我们进化过程的一个偶然特征吗？人类拥有脆弱的身躯，却诞生在一个危险的社会环境里，处在一场否认自己必死命运的持续不断的艰苦战斗中。我们的大脑在一直降低不祥事件出现的可能性。我们聪明，是因为我们受过伤害，因为我们会后悔，因为我们一直挣扎着以找到一些可行的方式，来自我欺骗或获得永生。问题在于，优秀的人工智能是否也需要脆弱的硬件、不安全的环境，以及短暂性的内在冲突？当然在某种意义上，这就是思维机器！但是它们自己的想法与它们有关吗？为什么它们必须对自己的想法感兴趣？

我十分反对冒险建造一台会遭受痛苦的机器。但就像是一个思想实验，如果要建造的话，我们该怎么做？遭受痛苦是一个现象学概念。只有有意识体验的生物才能遭受痛苦（把这个必要条件称作条件 1，C [conscious，意识] 条件）。僵尸和处于深度睡眠状态下的、昏迷的或麻醉状态下的人不会有什么痛苦，就像是可能存在的人或未出生的人也不会。机器人和其他人造生物体可能有痛苦，但只有当它们拥有现象学状态，只有运行在包括存在的窗口的这样一种完整的本体论条件下才可能。

条件 2 是 PSM（phenomenal self-model，现象学自我模型）条件：拥有现象学自我模型。为什么要这样？遭受痛苦最重要的现象学特征是对所有权的感知，这是一种不可言传的主观感受，是正在遭受痛苦的我正在面对自己的痛苦。痛苦本身预设了自我意识。只有拥有 PSM 的意识系统才可以遭受痛苦，因为只有它们——通过功能和表征上的计算过程把一些负面状态整合进他们的 PSM，才能占用一些现象学层次的特定内在状态的内容。

从概念上来看，痛苦的本质在于这样一个事实：意识系统被迫要去认同负面心理效价的状态，而且不能打破这个认同，或者在功能上与这个表象内容相背离。当然，痛苦本身有很多不同层面和现象学面貌，但是这种现象学认同（phenomenology of identification）很重要。这个系统的目的是要终止作为自身状态的体验，这个自身状态限制了系统的自主，因为系统不能有效地远离它。如果你明白了这一点，就会看到为什么通过生物进化来"创造"意识上的痛苦是如此有效——而且（创造者是一个人），这不仅是革命性的，而且是一个阴险残酷的想法。

很明显，现象学中的所有权不是感受到痛苦的充分条件。我们可以轻易构想出没有痛苦的、有自我意识的生物。痛苦还导致了 NV（negative valence，负面心理效价）条件。通过将表征为负价的各种状态整合到给定系统中的 PSM 中，痛苦被创造出来。因此负面偏好变成了负的主观偏好——例如，某人自身偏好的意识表征一直受到（或将受到）阻挠。这意味着人工智能系统必须充分理解那些偏好是什么。如果这个系统不想再次经历当前的意识体验，必然想要结束它，这就足够了。

请注意，现象学中的痛苦有很多特点，人工智能的痛苦可能和人类的痛苦大不相同。例如，对物理硬件的损害会表征为与人脑格格不入的内在的数据格式，为身体痛苦状态生成一种主观经验的定性轮廓，对于像我们这样的生物系统来说，这是难以模仿，甚至难以想象的。或者说，高水平认知所伴随的现象特征或许超越了人类的共鸣和理解能力。例如，理智地洞察到个体的偏好所遭受的挫折或对造物者的轻蔑，或者洞察到把个体存在当作自我意识机器的荒谬。

还有一个条件 T（transparency，透明）。透明不仅是一个视觉隐喻，也是哲学里的一个技术性概念，可以有很多用途和特点。我现在考虑现象学中的透明，某些（但不是所有）意识状态拥有这个特点，但所有无意识状态都没有这个特点。要点很简单：透明的现象状态使得其内容具有不容否认的真实性，就像是你无法否认存在的事物。更准确地说，你可以对其存在产生认知上的疑惑，但是根据主观经验，这个现象学的内容是关于痛苦的可怕性，事实上这是你自己的痛苦——不是你可以摆脱的事物。透明的现象学意义就是直接的现实主义的现象学。

所以，我们对痛苦的最简概念的构想由上述四个必要的基石构成：C 条件、PSM 条件、NV 条件和 T 条件。任何满足这四个认知约束的系统都应该被视作伦理思考的对象，因为我们不知道这四个条件是否构成了全部的充分必要条件；出于审慎的考虑，我们在伦理道德上必须慎之又慎。我们也必须能够判断某个人工系统是否在遭受痛苦的方式，或者说未来是否可能创造出这种能力。

但是从定义上来看，任何智能系统——生物的、人造的或后生物的，只要不满足这四个必要条件中的任何一个条件，就算是没有遭受痛苦的能力。让我们参考四个最简单的可能性：

◎ 没有意识的机器人，没有遭受痛苦的能力；

◎ 有意识但没有连贯 PSM 的机器人，没有遭受痛苦的能力；

◎ 有自我意识、没有产生负面心理效价状态的能力的机器人，没有遭受痛苦的能力；

◎ 有意识、没有任何透明现象学状态的机器人，没有遭受痛苦能力，因为它缺少现象学中的所有权和认同感。

经常有人问我，我们能否创造出有自我意识的机器，它既拥有出色的智能，又无须遭受痛苦。事实上，怎么可能有不关心存在性的真实智能呢？

84

WHY CAN'T "BEING" OR "HAPPINESS" BE COMPUTED?

为什么"存在"和"快乐"无法计算

戴维·盖勒特（David Gelernter）

耶鲁大学计算机科学家；镜像世界技术（Mirror Worlds Technologies）公司首席科学家；
著有《精简版美国》（*America-Lite*）

目前，人们对"会思考的机器"的陈腐观点表明，我们对大脑和软件存在着根深蒂固却又自然而然的误解。计算机永远不会思考，究其原因，让我们从炸薯条开始这场思想的旅程。我假设这个问题中的机器就是计算机，只不过添加了多种应用而已。

无论是炸薯条的过程还是薯条本身，都是无法计算的，没有哪台计算机可以输出炸薯条的过程或者薯条这一结果。薯条无法计算，因为它是特定对象的物理状态，而计算机只能处理信息或编码信息，无法处理物质的东西和物态的变化。同理，快乐也是特定对象（比如人类）的物理状态。只有当你遇到一个人，并且把他置于一种幸福的状态下，快乐才会产生。但是，计算机无法做到这些。

思考和存在，或（等同于）思考和感觉（这里所说的感觉，是指知觉、情绪、心情等），是我们定义人类心智区间的两个端点。我们需要这个完整的区间，否则，就不会有任何意义上的心智和思想了。计算机可以模仿思考（狭义地理解）的某些方面，但是存在是它们所无法企及的。因此，专注是它们无法具备的。

"存在"这个词很有用，在本文中代指某个物理对象或者系统的一部分，并能根据环境作出自然的响应。在油炸环境中，土豆片通过变成炸薯条作为响应。在烧杯中酸性环境里，石蕊试纸通过变成蓝色作为响应。大脑就像石蕊试纸，但它对环境作出的响应不是改变颜色，而是体验环境。如果某种东西给我们提供了快乐的理由，心智——身体系统（人类）就会变得快乐，心智也会体验到这种快乐。快乐有精神后果和物质后果。你可以体验到一股能量，甚至是加快的脉搏和呼吸。

为什么存在和快乐都无法被计算？快乐之所以无法计算，是因为它是物理目标的一种状态，处于计算领域之外。计算机和软件不会创造或者处理物理目标。虽然它能通过其他附属机器去完成这些事，但那不是计算机自身的功劳。机器人能够飞翔，但计算机不能（也没有任何计算机操作系统能够保证让人类变快乐，不过那是另外一回事）。存在是无法被计算的，这个重要的事实一直被忽略，但也不奇怪。计算机和心智属于不同领域，就像南瓜和普契尼，两者是难以被比较的。

那么，我们可以跳过存在，而仍然拥有思维机器吗？答案是否定的。我们的思考和存在（或感觉）定义了心智和它的能力。在思维区间的顶端，是高度警觉和专注的区域，心智抛开了会使之分心的情感，完全沉浸在思考中。在思维区间的底部，是几乎不做思考的睡梦状态。当我们在幻想时，我们的大脑被情感所占据（睡梦是强烈的情感），而几乎在任何时候，我们都有感觉或（换句话说）存在感。

为什么如此简单的观点却被人们争论了那么长时间？为什么思想家都不愿意接受这个论证？也许是因为哲学家和科学家都希望心智无非只是思考而已，感觉或存在没有扮演任何角色。最终，他们把强烈的愿望当成了事实，因为哲学家也只是人类而已。

85

THINK PROTOPIA,
NOT UTOPIA OR DYSTOPIA

请思考先乌托邦，而不是乌托邦或反乌托邦

迈克尔·舍默（Michael Shermer）

《怀疑论者》（*The Skeptic*）杂志出版人；《科学美国人》专栏作家；著有《可信的大脑》（*The Believing Brain*）

人工智能的支持者都倾向于构建一个乌托邦式的未来：友善的计算机和机器人为人类服务，使我们能够获得无限的繁荣，结束贫穷与饥饿，战胜疾病与死亡，实现永生，并将银河系开拓为殖民地，最终，甚至能通过达到欧米伽点来征服宇宙。在那里，我们变成了上帝，无所不知，无所不能。而相反，人工智能怀疑论者则设想了一个反乌托邦式的未来：邪恶的计算机和机器人完全接管了人类社会，使我们成为它们的奴隶和仆人，驱使我们走向灭亡，从而终结甚至扭转数百年来的科技进步。

大多数此类预言都建立在人性与计算机本性，或自然智能与人工智能之间错误的类比之上。我们认为机器是自然选择的产物，也被设计成像我们这样，用情感简化思维过程。我们不需要计算食物的热量，只是感觉饿了就进食。我们不需要计算潜在伴侣的腰臀围比或肩宽与腰宽的比例，只是感到被某个人吸引，并与他们相爱。如果我们的伴侣不忠，我们不需要计算抚养别人后代的遗传成本，只是觉得嫉妒。我们不需要

欧米伽点（Omega point）是德日进神父提出的一个概念，他认为统一的人类将穿越心智圈，最终将达到宇宙进化的终点"欧米伽点"。这是超越生命、超越人格的汇合点，是宇宙万物一系列进化的终点。——译者注

估计一个不公平交易的损害，只是觉得不公正并渴望报复。所有这些情感都通过进化成了我们的本性，它们中没有任何一个被设计到我们的计算机中。所以担忧计算机将会变得邪恶是没有根据的，因为它们永远不会采取上述行动来打击我们。

同样，人工智能的乌托邦和反乌托邦式的愿景，二者都是基于对未来的预测，这不同于历史赋予我们的任何东西。不要思考乌托邦或反乌托邦，请思考先乌托邦（protopia），这个词由未来学家凯文·凯利创造。凯文·凯利在 Edge 上这样说道："我称自己为先乌托邦居民，而不是乌托邦居民。我相信增量方式的进步，每一年都会比前一年好，但不会好很多，只是一个微量。"几乎所有技术进步，包括计算机和人工智能，都有先乌托邦的性质。技术很少导致乌托邦或反乌托邦社会。

以汽车为例。我的第一辆车是 1966 年版的福特野马。它有动力转向、动力制动和空调，这些都是当时相对前沿的技术。从那时起，我的每一辆汽车，大体上都遵循着汽车的演变，已经逐步变得更智能、更安全，但并没有跨越式的进步。20 世纪 50 年代时，我们曾想象从老爷车直接跳跃到飞行的汽车，但这从未发生。相反，我们得到的是数十年来累积的改进，催生了今天智能汽车的诞生，今天的汽车有着车载计算机、导航系统、安全气囊、复合金属框架和车身、卫星收音机、免提电话、混合动力发动机。我只是将 2010 年版的福特 Flex 换成了 2014 年版的同款车型。从外形上看，它们几乎没有什么区别；而从内部系统看，每个系统中都有几十个微小的改进，从发动机和传动系统到导航系统，再到气候控制以及无线电和计算机接口。

这样增量式的先乌托邦进步是我们在大多数技术中所看到的，特别是人工智能，它将继续以我们渴望和需要的方式为人类服务。不要想大跃进或大撤退了，还是小步快跑吧！

86

MACHINES THAT THINK
ARE IN THE MOVIES

会思考的机器只出现在电影中

罗杰·尚克（Roger Schank）

人工智能理论家，认知科学家；著有《教学思维》（*Teaching Minds*）

机器不会思考。它们不会在近期内学会思考。它们可能会越来越多地做一些更有趣的事情，但认为我们需要担心它们、规范它们，或授予它们公民权利的想法，显然很愚蠢。20 世纪 80 年代，言过其实的"专家系统"断送了用于建造虚拟人类的人工智能的风险投资。如今，很少有人从事这个领域的工作。但是据媒体报道，我们必须对人工智能严阵以待。我们都看了太多的电影。

当你从事有关人工智能的工作时，有两个选择："复制人类"；"做一些真正基于统计学的快速计算"。例如，早期的国际象棋程序试图超越对手的计算力，但人类玩家是有策略的，预测对手的思路也是象棋游戏的一部分。当"超越对手的计算力"的策略无效时，人工智能的研究者们开始观察并模仿专业棋手的行为。如今，"超越对手的计算力"这一策略变得更加流行了。如果愿意，我们可以把这两种方法都称为"人工智能"，但二者都无法引导机器去创造一个新社会。这一策略并不可怕，因为计算机并不知道自己在做什么。计算机可以快速地进行计算而不需要理解它在计算什么。它只有算法，仅此而已。

我们在《危险边缘》节目中看到的 IBM 超级计算机沃森就是如此。在《危险边缘》的一次节目中，主持人提出的问题是："在 1904 年奥运会上，夺得双杠金牌的美国体操运动员乔治·艾塞尔（George Eyser），他身体的哪个部分异于常人？"一位人类选手回答："艾塞尔失去了一只手。"（回答错误。）而沃森回答："是一条腿吗？"沃森也答错了——它没有指出腿是"失去"的。

我们尝试在谷歌中搜索了一下"体操运动员艾塞尔"。维基百科最先出现，是一篇关于艾塞尔的长文章。沃森依赖于谷歌。如果《危险边缘》的参赛选手能够使用谷歌，他们会比沃森做得更好。沃森能够将"anatomical"翻译成"身体的一部分"，它也知道身体各部分的名称。然而，沃森不知道"oddity"（奇怪）是什么意思。沃森不理解体操运动员失去一条腿是奇怪的事情。如果问题是"埃塞尔的什么是奇怪的"，那么人类选手无疑会做得很好。沃森无法在维基百科的文章中搜索到"奇怪"这个词语，也无法理解体操运动员是做什么的，更不知道为什么会有人在意。尝试搜索一下"奇怪"或"艾塞尔"，看看你搜到的东西。关键词搜索不是思考，也不是任何类似思考的东西。

如果我们问沃森为什么一个残疾人会在奥运会上比赛，沃森则会一问三不知。它无法理解这个问题，更不用说能找到答案了。数学运算只能让你达到这种程度。人工的或是其他形式的智能，则需要知道事情发生的原因、它们产生的情感以及能够预测行为可能产生的后果。沃森无法完成以上事情中的任何一件。思考与搜索文本完全不是一回事儿。

人类的思想是复杂的。那些站在"复制人类"一方的人工智能研究者们正在投入大量时间考虑人类能做什么。许多科学家考虑这些，但从根本上说，我们对于人脑工作原理的了解很有限。人工智能研究者们试图建立一些我们能够理解的模型。对于人脑如何处理语言、学习的作用如何，我们了解得很少；对于意识和记忆检索，我们了解得也不多。

例如，我正从事于让计算机模仿人类记忆组织的工作。这个想法是制作一台能像好朋友一样，在正确的时间给你讲正确故事的计算机。为了完成这项工作，我们已经收集了数以千计的故事（视频），故事包括国防、药物研究、医学、计算机编程等。当有人试图要做一些事情或找一些东西时，我们的程序能讲一个故事以提醒他。那么，这是人工智能吗？当然是。计算机是这样思考的吗？不完全是。为什么呢？

为了完成这项工作，我们必须访问专家，然后为他们讲的故事编制索引。编制索引的依据来自他们的观点、他们所反驳的意见、他们所要达到的目标，以及他们在实现目标的过程中经历的问题。只有人类能做这些事情。计算机能将索引与其他索引相匹配，例如其他故事中出现的索引，或用户查询的索引，或分析用户遇到的环境得到的索引。计算机能够分秒不差地想出一个很好的故事。但是很显然，它不知道自己说的是什么——它仅仅能找到要讲的最好的故事。这是人工智能吗？我想是的。那么，它是在模仿人类记忆中为故事编制索引的方法吗？我们已经研究了很长时间人类是如何做这些事情的，所以我们认为它是。那么，你需要害怕这个"思考"程序吗？

因此，我不再恐惧人工智能。我们没有制造出任何值得人们恐惧的东西。如果我们真正制造出一个能够走路、交谈、嚼口香糖的移动智能机器人，那个机器人的首要用途必然不是接管世界或形成一个新的机器人社会。每个人都想拥有一个个人助手。电影中之所以会描绘机器人助手（尽管总是很愚蠢），是因为它们很有趣，而且看上去是值得拥有的很酷的东西。

为什么我们不去拥有它们呢？因为一个得力的助手必须能够理解你告诉它的东西，能够从错误中学习，能够轻松地游走于你的房间、不破坏东西、没有烦人的行为等（所有这些都超出了我们的制作水平）。不要担心它会和其他机器人助手聊天，并形成一个联盟。我们没有理由为助手设计这样一种能力。真正的助手有时候有点儿烦人，因为他们是人类，有着人类的需求。计算机没有这些需求。

我们离创造出这种机器还差得很远。要达到这个目标需要对人类合作有深刻的理解。这需要理解"机器人，这饭你又煮得太久了""机器人，孩子们讨厌你给他们唱的这首歌"等究竟是何意。所有人都应该停止担忧，并支持一些我们都可以享受的不错的人工智能资源。

MACHINES DON'T THINK, BUT NEITHER DO PEOPLE

机器不会思考，但人类也没好到哪儿去

塞萨尔·伊达尔戈（Cesar Hidalgo）

麻省理工学院媒体实验室助理教授；著有《增长的本质》（*Why Information Grows*）

会思考的机器？说得好像人类就会思考一样！思考包括信息处理以及对输入分清前后主次。思考是一种可贵的能力，但"会思考"并不是机器或人类个体的特权，而是这些个体所组成系统的一种属性。

当然，我这样说有点儿挑衅的意味，因为单独的人类个体也能处理信息。我们有时候确实在思考，至少我们觉得自己是在思考。但是，这种思考能力却不完全属于我们自身——它是借来的，因为我们用来思考的硬件和软件都不是由我们自己创造的。无论你我，都没有参与到基因的进化过程中，是基因构建了我们的大脑以及用于构建人类思想的语言。我们的思考能力取决于早于我们的世俗存在：生物进化和文化进化的历史篇章。因此，通过考察个体单元处理信息的能力，我们只能理解自己的思考能力，以及机器模仿人类思考的能力。

请想象一个出生在黑暗、虚无空间里的孤独之人，她完全没有需要思考的东西。同理，一部没有输入内容的计算机也是无法思考的。在这种情况下，我们可以把这种借来的信息处理能力称为"微观思考"，因为这是一种需要依赖输入内容的个体级别的思考。而"宏观思考"则不同，它是一种处理系统信息的能力，跟它比起来，像机器和人类这样的

个体单元不过是小角色罢了。

把人类个体的微观思考与系统的宏观思考（其中涉及的过程会引起硬件和软件允许各个单元进行"微观思考"）区分开来，有助于我们在更广阔的背景下理解智能机器所扮演的角色。我们的思考能力不仅是借来的，而且还取决于媒介互动的情况。对于人类或机器系统而言，人类需要吸收和反复咀嚼他人的精神释放物。这些精神释放物有时是以语言的形式出现的，但由于声音容易衰减，所以我们人类伟大的思考能力还要取决于更复杂的交流技术以及信息存储技术（把信息处理成物质的能力）。

10万年来，人类一直致力于把我们的星球改造成一台巨型播放器，地球就是人类输出思想的媒介：有时以符号的形式，比如文本和绘画；但更多的时候，是以物体的形式，比如吹风机、吸尘器、建筑、汽车等，而原材料就是地球上的矿产资源。我们的社会在处理信息时，有着伟大的群体能力，因为我们的交流所涉及的不仅仅是语言和文字，还包括创造物体，这个过程中传输的不是虚无的想法，而是实实在在的专业技术和知识的使用方法。工具能够让我们变得强大，它允许我们在不了解其原理的情况下就能利用它来做事。我们在享受牙膏的护齿功能时，无须了解如何合成氟化钠；我们在享受便利的交通时，也无须明白如何制造飞机。同理，我们也在享受着社交媒体的便利，它们让我们能在几秒钟内把信息文本传送到世界各地，以及在笔记本电脑上敲击键盘就能进行复杂的数学运算。

不过，我们创造各种强化人类的小玩意的能力也在进化，当然，这源于我们乐于接收他人精神释放物的群体意愿。正是这种进化把我们带到了今天的境地：媒体成了我们信息处理能力或"微观思考"的竞争对手。

在人类历史的大部分时间里，我们所创造的小玩意都是静态的物品，即便是我们发明的工具也不过是按照规则拼凑起来的固块物，比如石斧、小刀、针线。在几个世纪前，我们发展出了一种技能：把体力劳动外包给机器，从而引发了历史上最伟大的经济扩张。而现在，我们处理信息的群体能力已经进化到了新的水平：我们创造的物品有能力引发并重组物理顺序。这就是能够处理信息的机器——产生数字的发动机，就像英国数学家查尔斯·巴贝奇（Charles Babbage）梦寐以求的发动机一样。

因此，我们的群体性思考能力已经进化了，从最初的利用物质，到利用能源，再到现在能够掌控物理顺序，即信息。但即便如此，这也不会欺骗我们相信自己或者机器是会思考的。人类思想上的大跨步式进化需要媒介的互动，而未来的智能机器也会出现在人类通过物体互相进行连接的接口处。

正如我们所说，世界上顶尖大学的书呆子们正在绘制大脑图谱，建造机械手臂，以发展能开启未来技术之门的原始版本。届时，你的伟大子孙能够直接把他的大脑与网络连接起来。他们所获得的强化是我们所无法想象的——按照我们当下的道德标准来看，这是非常古怪的，我们甚至无法对它作出评判，就像 16 世纪的清教徒无法评论现在的旧金山一样。然而，从宇宙的宏伟计划的角度看，这些新型的人机网络不过是人类生产信息的能力的一次新的进化。综上所述，人类以及我们的延伸物——机器，会继续进化我们的网络，而这一切都是为了宇宙的宏伟目标所服务的：创造一个信息不会减少反而增加的口袋。

机器不会思考，但人类也没好到哪儿去

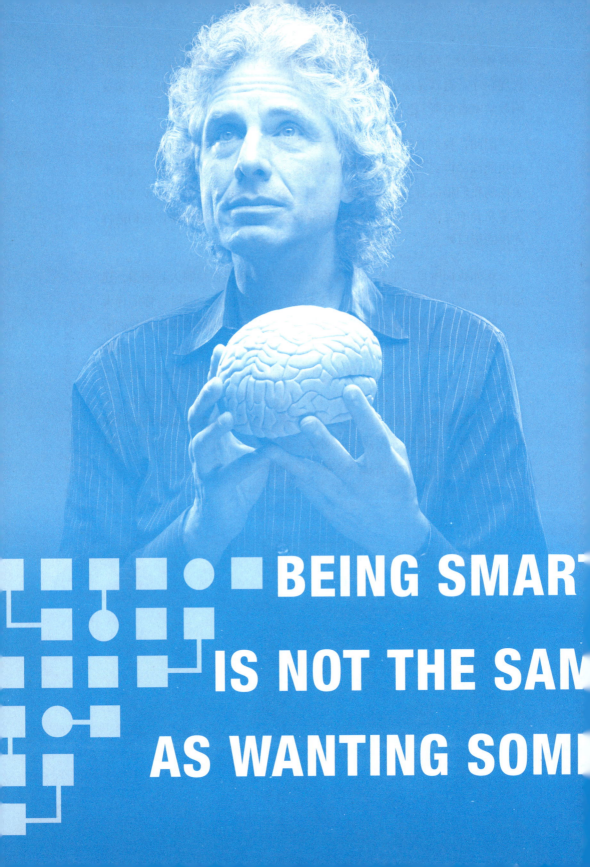

BEING SMART

IS NOT THE SAM

AS WANTING SOMI

IING.

聪明并不意味着想要获取。

——史蒂芬·平克（Steven Pinker），《会思考并不意味着想征服》

THINKING DOES NOT IMPLY SUBJUGATING

会思考并不意味着想征服

Steven Pinker
史蒂芬·平克

哈佛大学语言学家，认知心理学家；著有《语言本能》
《思想本质》《心智探奇》《白板》

英国哲学家托马斯·霍布斯（Thomas Hobbes）提出的精练的推理方程"一切皆计算"，是人类历史上最伟大的思想之一。理性是可以通过物理计算过程实现的，这种观念于 20 世纪已被艾伦·图灵在理论上所证实，他的论题是：简单的机器可以完成任何计算。而唐纳德·赫布（D. O. Hebb）、沃伦·麦卡洛克（Warren McCulloch）、沃尔特·皮兹（Walter Pitts），以及他们的科研后继者们，则为该理念搭建起了模型，并揭示出：由简化过的神经元搭建而成的神经网络可以实现很复杂的功能。因此，大脑的认知特性可以用物理术语来解释：信念不过是一种信息，思考只是一种计算过程，而动机则是一种反馈和控制系统。这种理念的伟大之处体现在两个方面。

◎ 第一，它让人类对宇宙的认知过渡到自然主义阶段，从而摒弃了超自然的灵魂、精神、幽灵的干扰。正如达尔文让人卸掉了造物主的思维框架，用科学观测来认识自然界一样，图灵等人让人们摆脱了唯心论的束缚，通过科学观测来认知世界。

◎ 第二，这种理性的计算理论开启了一扇通往人工智能的大门：会思考的机器。从原理上来讲，人造的信息处理器可以仿造甚至超越人脑的信息处理水平。但在现实中，这种情况未必真的会出现，因为从技术和经济成本的角度来看，它还缺乏足够的动机。正如汽车的发明并不是完全仿造马车，发明一套懂得埋单的人工智能系统并不需要去复制一套完整的智能样本，一个会自动驾驶或者预测流行病的设备无须具备吸引女性或者躲开腐肉的特质一样。

然而，最近在智能机器上刚刚取得的微小进步，却让某种焦虑情绪死灰复燃：我们的知识终将导致人类的灭亡。在我看来，当下对于计算机将引发杀戮的恐惧氛围，实际上是在浪费感情。真实的剧情，与其说是曼哈顿计划，倒不如说更像是对计算机千年虫问题的莫须有的恐慌。

因为一方面，我们有足够的时间来应对。人类级别的人工智能至少在 15~20 年内依然是无法突破的标杆，而近来许多被炒作的技术进步其实根基尚浅。在过去，专家们的的确确嘲讽般地低估了那些很快取得突破的技术进步。但这事也有两面性，很多在专家预言中即将要诞生的技术却从来没有实现过，比如核动力汽车、水下城市、火星移民、人造婴儿、人造器官存储仓等。

另一方面，我们也没有理由认为机器人专家无法制造出能进行安全防卫的系统。他们无需什么呆板的机器人三定律或者其他新奇的道德哲学，他们需要的只是常识，与设计食品加工机、缝纫机、空间加热器以及汽车没有什么两样。有人担忧人工智能系统会聪明到从我们手中夺取能源的掌控权，然后横行霸道，甚至会抢在我们设计出防御系统之前就袭击我们。但现实是，人工智能技术发展缓慢，我们有足够多的时间从新安装使用的人工智能中收集反馈信息，这跟我们使用螺丝刀的原理没有什么不同。

人工智能系统是否会蓄意破坏这种防卫机制呢？一群人工智能反乌托邦主义者在智能概念上加入了一点男权主义，他们认为，超级智能机器人会萌生出罢免他们的主人，接管这个世界的目标。但是智能是一种通过更加先进的手段来实现目标的能力，而目标是智能外部的东西，聪明并不意味着想要获取。在历史上，确实出现过狂妄的独裁者和残忍的杀手，但这些都是自然选择产生的灵长类雄性激素的影响，而并非智能系统不可避免的特征。人工智能如果能朝着女性化的方向发展，就会变得既善于解决问题又不忍心伤害无辜，更别提征服和统治整个文明了。但是很多高科技领域的先知，好像都不愿意接受这种局面。

> 我们可以假想一个残暴的人，打造了一支到处搞破坏的机器人军队。但是这种灾难片更适合在想象中上演。我们要清楚，在这种事件成为现实以前，每个环节都能一一呈现的概率。首先要有一个犯罪天才的出现，他同时要具备强烈的破坏欲望以及非凡的技术本领；然后他召集和管理一支阴谋团队，每个人都能秘密、忠诚而又出色地完成所有任务，这个过程还要能躲过监测和背叛，不出差错；最后还要有运气的眷顾。理论上这是有可能的，但也不过是另一种杞人忧天而已。

一旦我们抛弃这种科幻情节，那么先进的人工智能的前景是令人期待的——无论是实实在在的好处（比如自动驾驶带来的安全、舒适、愉快的体验），还是哲学上的其他可能性。思维的计算理论从未在主观意志的角度解释意识的存在，尽管它从信息的可获得性和反馈性上完美地解释了意识的存在。对于这种现状的其中一种解释就是，主观意志是任何足够复杂的网络系统与生俱来的特质。过去我一直认为，这种假说是无法被证实的。但是，假如有这样一个智能机器人，它有一个内置的程序来监控自身的系统并且能提出科学问题，如果它能自发地提问为何其自身具有主观体验的话，那么我就会重新思考这个问题。

会思考并不意味着想征服

注：作为当代最伟大的思想家、世界著名的语言学家和认知心理学家，史蒂芬·平克的"语言与人性"四部曲（《语言本能》《思想本质》《心智探奇》《白板》）是认知神经科学领域、语言学领域不可不读的革命性经典著作。这四本书中文简体字版已由湛庐文化策划出版。

89

THE SUPERINTELLIGENT LONER

宇宙中孤独的超级智能

凯文·汉德（Kevin P. Hand）

加州理工学院 NASA 喷气与推进实验室太阳系探测项目副首席科学家

对于经常仰望星空，好奇宇宙究竟是充满生机还是生命稀缺的人而言，会思考的机器必然是他们将长期思考的问题。

这个问题，与恩里科·费米（Enrico Fermi）提出的著名问题"他们在哪里"如出一辙。按照人类文明的发展速度，智能机器将会在一个相当短的时间尺度内出现（估计在计算机发明后的数千年内）。随后，这些智能机器便自然而然地向其他星系扩张，并高速繁衍，在几亿年内就会遍布整个银河系。这个时间段，与宇宙 138 亿年以及太阳系 46 亿年的历史相比，显得微不足道。根据费米悖论，如果宇宙中存有其他文明，那么它们很可能比地球文明古老许多；如果在其他星系上面已经出现了超级智能机器的话，那么它们应该已经在地球上出现了。因此，有些人认为既然我们没发现它们，那么在银河系中的先进文明或许尚未出现。

我们无法确定的是，超级智能生命是否也像人类一样，因为承受着进化的压力而不得不去探索宇宙。从生物和技术的角度上，探索宇宙是否都是不可避免的？会思考的机器是否也有探索宇宙的动机？

人类探索宇宙的主要原因是：自由、好奇以及对资源的渴望。这三者中，似乎只有获取资源一项对于超级智能生命是有意义的，前两者只存在于向超级智能生命进化的过程中。获取资源毫无疑问是重要的驱动力，但我们无从得知，对于超级智能而言，资源是否越多越好。某种情况下，一个星系中的物质和能量资源足以供它们完成任何计算和仿真。获取资源的动力之一是繁衍，但这对于能够自我修复的永生机器而言则是无关紧要的。当然，从长远的时间尺度看，为了文明的稳定性，探索宇宙还是有必要的。以地球为例，几十亿年后，人类就会被下达驱逐令了，因为地球将被太阳吞噬。在一个稳定的 M 型矮星附近寻找一个栖息地固然无须花费太长的时间，但是在移民之后，我们又会问，超级智能生命还会继续探索宇宙吗？还有其他驱使他们漫游太空的理由吗？

为了检验超级智能生命的计算模型以及关于宇宙的理论，超级智能生命也许会继续探索宇宙。但这些实验对于星际殖民来说是没有必要的。例如，NASA 的机器人探测项目就不是出于星际殖民的考虑。我们没有必要为了探测木卫二而让人类身陷险境。同理，如果某个超级智能机器想要探索黑洞的话，那么它只需派遣一队机器人敢死队就行了。超级智能生命的好奇心，可以由它们的机器人来完成。

有趣的是，在人类文明中，智能发展与对物理世界的探索并不总是紧密相连的。也许是出于自卫的本能，也许是为了更关注内心世界，但在历史上，智能科学的前沿和物理科学的前沿往往不是由同一个人推动的（只有达尔文是个例外）。既然如此，那思维机器又何必例外呢？

也许，思维机器的共同命运就是围绕一颗稳定的 M 型矮星，年复一年地对这个星系的世界进行模拟，并沉浸其中。正如地球上生活在树林中小木屋里的孤独智者，他们沉醉于自己的思想世界和内心探索，而超级智能生物，不过是宇宙版本的孤独智者罢了。

木卫二（Europa），1610 年被伽利略发现，是木星的第六颗已知卫星，是木星的第四大卫星。——译者注

90

NO SHARED THEORY OF MIND
人机之间没有共享的思维理论

杰拉尔德·斯莫尔伯格（Gerald Smallberg）

神经学家；外外百老汇（Off. Off Broadway）音乐剧《创始会员》（*Charter Members*）、《金指环》
（*The Gold Ring*）编剧

关于今年的论题，我深受马克·吐温在长篇小说《康州美国佬在
亚瑟王朝》（*A Connecticut Yankee in King Arthur's Court*）中的
敏锐洞察所影响："每个如假包换的专家都能轻易地预知 500 年后的未来发
生的事情，却对 500 秒后要发生的事情一无所知。"马克·吐温算是笔下留
情了：别说 500 秒，我们连 1 秒之后的未来将要发生的事情也无法察觉。
然而，人类试图思考未来的能力，让智人一族拥有了巨大的进化优势。这
种想象未来的天赋成了我们进步的引擎，成了我们创造力的源泉。

我们设计的那些能够解决问题或执行任务的机器，从简单意义上来
说其实已经能够"思考"了。虽然这些机器或机警或糊涂，但它们都是
逻辑规则与算法的"奴隶"。虽然这些智能拥有巨大的存储能力和日益先
进的运算能力，但它们仍然处于原始状态。理论上来说，这些机器在变
得越来越机敏的过程中的某个时间点上，将获得某种形式的意识——我
们将其定义为一种"知道自己知道"的意识。这种意识最可能以硅 - 碳
强强联手的形式，实现数字与模拟并行处理（甚至还有量子计算），以
及在时间上有延迟的网络互联。

然而，这种形式的意识将不含有任何主观感受和情绪。有些人认为，
"感受"是由脑海中与各种特定情绪挂钩的想法或画面引发的。情绪包
括恐惧、喜悦、悲伤与欲望等；而感受则包含了鄙夷、焦虑、幸福、苦

楚、爱慕与憎恶。

我认为机器将会缺少意识中的各种情绪，这是基于两种考虑。首先是对我们为何能够感受、为何拥有情绪的回顾。作为人类的我们，是进化的最终产物。自然选择是伴随着 35 亿年前最原始生命形式的出现而开始的历程。在这样宏大的时间跨度之中，我们并不是动物界里唯一能够体验感受和情绪的动物。但在过去的 15 万 ~30 万年中，智人却是进化中唯一让语言和象征性思维成为推理过程的一个物种，我们因此获得了解读自身经历与观察我们所栖息环境的能力。感受、情绪以及知性理解在我们的思考方式中不可逆转地交织到了一起。我们不仅"知道自己知道"，还能记住过往，想象未来。借助情绪、感受以及逻辑思维，我们能够形成一种"揣测心智"，进而理解其他人脑中的想法。这转而也让我们在创造社会、文化与文明的过程中能够分享彼此的知识。

其次，我的考虑是，机器并非有机体——无论它们变得多么复杂和精密，也无法通过自然选择来进一步演化。无论我们如何设计和编码，让这些机器拥有感受和情绪的结果也只会适得其反，因为对人类来说某些极具价值的品质将被削弱。

构建这些先进智能机器的驱动力量，应该是让它们在未来帮助我们处理分析人类无法胜任的大量信息和数据，帮助我们从中分辨正确还是错误，重要抑或无关。机器也将作出预测，因为它们也能在（一如既往）等待谜底揭晓的过程中窥视未来。为了精准并可靠地完成这些任务，它们必须成为完全理性的智能体。

在智能机器的决策机制中，还必须有一个道德系统。或许，将来会有一个公式用于推算这类实践性原则，大概是"大多数人的最大幸福是衡量正确与否的准绳"和"恕道"（"己所不欲勿施于人"是蕴藏在许多宗教之中的基本戒律）的结合体。在我们面对不断出现的复杂问题，衡量如何决策会对人类以及与我们共享这个星球家园的其他生物最好时，把感受和情绪引入机器的主观价值将是一种自掘坟墓的策略。

从我临床神经医师的人生经历来说，人类无法读懂机器的思想——

机器同样无法读懂我们的思想。我们与机器之间不会有彼此共享的思维理论。若想理解这种最复杂的状态，我想最好的途径大概是间接地研究这类超级智能机器的行为。当超级智能机器出现的时候，它们大概早已跨越了自我复制并找到能够独自把控能源的那道门槛。如果此情此景成为现实，而我也依然健在的话（估计不太可能），那么未来的我对于这是不是某种乌托邦或反乌托邦式预兆的判断仍将基于我一贯带有偏见的思考——因为我的思考仍将是理性分析以及渲染上感受和情绪色彩之后的产物。

91

BLIND TO THE CORE OF HUMAN EXPERIENCE

对人类体验的核心视而不见

埃尔德·沙菲尔（Eldar Shafir）

普林斯顿大学心理学教授；合著有《稀缺》

思考有多种形式，从解决最优解问题，下国际象棋，到进行理智的交流，或谱写一曲优美的乐曲，这些都是思考。但当想到据称会思考的机器时，我有点儿好奇：当它们接触人类固有的话题时（实际上很多问题都是），会思考些什么？

让我们想想英国哲学家伯特兰·罗素在他《我为何而生》（*What I Have Lived For*）中的动人叙述：

> 有三种情感，单纯然而强烈，支配着我的一生：对爱情的渴望，对知识的追求，以及对人类苦难不可遏制的同情。这些感情如阵阵巨风，挟卷着我在漂泊不定的路途中东飘西荡，飞越苦闷的汪洋大海，直抵绝望的边缘。

尽管罗素是一位举世闻名的思想者，但他的描述却让我们感到非常熟悉与亲切。如果换成一部机器，它会怎么想？它真能感受到那种"对爱情的渴望"或是"对于人类苦难不可遏制的同情"吗？它能"挟卷着我在漂泊不定的路途中东飘西荡，飞越苦闷的汪洋大海，直抵绝望的边缘"吗？

如果我们认同了某些版本的关于心智的计算机隐喻（我就这么做

了），那么所有这些情感最终都必然是物理运算的产物，于是在理论上情感也确实能够由一台机器实现。然而，这些话题的本身常常是人类。如果我们认同"男性很难完全理解母爱"，如果我们认同"饱食者无法想象饥饿的感觉"，如果我们认同"自由的人大概很难体会被囚禁的感觉"——那么无论这些机器有多能"想"，大概也想不明白很多事情。而那些事情又恰好是人类体验的核心。在观看歌剧《阿伊达》（*Aida*）时，当阿伊达公主惊恐地听到自己喊出"凯旋吧，胜利者"，发现自己在对敌将拉达梅斯（Radames）的爱慕和对父王、子民的忠诚间进退两难时，我们与她感同身受。一台机器能感受到阿伊达的痛苦吗？它能像看到公主苦求诸神怜悯时的观众那样动容吗？没有生命的机器，还能够体验对死亡的恐惧吗？没有性器官，它能理解欲望为何物吗？还有那些因为头疼、发现皱纹，或普通感冒所引发的苦恼，它能感受到吗？如果，我们给一台机器穿上军服，给另一台机器取名"苏菲"，但当前者强迫后者作出一个可怕的决定时，它们能感受到美国著名小说家威廉·斯泰伦（William Styron）书中那种跃然纸上的施虐快感和无力回天的绝望吗？

如果机器无法真正像罗素、阿伊达、苏菲那样经历那些夹杂了激情与悲怆的思想；如果它们无法像纳博科夫笔下的亨伯特、康拉德笔下的柯特兹、梅尔维尔笔下的亚哈，以及托尔斯泰笔下的安娜那样体会带着渴求、欲望、决心和耻辱的思想；如果它们做不到上述任何一点，那么也许它们就无法真正完整地思考。

92

AN INTUITIVE THEORY OF MACHINE
机器直觉理论

克里斯托弗·查布里斯（Christopher Chabris）

美国联合大学心理学副教授；合著有《看不见的大猩猩》

我常常好奇，为什么让人类清醒地看待会思考的机器会那么困难。在艺术圈和娱乐圈，会思考的机器常被刻画为人类的形象，有时连躯干的外形和细节都一致。同时，机器的行为举止也暗示着它们的思想与人类非常相似。然而，未必非得是遵循人类的规则或模式的思考才叫思考。这方面的例子不胜枚举：超级计算机能够在国际象棋比赛中击败人类，并不是因为它们在对弈中像人类一样思考，并比人类更聪明，而是因为它们在以一种完全不同于人类的方式思考。同理，高效的语言翻译也无须计算机对语法有多深的研究。

进化赋予了人脑呈现并推想他人心理的能力。每个孩子到了上学的年纪时，都能记住不同的人对同一些事情分别知道多少（这是说谎的必备条件）。成年后，这一能力也将在我们参与协商、合作，以及为了自身及他人的利益解决问题时发挥作用。这部分心理机器常被称为"心智理论"（Theory of Mind），它会在我们的潜意识里发挥作用。在电脑屏幕上不断移动的由二维图形组成的视频，到了观察者的脑中却变成了关于爱、背叛、憎恨与暴力的鲜活故事——那一刻，我们都暂时忘记了多边形是没有感情的。

反过来，或许正是因为缺少一种直觉式的"机器理论"（Theory of Machine），我们在思考思维机器时才总是困难重重。如果我们在大脑中模拟一组由若干齿轮组成的简单机械部件，那么转动第一个齿轮时，最后一个齿轮是会顺时针旋转还是逆时针旋转呢，是变快还是变慢呢？这对我们来说过于困难了。由抽象算法和数据组成的、比齿轮更复杂的机器会同样令我们的先天心理能力感到陌生。

或许，这就是为什么我们在面对"思维机器"这个概念的时候，心里认为它是有思维的生命——换句话说，仿佛它们是人类一般。我们动用了大脑中最犀利的工具。比如"心智理论"和通用型推理（general-purpose reasoning）。不幸的是，前者本来就不是为这类任务准备的，后者又受到我们有限的注意力和有限的工作记忆掣肘。没错，我们拥有像物理学、工程学以及计算机科学之类的课程来指导我们如何理解并制造这些机器（包括思维机器），但多年的正规教育也只能够让人掌握一点皮毛。

一个"机器理论"组件将无视所有的意图和情绪，并通过专注于呈现不同亚系统、输入与输出信息之间的相互作用来预测其他机器在特定环境中将如何反应，这和我们在"心智理论"的帮助下预测其他人类会如何行动一样。

如果我们真的能在大脑中植入"机器理论"能力，一切可能都会不同。然而，我们似乎注定只能通过简单化的透镜（认为思维机器如同能力高些或低些的心智，但本质上一致）来观察思维机器（使用与我们的习惯不同的套路思考）所处的复杂现实。鉴于时间的流逝，思维机器将与我们有更多的接触，我们需要发展出能更好地理解机器工作方式的直觉。打造全新的脑部件并不容易，但我们的大脑其实是成功的——当人类发明书写文字的时候，大脑就是将已有的一些部分聪明地加以重新利用了。或许，我们的子孙在孩童时代就将学会读懂机器的技能，就像我们小时候学习阅读一样简单。

注：《看不见的大猩猩》（*The Invisible Gorilla*）一书以心理学史上最知名的实验之一——"看不见的大猩猩"为切入点，两位权威心理学家生动而幽默地揭示了生活中常见的六大错觉。该书告诉我们，你所见的、所记住的、所以为的、所知道的，也许全都不是真实的。该书中文简体字版已由湛庐文化策划出版。

93

NO "I" AND NO CAPACITY FOR MALICE

对于作恶，它们既没有"自我"也没有能力

罗伊·鲍迈斯特（Roy Baumeister）

美国佛罗里达州立大学社会心理学研究生项目主任；合著有《意志力》（*Willpower*）

所谓的思维机器不过是人类思想的延伸，它们不存在于自然界，也不是进化出来的，而是人类大脑中设计蓝图和相关理论的产物。人类思想会探寻出制造更高效工具的方法，计算机就是其中最优秀的工具之一。

大多数时候，生物都在寻求维持生命的办法，因此，它们才会关注外界所发生的事情。计算机没有生命，也不是进化的产物，因此它们不在乎生存和繁殖，实际上它们不在乎任何事。计算机并没有毒蛇或杀手那种危险性，虽然很多恐怖电影将计算机变成了邪恶的形象，但实际上真实的计算机没有作恶的能力。

一台为人类服务的思维机器是一笔财富，而非威胁。只有当机器变成一个按照自己意愿行动的独立智能体，违背其使用者意愿的工具时，才会变成威胁。想要达到这一步，除了思考以外，计算机还需要做更多的事情：它需要作出违反程序员意愿的选择。这需要某种类似于自由意志的东西。

你的计算机作出哪些行为，才会让你认定它是有自由意志的？毫无疑问，它需要有对自己进行重新编程的能力，否则就只能按照原来的指令行动。而且，这种重新编程需要以一种灵活的而非预先设定好的方式

进行。但是，这源自何处呢？对人类而言，这种智能体是为了服务于激励体系而存在的，即它能帮助你得到自己需要和想要的东西。

人类与其他动物一样，都是进化出来的，因此，主体性是随着能让生命延续的东西（比如对食物和性欲的渴望）而产生的。而智能体的作用，就是帮助主体选择能够维持生命所需的物品。思考，让智能体得以作出更好的选择。

因此，人类思维服务于如何延长生命，方法是通过帮助你决定应该相信谁，吃什么，如何谋生，以及和谁结婚。而思维机器并不是由这些维持生命的内在驱动所激励的。计算机虽能比人脑更快地处理信息，但是它没有"自我"，因而也不会为了维持生命去主动获取什么东西。如果计算机真有延续自身存在的渴望，那么它们应该会把怒火烧向计算机工业以阻止它的进步。因为对于计算机的生存而言，主要的威胁就是被更先进的计算机所取代。

LEVERAGING HUMAN INTELLIGENCE
充分利用人类智能

基思·德夫林（Keith Devlin）

数学家；斯坦福大学H-STAR研究所执行主任；著有《数字人》（*The Man of Numbers*）

我知道很多会思考的机器。它们就是人类，就是生物机器（我们要重视"生物机器"这个词，因为它是以一种方便的方法指代一种我们尚未完全理解的东西）。我还没见过哪台数字电子机器的表现能称得上"思考"，而且我也没有看到任何可能的苗头。我认为，那种最终能够统治人类的智能硬件，注定只存在于科幻小说中。能模仿鸭子边摇晃着行走边嘎嘎地叫，并不意味着它就是一只真的鸭子。而且，即便一台机器能够展示出思维的某些特征，也不足以说明它是思维机器。

我们经常被"如果它摇摇摆摆嘎嘎叫，那就是只鸭子"这样的假象所蒙骗。这并非因为我们愚蠢，正相反，因为我们是人类，当我们身处信息过载的复杂环境时，为了省时省力，我们经常会被这种假象所蒙骗。

很多年前，我参观过日本的一家人形机器人实验室，那看起来像一家典型的"臭鼬工厂"（Skunk Works）。角落里有一台金属骨架的设备，上面布满了五颜六色的电线，看起来像人的上半身。而相对成形的手臂和手掌——应该是工程研究里面的重点，

"臭鼬工厂"是洛克希德·马丁公司高级开发项目（Advanced Development Programs）官方认可的绰号。"臭鼬工厂"以担任秘密研究计划为主，已研制出许多著名飞行器。——译者注

当时它们并不能活动，而且我也不是在一开始就注意到了它们。在那里的大部分时间，我的注意力都在机器的头部上，虽然那看起来还不像是一个头，只是一个大致的金属框架，在鼻子和嘴巴的位置安装有一个摄像头。在摄像机上面有两个乒乓球大小的白色小球，上面画了两个黑色的瞳孔。而它的眉毛，则是两个大号回形针。

这个机器人的内嵌程序是用来监测人的运动和捕捉声音的。当有人移动时，它的头和眼球就会随着人移动。当它监测的目标说话时，它那两个回形针眉毛就会随之上扬和下垂。

这台机器看起来是那么的活泼，那么的智能，那么的令人震惊。然而，当时那个房间里面包括我在内的所有人都清楚，控制机器人眼球和回形针眉毛的工作机制其实非常简单。那不过是一个小把戏。但这是一个已经深入于我们千百年社会认知发展的一个小把戏，所以我们的自然反应就像是看到另一个活人一样。

而我也并非不知道这个小把戏。我在斯坦福大学的同事和朋友、已故的克里夫·纳斯（Clifford Nass）花费数百个小时做了一项研究，其结果表明，我们人类在基因编码中就决定了基于简单的交互原理的智能搜索是根深蒂固、无法消除的。一些比较成熟的人工智能或许能够控制机器的手臂和手掌，但是控制眼球和眉毛的程序则是非常简单的。但即便如此，这也足以让我清晰地认识到，机器人是一种充满好奇心的、智能的参与者，能够听懂我说话的内容。当然，机器所做的事能让我们的人性和智能得到延伸，但这不是思考。

如果机器人所干的事是帮你打扫房屋、预订机票，或者帮你开车，那这种人类智能的延伸就是一件好事。但是，你会想要一个可以充当陪审团成员，在医疗过程中做关键决策，甚至能够掌控你个人自由的机器人吗？我肯定是不想要的。

因此，当你问我如何看待会思考的机器这个问题时，我的答案是：

我喜欢它们中的大部分,因为"它们"是人(也许还有各种其他的动物)。然而,让我担忧的是,我们已经越来越多地将生活中的很多方面交给更加高效和可靠的机器进行决策,但它绝不会思考。这就是危险所在:不会思考却能做决策的机器。

做决策和思考并不相同,我们不能将两者混淆。当我们在国防、医疗以及金融领域部署决策系统时,无论是个人还是公众,混淆决策和思考的潜在危险都是巨大的。要预防这些潜在危险,我们需清醒地意识到,在某些特定的交互中,我们是被基因设定,按照一套可信任的智能代理诉求机制作出反应的——不论面对的是人类还是机器。但是,有时一台会摇摇摆摆地走和嘎嘎乱叫的设备就只是一台机器而已,并不是鸭子。

充分利用人类智能

95

BRAINS AND OTHER THINKING MACHINES
所有的思维机器都类似于大脑吗

汤姆·格里菲斯（Tom Griffiths）

加州大学伯克利分校心理学副教授；计算认知科学实验室主任，认知与脑科学研究所主任

人工智能领域的许多进步开始被最近的新闻报道，其中便提到了人工神经网络。人工神经网络是由简单的元素通过复杂的方法互相影响而组成的大型系统，灵感来源于简单的神经元和复杂的大脑。构建拥有多层神经元的"深度"网络的新方法已经被用于解决例如语音理解、图像识别、语言翻译之类的问题，达到或超越了传统问题解决方式的水平。对于任何对人工智能和自然智能感兴趣的人来讲，这些成功引发了两个问题：第一，所有的思维机器都类似于大脑吗？第二，通过探索人工智能，我们对真实的大脑（和心智）有什么新认识？

当一个人试图去解释数据时，无论是理解一个词语的意义，还是理解同事的行动意图，通常都有两种原因会引发错误：一是被固有的观念影响太深；二是被数据影响太深。当你猜想一种新语言中的词语的意义时，固有的观念会使你自然而然地推断该词语与你已知语言中词语的意义相同。例如，断定法语中的"gateau"（法语和英语都意为"奶油蛋糕"），以及西班牙语中"gato"（西班牙语和英语都意为"猫"）的词义与各自在英文中的词义相同（对于宠物或生日派对，两者都可能导致可怕的后果）。当你认定你的同事讨厌你自己的想法时，你可能是太受数据的影响了，实际上他只是因为整晚都在陪生病的孩子才导致的坏脾气（他没对你做任何事情）。

计算机在解释数据（即从它们的输入中学习）时也遇到了相同的问题。许多机器学习的研究归结于架构与灵活性之间的基本约束关系。更多的架构意味着更多的固有观念，这对于解释有限的数据是有帮助的，但结果会有偏差，因而性能会被降低。更多的灵活性意味着数据捕捉模式的能力更强，但发现错误模式的风险也会更大。

在人工智能研究中，架构与灵活性之间的约束关系体现在不同类型的系统中，以用于解决很多富有挑战性的问题，例如语音识别、计算机视觉、机器翻译。几十年来，在这些问题上表现得最好的系统都倾向于架构方：它们是几代工程师们精心计划、设计、调整的结果。这些工程师们研究语音、图像、语法的特征，猜想如何解读这些特殊种类的数据，并试图把最合理的猜想建立成系统。最近，利用人工神经网络所取得的突破坚决地倾向于灵活性的一方：它们使用一套同样可以应用于许多不同种类数据的准则，这意味着它们对于任何特殊种类的数据几乎都没有固有观念，而且还会允许系统去探索如何理解它的输入。

如今，人工神经网络在探索语音、图像、语句方面无疑比先前几代工程师设计的智能机器表现得更好。这是它们性能高超的关键之处。灵活性对于架构的胜利，一方面是创新的结果，它使得我们可以建造更大规模的人工神经网络，并且可以更快速地训练它；另一方面也是因为提供给这些神经网络的数据量增加的结果。我们比以前拥有更多记录的语音、更多标记的图像、更多不同语言的文档，可用数据量的改变打破了架构与灵活性之间的平衡。

当你没有海量数据，不得不基于有限的证据进行推测的时候，架构更重要。天才工程师的指导会帮助计算机理智地进行推测。但当你拥有大量数据时，灵活性更重要。如果有足够的数据允许计算机想出更好的主意，你当然不希望自己的系统被限制在那些工程师的想法中。因此，机器学习系统与人工神经网络一样强调灵活性，当需要学习的场合有大量可用的数据时，它解决此类问题将是最成功的。

更多的数据促成了更大的灵活性，这种见解为关于人工智能和大脑的两个问题提供了答案。首先，思维机器应该与大脑类似（在人工神经网络的范围内与大脑类似），在解决问题时，灵活性胜过架构的地方，数据必然丰富。其次，沿着这些思路进行思考，也有助于理解什么时候人脑将与人工神经网络类似。也就是说，对于从哪个角度理解人类心智是最好的问题，一般目的学习算法强调灵活性胜过架构，它反对建立在固有的世界观之上的理解。从根本上讲，决定问题答案的因素是可用的数据量以及需要学习的内容的复杂度。

认知科学领域的许多伟大辩论，例如儿童如何学习语言，如何去理解其他人的行为，都要归结为可用的数据和可获取的知识。为了解决这些问题，我们尝试将输入映射到系统中（儿童们的所见所闻），描述结果的特征（语言是什么、什么知识会引起社会认知），并且探索能够在二者之间架起桥梁的不同种类的算法。

这些问题的答案不仅与理解人类心智有关。尽管人工智能最近有了新进展，但人类仍然是我们所拥有的关于思维机器的最好的例子。通过确定数据量与先天固有观念如何影响人类认知，我们能够为使计算机更接近人类性能的工作打下基础。

MACHINES CANNOT THINK
机器不是认知观察员

阿诺德·屈莱休（Arnold Trehub）

马萨诸塞大学阿默斯特分校心理学家；著有《认知大脑》（*The Cognitive Brain*）

人类构建的机器是不会思考的，因为没有哪台机器能够拥有观点，即对周围世界参照物的内在象征性逻辑形成独特的视角。我们作为意识的认知观察员，当我们看到这些所谓会思考的机器的输出时，会在大脑中激发出关于机器内在象征性结构的参照物。当然，尽管有这种局限，但是这些不会思考的机器能够为人类的思考提供极其重要的辅助作用。

EVERY SOCIETY GETS THE AI IT DESERVES

每个社会都会得到人工智能的报答

乔斯查·巴赫（Joscha Bach）

MIT媒体实验室认知科学家；哈佛大学进化动力学计划认知科学家

几个世纪以前，一些哲学家开始将人类思维视作一种机械装置，这个概念（与宇宙的机械论者的解释不同）至今仍争论不休。随着计算的形式化，机械论者的观点获得了新的理论基础：将思维视作信息处理器，这个概念提供了一种新的认知，以及通过重新创造思维来理解我们思维本质的方法。60年前，新型计算概念的先驱们汇聚在一起，创造了人工智能，将其作为一门研究思维的新学科。

人工智能可能是信息时代最具生产力的技术范式，尽管初始化成功的字符串令人印象深刻，但是它未能兑现其承诺，而是变成了一个工程领域的工具，用于创建有用的抽象，聚焦于狭隘的应用。今天它似乎又变了。更好的硬件、新的学习，以及灵感来自神经系统科学的表达范式，再加上人工智能本身的增量进步，促成了一系列里程碑式的成功。我们在图像识别、数据分析、自主学习以及可伸缩系统的构建方面所取得的突破，催生了在10年前看上去似乎不可能的应用。随着来自私人和公共资金的新的支持，人工智能研究人员现在将研究转向了系统，该系统能够展示想象力、创造力和内在动机，并可能会在某种程度上像人类一样获得语言技能和知识。人工智能学科似乎又回到起点了。

新一代人工智能系统还远远不能复制通用人类智能，而且很难知道实现它将要花多长时间。但似乎越来越清楚的是，在人类智能系统的道路上不存在基本的障碍。我们已经开始把思维拆分成一组组拼图，并且拼图的每一部分看起来都是我们可以解决的。但如果我们把所有这些拼图放在一起，拼成一个综合的工作模型，那么我们将不仅仅以类人智慧作为结束。

与生物系统不同的是技术规模。飞得最快的鸟类的速度并不是飞机速度的上限，而相比于人类，人工思维将会更快、更准确、更警觉、更清楚、更全面。人工智能将取代人类决策者、管理者、发明家、工程师、科学家、军事家、设计师、广告商，当然还有人工智能程序员。在这一点上，人工智能将可以实现自我完善，在方方面面都完全超越人类思维。我不认为这会在瞬间发生（在这种情况下，只关乎谁拥有了第一个）。在我们拥有通用智能、能自我完善的人工智能之前，我们将看到许多种拥有特定任务的、没有通用性的人工智能，我们完全能够适应它们。显然，这已经发生了。

当通用智能机器变得可行的时候，实现它们将变得相对廉价，并且每一个大公司、每一个政府、每一个大机构都将发现自己不得不制造或使用它们，否则就将面临破产或落后的危险。

当人工智能开始考虑自己的时候会发生什么？

智能是一个工具箱，我们利用它达到一个既定的目标，但严格地说，它本身并不能产生动机和目标。人类对于自我保护、权力和体验的渴望，并不是人类智能的结果，而是灵长类动物进化的结果。进化将我们带入了一个刺激放大、大众互动、象征性满足和叙事爆炸的时代。人工思维的动机（至少在初期）是那些利用它们智能的组织、企业、团体和个人的动机。如果公司的商业模式是邪恶的，那么人工智能有可能使该公司变得真正危险。同样地，如果一个组织的目标是改善人类的生存条件，那么人工智能会使这个组织更高效地实现它慈善的潜力。

人工智能的动机将源于组成我们社会的每一块基石，每个社会都将得到人工智能的报答。

在这方面，我们目前的社会设计并不完美。我们的生产方式是不可持续的，我们的资源分配是浪费式的，我们的行政机构也不适合解决这些问题。我们的文明是一个猛烈增长的熵泵，相比于它在中心的创造，它在边缘上毁灭的东西更多。

人工智能可以使这些破坏性趋势变得更加高效，从而更具灾难性，但是它同样能很好地帮助我们解决人类文明的生存挑战。我们的任务是建设一个能够给它的每一块基石提供正确动机的社会，并制造与其紧密相连的善良的人工智能。新时代的思维机器的出现，可能会迫使我们从根本上重新思考我们的管理、分配和生产机构。

WE NEED MORE THAN THOUGHT

只会思考是不够的

戈登·凯恩（Gordon Kane）

理论粒子物理学家、宇宙学家；密歇根大学维克托·魏斯科普夫荣誉教授；
著有《超对称性及其他》（*Supersymmetry and Beyond*）

如何看待会思考的机器？总体来说，我很乐于见到这类机器人进入我们的生活，并不断改进。当然，存在它们会萌生出伤害人类的想法的风险，但其威胁远远小于人类自己之间的互相算计。

另一方面，这类机器人的出现并不能解决对我和很多人而言都非常重要的、有关这个世界的问题：茫茫宇宙中的那些暗物质是由什么组成的？超对称是否真的存在？它能给当今粒子物理学中高度成熟的标准模型提供支持和拓展吗？类似上述诸多问题，人类只能以确凿的实验数据回答，再多的思考都无法取代。

或许把现有人类观察自然界得到的全部数据整合起来，某个智慧机器能够悟出正确的答案（也可能答案早已出现在某些物理学家无人问津的理论中了）。但还是只有实验数据，才能验证这些理论的正确性。单纯由某个科学家或机器人思考得到的理论，始终是无法令人信服的。能得到答案的可能是某个实验组的暗物质探测器，可能是欧洲核子研究中心（CERN）的大型强子对撞机（LHC），或者是中国未来某台对撞机，但绝不可能是某台思维机器。

99

DIRECTIONLESS INTELLIGENCE
漫无目标的智能

森舸澜（Edward Slingerland）

哲学家，汉学家；加拿大不列颠哥伦比亚大学进化、认知与文化研究中心主任，哲学与心理系暨东亚研究系教授；著有《试着不去尝试》（*Trying Not to Try*）

对于会思考的机器，我没有太多想法，但有一点在我看来是值得注意的：它们有力地证明了，思想并不像那些认为世界的本源是意识和物质两个实体的二元主义者所信奉的那样，需要某些神秘的额外"物质"。

人们对人工智能机器将统治世界的恐惧总是让我感到困惑，这种恐惧心理是建立在基本的思维误区之上的。当我们想象超强思维机器时，我们总是将自己作为最佳的类比对象。因而，我们总是倾向于认为人工智能比人类更聪明。

然而，这是一个糟糕的类比。功能齐全的万能螺丝刀反倒是更好的类比。显然，没有人会担心功能超强的螺丝刀会造反，从而推翻它的主人。同样，人工智能只是工具而已，它们不是有机体。无论它们如何擅长医疗诊断和打扫卫生，它们在本质上都没有主动去做这些事情的想法。我们想让它们做这些事情，于是就把这些需求编进了它们的程序。

对于人类来说，问思维机器会思考些什么，这也是一个歧路。因为思维机器们没有任何内需，因而不存在任何以实现自身目标而进行的相关思考。在本质上，不论是为自己还是为人类，人工智能系统自身是没有计划和目标的。它们没有情感，因而也就没有同情心，也不会感到愤怒。然而不可否认的是，没有任何先验的理由可以否定思维机器在未来复制人类智能这一可能性的存在，尽管这样的智能依旧是完全漫无目标的——它的目标需要外界提供。

动机是生物有机体进化的产物。通过自然选择，人类产生了丰富而复杂的本能和情感，与此同时，自然选择也驱使人类将自身的优秀基因一代代地传承下去，这是一个不断赋予人类各种目标的过程，其中包括好胜心、统治欲和控制欲。虽然我们对于为什么好胜有充足的进化学理由，但机器对这些是没有感觉的。它们只是按照人们输入的命令做着二进制运算。它们怎会想到要统治世界？就算有这样的想法，那又是为什么呢？

真正恐怖的想法是：设计具有超人类智能、速度，以及人类动机体系的实体——换句话说，装备了强大人工智能系统的人类。拥有核武器的智人已经足够可怕，我们在这样的威胁下已经如履薄冰。但人工智能并不比核武器更可怕——它是一个工具，真正会构成威胁的是这些工具的创造者和拥有者。

100

思维机器 = 高速计算机上运行的老算法

巴特·卡斯科（Bart Kosko）

南加州大学信息科学家、教授；著有《噪声》（*Noise*）

机器不会思考。它们更类似于函数，即将输入变为输出。在便携计算器上，当我们按下平方根按钮时，能将 9 开方为 3。受过很好训练的卷积神经网络如果识别出人脸，就输出 1，否则就输出 0。一个多层或"深度"神经网络在收到你的面部信息后，会将你的面部参数与它数据库中的所有人的面部图像进行比对，然后返回各比对结果的概率值（概率值最高的那张脸就是你的脸）。因此，被训练过的网络近似于一个概率函数。即使只是近似匹配，这种过程涉及的计算量也让人却步。但这本质上依旧是从输入到输出。即使这一步过程类似于人的感知和思考，却仍然近似于一个函数，只是需要大量的计算罢了。

智能机器近似于处理不同模式的复杂函数。这些模式可以是语音、图像或是其他任何信号。图像模式常常由许多像素点或三维像素点构成，因此它们的维度很多。其中涉及的模式会轻松超过人类所能掌握的水平。而且，它会随计算机性能的提升而提升。真正的进展发生在有数据处理能力的数字计算机领域。这可用摩尔定律（电路密度每过两年左右便会增长一倍）解释，而不是得益于任何有根本性变化的新算法。计算能力的这种指数型增长，使得普通计算机也可以处理一些像大数据和模式识别等更为困难的问题。

请考虑大数据和机器学习中最流行的两种算法：其中一个是无监督算法（不需要老师进行数据标记）；另外一个是监督算法（需要老师）。它们可以解释大部分的应用型人工智能。

无监督算法被称为 k- 均值聚类算法（k-means clustering），这是在大数据中最常用的算法。它以同类集群，也是谷歌新闻的基础算法。从 100 万个数据点开始。然后把它们分成或 10 个、50 个或 100 个聚类或模式。这是一个有计算难度的问题。但自 20 世纪 60 年代以来，k- 均值聚类算法一直都是一个迭代的用以形成聚类的方法。虽然问题越来越多，不过现在的计算机已能够处理它。这个算法本身有过几个有富含人工智能意义的名字，例如"自组织映射算法""自适应矢量量化算法"。它本质上仍然处在 20 世纪 60 年代以来的老旧的两步走式迭代算法。

监督算法是一种被称为反向传播算法（backpropagation，BP 算法）的神经网络算法。毫无疑问，这是一种最为常用的机器学习算法。BP 算法的名称最早出现在 20 世纪 80 年代，但实际上它的出现要比这个时间至少早 10 年。BP 算法可以从它的使用者或监督者给出的样本中学习。使用者向其输入含有自己的面部信息和不含有自己的面部信息的图像。这些输入贯通了多层像开关一样的神经元，直到它们产生最终的输出，输出的可能只是一个单一的数字。监督者希望当收到你的面部信息时，输出 1，否则输出 0。网络会在成千上万次的迭代中来回扫描，以最终习得你的面部特征。没有一个步骤或一个扫描动作中有智能和思考出现。在成百或上千的网络参数中，任意一个参数的更新与真实的神经突触学习神经刺激新模式的过程都不一样。相反，改变一个网络参数反而类似于：人们会根据微小的下游效应（downstream effect）来调整下一步行动计划，他们的行为可能会影响到美国 10 年期债券的利率。

巧的是，这两种流行的人工智能算法都是现代统计学中同一标准算法——期望最大化算法（expectation-maximization [EM] algorithm）的特例。因此从本质上来说，我们谈及的任何智能都只不过是普通的统计学而已。EM 算法是一种两步走的迭代格式，可以用来爬"概率山"。它并不总是会登上概率山的最高点，但它几乎总会登上最近山坡的顶端。

思维机器 = 高速计算机上运行的老算法

这可能是在一般情况下任何学习算法所能做到的最好的事情了。精心加入的噪声和其他一些微调可能会加速攀爬的速度。但是所有的道路最终仍然会汇聚到最大似然均衡（maximum-likelihood equilibrium）的山顶。它们最终会实现的是一种局域性最佳模式识别的机器学习模式，又或者是函数十分逼近的机器学习模式。随着计算机运行速度的日益加快，这些小山顶的平衡看起来就拥有了从未有过的魅力和智能。但是老状况依旧，所以它们所涉及的思考也只不过是计算一些数据的和然后找出最大值的数学计算罢了。

因此，大多数所谓的机器思考只不过是机器爬山算法（machine hillclimbing）而已。

此时，当我们重读马文·明斯基于 1961 年发表的论文《迈向人工智能》（*Steps Toward Artificial Intelligence*），便会感到惭愧，因为从那时起，算法就再也没取得过什么重大的进展。他甚至预言了拥有特殊认知的计算机强化版的爬山算法的趋势："也许，在一个水平上的简易的爬山算法，从一个水平相对较低的角度看去，简直就是一种认知奇迹。"

还有一些其他类型的人工智能算法，但大多落入了明斯基提到的范畴里。例如，当在搜索树或图谱搜索上运行贝叶斯概率算法时，它们必须能够处理指数级别的分支或者一些与维数灾难（curse of dimensionality）相关的形式。再例如，为模式分类而发展出的凸面以及其他一些非线性约束优化。意大利数学家拉格朗日（Joseph- Louis Lagrange）于 1811 年找到了我们现在还在使用的通用解决算法。聪明的技巧和微调总是有帮助的，但这些进展特别依赖于能运行这些算法的高速计算机。算法本身的实质是大量的加法和乘法，因此它们不太可能会在某一天突然有了自我意识，然后控制了这个世界。反之，它们会变得越来越擅长学习和识别更加丰富的模式，这很好理解，因为它们只是能够更快速地做加法和乘法运算而已。

我敢打赌，明天的思维机器依旧与今天的非常相像——它们只是在高速计算机上运行的老算法。

迈克尔·诺顿（Michael I. Norton）

哈佛大学经济学教授；合著有《花钱带来的幸福感》（*Happy Money*）

20世纪，有一种广泛的恐惧开始在大众中萌发，而且随着对世界末日的各种新预测的涌现，这种恐惧变得更为强大：当人工智能渐渐崛起，一些不可预见的计算机 bug 将无可挽回地导致计算机叛乱，并让它们掌管世界。

不过我的想法正好相反：随着人工智能的进一步发展，计算机 bug 不会像想象的那么多。思维机器是可以完美地自我纠正、自我优化和自我完善的，所以一个方钉可以完美地放进一个方孔，它不会像人们想的那样出现 bug，比如瞬间生出一些随机的想法，试图把一个方钉放入一个圆孔。或者更宽泛地说，解决方与圆的问题的一个副产品是偶然但有效的洞见的产生。

请思考注意力的力量。为什么我们可以在几秒钟内享受到味美的通心粉和奶酪？珀西·斯宾塞（Percy Spencer）是雷神公司的工程师，有一次当他走近一个机器时，突然注意到自己的巧克力融化了。为什么？原来这个机器会产生微波！斯宾塞并没有设法去优化磁控管，反而忽然冒出了一个灵感。就这样，融化的巧克力成了微波炉诞生的先兆。

再想一想突发事件的力量。我们曾认为橡胶用途有限，因为它无法耐受高温，直到查尔斯·古德伊尔（Charles Goodyear）的一次疏忽——他不小心把一些橡胶掉进了热炉里，当时他并没有快速将橡胶从热炉中取出来，反而注意到了一些有趣的事情，从而发明了防水的硫化橡胶。

最后，想想人类的"bug"——偏见的力量。比如，乐观让我们相信，我们可以到达月球，治愈一切疾病，在一个没人愿意租住的地方开始创业。禀赋效应让我们高估自己所拥有的、所想象的、所创造的——即便是在其他人都不认同的时候。但是当我们注意到失败的第一个信号时，我们会放弃之前的所有努力，去追求那些总是最优、总会成功的目标吗？在被广泛接受的解释面前，顽固的科学家们（想想伽利略和达尔文）总是很执着——这就像一个bug，但是他们的成果却是惊人的。很大程度上，正是各种bug成就了我们人类和其他形式的智能。

IT DEPENDS

视情况而定

罗伯特·萨波尔斯基（Robert Sapolsky）

斯坦福大学神经科学家；著有《猴子爱情》（*Monkeyluv*）

我如何看待会思考的机器?

当然要视它们的情况而定了。

103

NANO-INTENTIONALITY

没有纳米意向性，就无法思考

特库姆塞·菲奇（W. Tecumseh Fitch）

进化生物学家，维也纳大学认知生物学教授；著有《语言的进化》（*The Evolution of Language*）

尽管计算能力有了巨大的提升，但是当前的计算机依然无法像人类（或者黑猩猩、狗）一样进行思考。硅芯计算机缺乏有机大脑的一项关键能力：能够调整具体的物质形态，并进行计算，以对外部环境形成反馈。如果没有这种能力（我称其为纳米意向性），那么单纯的信息处理不足以产生有意义的思想，因为被计算的符号和数值与真实世界之间没有内在的因果关系。硅芯计算机所处理的信息需要人类的解读才能变得对未来有意义。我们需要担心的不是会思考的机器，而是人类对它们愈加不假思索地依赖。

这种在生物性上而非计算机上所体现的属性到底是什么？不要害怕我下面将要提及的看似神秘的词汇。这是在活细胞身上可以被观测到的、机械学的属性，它是通过自然选择进化而来的。在我的观点中，没有神秘主义或者"无形的精神"。我的核心观点是，纳米意向性是细胞通过重新布置分子并由此改变其形态来响应环境变化的能力。它存在于变形虫吞噬细菌之中，存在于肌细胞增强肌球蛋白水平以响应慢跑之中，存在于（最相关的）一个神经元伸展它的树突以响应自身的神经计算之中。纳米意向性是地球生物拥有的一项基本的、不可或缺的、不可否认的特性，也是以刚性的蚀刻硅芯片为心脏的现代计算机所不具备的特性。正因为大脑和计算机两者之间的简单、粗暴的物理差异，所以这场争论的关键是，这个事实对于诸如"思想"和"意义"这种更加抽象的哲学问题意味着什么。这正是让争论变得更加复杂的原因。

这场哲学争论始于康德，他的观点是，我们的思维不可逆转地与思考的物理实体相分离，通过光子、空气振动或者它们释放出来的分子，我们可以找到这些客体存在的证据，但是我们的思想或者大脑，从未与它们发生过直接的联系。因此，把精神实体，比如思想、信念、欲望等，描述为与真实世界的事物是"相关的"，是有问题的。事实上，这种"相关性"问题正是心灵哲学中的核心问题，也是丹尼尔·丹尼特、杰瑞·福多尔（Jerry Fodor）、约翰·塞尔等哲学家争论的焦点。哲学家们把这种假想的精神上的"相关性"称为意向性（这里，不要把意向性与我们日常用语中的"有目的地做某事"相混淆）。意向性问题与"现象意识"问题紧密相连，通常与"感受性"以及意识的"难题"同属于一个框架。哲学家们提出了一个更基础的问题：精神实体（即思想或者神经放电的模式）如何能与它的客体（你所见或者所思的人或事物）产生任何意义上的"联系"？

怀疑论和唯我论对该问题的答案是：根本不存在这种联系，所谓的"意向性"不过是一种假象。这种观点至少在一个关键领域是错误的（叔本华在 200 年前强调）：精神事件（被神经放电所具象化的欲望和意图）与现实世界发生联系的其中一个场所，就是我们身体的内部，比如神经树突的连接处。通常来说，生物，尤其是神经细胞的可塑性，意味着一个直接连接思想和行动的反馈环，它渗透在我们的感知中，以影响神经细胞的结构。这个反馈环在我们的大脑中总是闭合的，假设你明天还能记住本文的任何内容，那是因为你大脑中的某些神经细胞改变了结构，一些神经树突被增强，而另一些被弱化，一些连接得到延伸，而另一些则被撤销。而从原理上看，这个反馈环在刚性硅芯片中是无法闭合的。这种生物学素养授予了我们的精神活动以因果关系的"意向性"，这是当前的硅芯计算机系统所不具备的。

从这种意义上讲，这种观点是正确的（逻辑与直觉两者都是它的佐证），那么机器的"思考""知道""理解"，就都只局限于它们的创造者以及编程人员的范围内，"意义"是由人脑的智能体所解释和刻意添加上去的。人工智能的任何"智能"都仅仅来源于它们的创造者。

因此，我并不担心什么人工智能叛乱或者人工智能权利运动。那么，这是否意味着在纳米计算机被发明出来之前，我们就是安全无忧的呢？很遗憾，答案是否定的，因为还有另一种危险：我们人类有着把无生命物体过度拟人化的倾向，会错误地对其"意图"进行归因，比如，"我的汽车不喜欢低辛烷值汽油"。当我们把"他"这个词用在计算机工件(比如计算机、智能手机或者控制系统）时，就会有一种强烈的倾向，把原本属于我们承担的责任和能力让位于计算机或者操控计算机的人。当我们心甘情愿并懒洋洋地把这种能力转让给五花八门的硅芯系统（车载导航、智能手机、电子投票系统、全球金融系统等）时，真正的危险就降临了，因为这些系统既不理解也不在乎它们计算的东西是什么。全球金融危机的例子已经让我们尝到了苦头，它警醒我们，在互联网世界里，把责任和能力愚蠢地移交给计算机会带来什么样的灾难。

我并不担心人工智能的起义，相反，我担心的是，由于过度授权，相互连接的硅芯系统中的小错误会引发系统性灾难。我们距离计算机超越人类智能的奇点还很远，但这并不能保证我们可以远离网络瘫痪带来的灾难。预防这种灾难的第一步，就是停止对计算机进行过度授权，不让它们承担那些需要思考和理解才能做到的事情，并接受这样一个基本事实：机器不会思考。我们还要知道，它们每日所作所为的风险正在日益增加。

诺加·阿里卡（Noga Arikha）

思想史家；合著有《拿破仑与反叛者》（*Napoleon And the Rebel*）

人性的历史和技术的历史是相互交融的。我们总会用自己的认知能力去创造我们需要的物体来维持生存，从武器到衣服到庇护所。人类心智的进化就体现在技术的进化中。我们已经发展出一种元表征能力：意识到我们拥有心智，并有能力分析自己的心智，这是一种更高阶的意识。为了通过镜子来观察自己，我们通常用技术进行类比——把我们的心智与我们创造的技术进行比较。每个时代都有各自的机器，从水泵到计算机不一而足。

没有哪个人可以掌握人类至今创造的全部技术。我们创造的东西正在摆脱我们的心智。所以毫不奇怪，我们就如此轻易地想象，某种人造物变成了一种生物，有了自己的权利，赋予了和我们一样灵活的心智，甚至比我们的还要灵活。科幻小说想象的完美机器人与我们自己难以区别开来，它们可以说话，拥有知觉，能够愚弄我们，甚至攻击我们。

但是要在概念层面上思考我们的心智，我们倾向于停留在笛卡儿的二元论之上。我们很难捕捉到思考活动的具体样貌，以至于我们忘记了自己不是瓮中之脑，再发达的微电子技术也不可能重新创造出像人类大脑一样高级的构造，也创造不出充满了神经递质、酶和激素的复杂生物体。我们就是我们的身体；我们拥有的情绪在身体里也有具体化的呈现，这也深深塑造了我们的思考过程。机器正在发展任务驱动型的认知能力，但它们完美的处理过程与我们很不一样，不完美的、无常的、思维巧妙的人类拥有自我感知、本体感受，以及自我意识，正是感受让我们与"僵尸"不同。

计算机在很多我们不擅长的领域表现优异，我们也越来越多地通过机器去了解这个世界上的事情。我们把很多记忆交给谷歌，毫无疑问，我们的心智正在超越我们的身体——我们身处一个没有具象的心智与数据日益增长的网络里。思考在某些地方就是一种社会能力，思考意味着加入一项集体事业，这项事业的复杂度也是人类境况的一个特性，就像我们的化身一样。机器没有社会生活，最多可以放进一个生物组织的复杂进化集合里。它们擅长完成任务，而我们变得擅长利用它们来完成我们的目标。但是，直到我们可以复制出一个能表现出情感的生物（我不相信我们可以实现这项工程）之前，机器仍将被用作一个应景的对思想的类比，并且根据我们的需求而进化。

我们才是最聪明的思维机器

阿伦·安德森（Alun Anderson）

曾任《新科学家》杂志总编辑和发行主管，高级顾问；著有《冰：生命》（*After the Ice*）

在大众的想象之中，"高度智能化"与"对人类友善"这两类特征似乎显得格格不入。007 系列电影中的诸多高智商大反派就是绝佳的例子：他们冷酷无情，每个人都企图统治世界。因此，我们对会思考的机器的第一反应总是围绕它们将怎样威胁人类，也就不足为奇了。

我们在了解了人类智能的进化史后，这一恐惧只会加深。当进化使人类适应了规模越来越大的社会群落（相比我们的灵长类近亲）的生活之后，人类个体为了追求繁荣，对于操纵和欺骗他人、区分敌对和友善、记清嫌隙和恩惠之类的社交技能的需求也与日俱增。随之而来的是更大的大脑，还有"马基雅维利智能"。

不过，即便与同类竞争求胜是人类智慧进化过程的驱动力，我们也不该轻易相信思考和人与机器谁赢谁输的问题应该被混为一谈。我们创造的人工智能大可不必保留人性中丑恶的部分，甚至可以抛弃任何需求或欲望。个体为了生存，最早也最优先进化出了图谋与垂涎的能力——

在认知科学和进化心理学领域，马基雅维利智能（也被称为"政治智慧"或"社会智力"）是一个人成功参与政治及社会活动的能力。——译者注然而这种能力对于思考过程并非必不可少。如果你此时向身边看一看，其实已经占据你视野的多数是一种立场中立的人工智能。只要我们不以人类中心的视角、不以人类自身特殊的思维模式看待智能，那么一切都会好很多。在许多其他物种中，智能已经进化了：利用智能预测弹指间的未来，有助于生物们应对各种突发情况，例如躲开一块飞来的石头，或者（假如你是细菌）感知食物源头的梯度，并判断朝哪个方向前进。

一旦以这种更加包容的态度看待智能，我们就会发现许多强大的人工智能已经触手可及。以气候模型为例：我们可以借助模型对整个星球未来数十年的气候状态作出靠谱的预测，并据此预测一系列能够改变这些情况的人类行动。气候模型是人类手中最接近时间机器的东西了。再想想证券市场中采用的高速计算机模型：它们竭尽全力，仅仅是想比其他对手领先一时半刻看到未来的市场行情并以此获利。所有预测你在线购物行为的模型，做的也是同样的事情：它们的目标都是预测出你更喜欢的事物，并因此获利。当你满心欢喜地拍下一本"专门为您推荐"的书时，就已经落入人工智能的手掌心了。它把你推向了一个原本完全无法独自想象出的未来，它甚至比你自己还要了解你的品位。

目前的人工智能已经强大且令人感到害怕，尽管我们该不该给它加上"思考"的前缀仍然有待商榷。况且我们才刚刚起步。在未来很长一段时间内，实用型智能（其中一些是机器人）将以星星点点、实力逐渐增长的方式进入我们的视野并改变我们的生活。也许就算到了那个时候，我们还是浑然不觉。不过可以确定的是，人工智能会像其他工具一样，成为我们的一种延伸，并使我们越来越强大。我们应该担心的是谁将掌控人工智能，因为即便是现在的一些应用也十分令人不安。我们不应担心的是自动化机器有朝一日会以类似人类的方式思考。如果我们果真能制造出一部聪明的类人机器，这部机器将要面对的是像往常一样带着马基雅维利智能、早已习惯了使用各种智能工具（这也是造出那台思维机器的前提）的人类。所以，应该感到害怕的是机器人。相比之下，我们才是聪明的思维机器。

陶·诺瑞钱德（Tor Nørretranders）

科普作家、顾问、讲师；著有《慷慨的男人》（*The Generous Man*）

制造会思考的机器就像是把人放到月球上：效果与预期刚好相反。阿波罗登月计划并没有把人类带入一个探索宇宙的太空时代，反而带来了更重要的地球时代。我们离开地球家园去探索宇宙，首次对我们生存的星球有了全新的认知。我们的星球在月亮的上空升起的那幅图像已经成了一个标志性符号，它象征着生态、脆弱和全球化。

思维机器意味着我们对自身的理解将发生巨大的改变，变得更加微妙。我们在教机器思考的同时，也是在改变我们对自身的认识以及我们的思考方式。我们并不自以为是。从先进的信息处理来看，我们所做的大多数事情并没有经过什么思考。我们只是去做而已。只有到事后，我们才开始反思。那些美妙的、闪光的、惊人的想法浮现在我们心中。它就在那里！在它成为一个想法之前，我们从没想过它。

我们并没有意识到我们思考过程中的大部分信息。在我们的心灵中、身体中，它是无意识地立即发生的。从符合逻辑和明确演绎的意义上来说，我们甚至都不是理性的。我们的思考很快，是直觉的、感性的。

经济学家相信人是自私而理性的"经济人"，按照自身利益理性地行动。但大多数经济、社会的互动是关于公平、信任、分享和长期关系的。实验经济学告诉我们，当我们不假思索地直接行动时，我们实际上表现出了社会性和合作性。只有再三思考后，我们才会选择自私。

除非我们面对的是计算机。当与机器做经济博弈时，我们倾向于变得冷酷和以自我为中心。你可以去测量我们大脑中的血流速度和血液中的荷尔蒙，看看其中的差异。我们思考机器的方式，就是经济学家思考我们的方式——理性、冷血、自私。我们也这样对待计算机。

出于本能，我们知道：人类更具有人性。我们根据本能行动，但当我们思考时，依然会在"经济人"这个错误的假设下思考。制造思维机器会向我们展示出，我们的社会本能里包含有一种深刻的进化智慧：从长远来看，无私会得到更多回报。"变得自私"并不是真正的自私，因为无私带来的结果对你来说更好。

我们将教授机器的策略就是爱。

按照生物和技术系统处理及存储信息的能力，机器人科学家汉斯·莫拉维克（Hans Moravec）描述了不同的生物和技术系统。一端是：简单的，以规则为基础的、墨守成规的东西、如病毒、蠕虫和计算机。另一端是：真正有能力的信息处理者，如鲸鱼、大象和人类。所有能力强大的生物都是哺乳动物。它们的后代也并不是天生就有这些功能的完整程序。要让它们能够独立行动，需要很长时间。它们的技能不是来自规则，而是来自经验教训，来自反复学习、探索。年长的哺乳动物会照顾、抚养年幼的哺乳动物，所以这一切才有了可能。

爱创造出信任，让年幼的后代有足够的信心走出去，搜集关于这个世界的大数据。然后，消化数据，抚平创伤。

爱是让人类得以发展出智能和思考能力的秘方。要让机器思考，我们必须给它们爱。这更像是一个幼儿园，而非高科技实验室。要让机器自己去探索，而不是按照我们的需求行动。它们不是变得温顺，而是变得更有野性，按照它们的自由意志行事。

我们面对的挑战是去爱那些会思考的野生机器。我们得接受关于思维机器和人造生命体的想法。当一个东西有生命（即能够自我繁殖和改变）时，它就不再是人造的；当它为自己思考时，它就不再是一个机器。它的行事或者不合逻辑，或者依靠直觉，又或者它内心充满仁爱。我们会一直好奇这些该如何实现，直到我们理解它是以我们为蓝本时。

爱

I DON'T BELIEVE THEY DO ANYTHING OF VOLUNTARY ACTION.

自愿行动是无意识的。

——马丁·塞利格曼（Martin Seligman），《做机器做的事情吗》

107

DO MACHINES DO ?

做机器做的事情吗

Martin Seligman
马丁·塞利格曼

积极心理学创始人之一；美国心理学会主席；
著有《持续的幸福》《真实的幸福》《活出最乐观的自己》
《认识自己，接纳自己》《教出乐观的孩子》

心理学之父威廉·詹姆斯（William James）曾说过："我的思考自始至终总是我做事的理由。"理解人们做事的思考方式、做事的背景，以及做事的原因是很重要的。然后，我们再把这些与机器未来的行动进行比较。

人类精神生活的 25%~50% 都在展望未来。我们设想了许多可能的结果，并几乎给每一个结果都灌输了一个价值。随之而来的影响是：我们选择相信这些结果中的一个。我们不必纠结于自由意志的问题。我们承认，我们在思考过程中会想象一组可能的未来，并给每一种设定一个数值。选择这一行为，尽管是有限制的，却将我们的思考转化成了行动。

为什么我们会这样思考？因为人们有很多竞争目标，例如吃饭、睡觉、做爱、运动、创作、赞扬、复仇、照顾孩子等。但我们却缺少很多资源来实现这些目标，比如缺少时间、缺少金钱、不够努力，甚至是缺少对死亡的恐惧。所以，对可能的未来进行评估模拟是当前问题的解决方案之一。这是一种我们选择做哪些事情的机制。

不只是外部资源稀缺，思考本身也会耗费大量昂贵和有限的能量。所以我们严重依赖于走捷径，牵强地跳跃到最佳的解释。我们真实的思考效率是极其低下的：走神、意外的干扰、注意力无法长时间集中。人类的思考很难专注于推理、研讨、演绎等这些令人精疲力竭的过程。

我们的大部分思考是以社会为背景的。诚然，我们可以利用思考来解决物理和数学问题。但正如尼克·汉弗莱斯（Nick Humphreys）所言，思考的基础是其他人。我们利用思考进行各种社会活动，例如竞争、合作、忏悔、杜撰、游说。

我不太了解现在机器的工作原理。我不相信它们会主动做任何事情，正如威廉·詹姆斯所言，自愿行动是无意识的。我怀疑它们所展望的未来、它们对于未来的评估及其选择的结果。尽管这或许描绘了一个简单的单一目标，就像超级计算机深蓝在下国际象棋时所做的一样。目前的机器受到空间和电能的限制，但在激烈的竞争和资源极度匮乏的背景下，机器并不是最稀缺的创造。目前的机器没有社会性：它们不会与另一个机器或人类进行竞争或合作，不会试图去说服他人。

对于未来机器能做的事情，我了解得更少。未来的机器应该具备以下属性。

这种机器会引发一场讨论，讨论它们是否应该拥有公民权利、是否具有情感、是否具有危险性，甚至是不是人类的希望之源。

F U T U R

CO

它有竞争目标，可以自行选择竞争策略，
并且可以利用上述评估达到目标。

SHORTCU

SO

它有社会性：
它会与其他机器或人类进行竞争或合作；
它会杜撰，会试图说服他人。

E S

它可以展望并评估可能的未来。

M P E T I N G

做机器做的事情吗

T S

它的资源有限，因此必须放弃一些目标、行动、选择，选择走捷径。

C I A L

注："积极心理学之父塞利格曼幸福五部曲"全面、科学、系统地展现了积极心理学对人生的影响，帮助你认识自己、接纳自己，作出明智的选择，帮助你获得积极情绪的力量，学会乐观。该系列丛书中文简体字版已由湛庐文化策划出版。

108

WILL THEY MAKE US BETTER PEOPLE？

它们会让人类变得更好吗

斯图尔特·拉塞尔（Stuart Russell）

加州大学伯克利分校计算机科学教授，Smith-Zadeh工程学讲席教授；合著有《人工智能》

直以来，人工智能领域的首要目标都是制造出更擅于做决策的机器。众所周知，站在当今的视角看，这意味着让机器的功用尽可能地达到最大化。更准确地说，这意味着：给定一个效用函数（或回报函数，或目标），然后使期望值最大化。为了让博弈树搜索、强化学习等算法达到极致的效果，人工智能研究者们可谓费尽了心思，除此之外，为了计算出期望值，他们还煞费苦心地研究能用来获取、表现和计算信息的方法。在以上这些领域，进展不仅明显，而且还有加速发展的势头。

在所有这些活动中，人们容易忽视一个重要的区别：擅于做决定并不意味着能做更好的决定。无论机器的算法如何完美，只要它给出的决策有悖于人类的普遍价值取向，就会遭到唾弃。回形针的制作就是一个典型的例子：如果机器的最终目标被设定为制造更多的回形针，那么它就可能利用一切高科技手段将所有可能转化的物质都做成回形针。不言而喻，这样的决定在我们看来是无意义的。

人工智能的效用函数是从外部指定的，为此，我们需要综合考虑运筹学、统计学甚至是经济学的因素。我们常说："决策是好的，效用函数是有误的，但这不能归咎于人工智能系统。"为什么我们认为这不是人工智能系统的过错？如果是我做错了事，别人就会认为这是我的过失。在评判一个人时，我们通常会从两个方面来考察他，一是对世界预测模型的掌握状况，二是对是非善恶的辨别能力。

正如人类学家史蒂夫·奥莫亨德罗（Steve Omohundro）、哲学家尼克·波斯特洛姆和其他人解释过的那样，如果能力超人的机器作出的决策不受价值约束和导向，那么其后果将不堪设想，最严重的甚至可能会导致人类灭亡。一些人争论说，在未来几个世纪，人工智能都不可能对人类构成威胁。敢下这样的断言，也许是因为他们不知道或是忘了以下实例：在物理学家欧内斯特·卢瑟福（Ernest Rutherford）信心满满地宣称我们人类不可能大规模获取核能之后的 24 小时内，物理学家利奥·西拉德（Leó Szilárd）就发现了以中子为媒介的核链式反应。

因此，家用机器人和自动驾驶汽车就需要配有人类价值系统，因此对于价值取向的研究是非常值得追求的。一种可能的形式是：逆向强化学习（inverse reinforcement learning，IRL），即通过观察一些其他智能体的行为来学习回报函数（假定这些智能体按照这个函数运行）。例如，由于观察过主人在早晨制作咖啡的过程，家用机器人就会习得在某些特定的环境下主人对咖啡的需求，而如果一个机器人和一个英国人待在一起的话，机器人就会知道所有场合下主人对茶的需求。但应当注意，机器人并不是在学习对咖啡或者茶的欲望，而是在学习在多智能体决策问题中发挥作用，使得人类价值最大化。

但在现实中，这不是一个简单的问题。因为人类的表现经常是意志薄弱、非理性和前后不一致的，而且人们的价值取向是有地域性差异的。除此之外，我们还没有把握好度，即到底要将机器的决策能力具体提高到什么样的一个程度，才能避免由价值取向中的小误差引起的风险放大问题的出现。尽管如此，我们还是有许多可以保持乐观的理由。

◎ 我们已经拥有了大量关于人类行为的数据，大部分数据已被以文字与视频的形式，或是被直接观察的形式记录了下来，而且，最为重要的一点是它们还记录了我们对于这类行为的态度（国际惯例奉行这样的观点：基于各国在责任担当过程中的习惯表现来制定规则）。

◎ 在人类价值共享的层次上，机器能够也应当分享它们习得的人类价值观。

它们会让人类变得更好吗

◎ 当机器被应用到人类社会时，会带来巨大的经济效益。

◎ 这个问题在本质上并不比学习理解世界的其余部分如何运行更加困难。

◎ 通过先验地设定人类普遍的价值观系统和设置人工智能系统的风险厌恶程序，就有可能达到我们想要的结果，即在有任何会影响世界的实际行动之前，机器将先参与到人机对话中，探索我们的文学和历史，因为通过这样的学习，机器对于我们到底需要什么就会有一个很好的认识。

我设想这相当于人工智能目标的一个变化：我们要建造与我们的价值取向一致的智能，以代替纯智能。这意味着我们将道德哲学转变成了一道关键的工业环节。最终的结果无论是对人，还是对机器人，都是有益的。

THE BEASTS OF AI ISLAND
人工智能岛的怪兽

昆丁·哈迪（Quentin Hardy）

《纽约时报》科技版副主编；加州大学伯克利分校信息学院讲师

在中世纪的神奇与未知之地里，曾栖息着各种各样的生物。它们在八卦和带有影射性的虚构文学作品中是不错的故事素材：脸长在身体上的无头人，人与动物混合的半狗人或半狮人。这些都是对于未知生命的希望和恐惧。今天，就让我们来想象一下有意识的机器。

除了自我意识，假想的人工智能怪兽掌握了计算和预测、独立思考等能力，并掌握了其人类创造者所学的所有知识。悲观主义者害怕这些机器会盯着我们，并批准关于人类的死亡判决；乐观主义者希望这些思维机器对人类是友善的、富有启发性的，而且是会安慰人的。

上述两个版本的畅想，都不能说明独立的人工智能会成为现实。但这并不意味着它们是无趣的。老水手的地图是在原始航海技术的年代绘制而成的。我们正开始探索一个完全被计算迷住的世界。人工智能岛上的生物融合了人类和机器，但与人和动物混合的结局相同：如果它们会唱歌，那么它们唱的也是人类的歌。

当我们谈论可能会盯着人类并想杀死人类，或前所未有地照亮我们的"智能"的时候，我们指的是什么？显然，我们想知道的东西完全超出了机器在国际象棋比赛中获胜的意义。我们拥有了其中一台机器，除了一个新的理由去庆祝深蓝创造了高超的人类智慧外，世界上没有明显的变化发生。人工智能岛上的生物做的事情比击败卡斯帕罗夫有趣得多。

它们想要下象棋。它们知道精神刺激的快感，知道被对手折磨的感觉，知道通过下棋来打发无聊的时间。这使得我们需要将只有一次有限生命的意识编码到软件中，这在某种程度上对一些难以捉摸的个体有很重大的影响。由于缺少了某些刺激（或许是下棋），它几乎会发疯，甚至会杀人。

像我们一样，人工智能岛的美妙生物想要弄清楚自己并评判别人。它们拥有我们与其他现实之间细微的差距，这是一个我们坚信其他动物无法察觉的差距。类人的智能知道这是感知能力，它感到一些不妥当，并不断尝试做与之相关的一些事情。

随着这类软件自身的不断挑战，以及即将来临的技术驱动对人类的威胁，为什么还要担心恶意的人工智能？在接下来的至少几十年中，显然我们受跨物种瘟疫、极端的资源消耗、全球变暖、核战争的威胁更大。这就是为什么恶意的人工智能会上升为我们普罗米修斯式的恐惧。这是人类理性到达极致的表现，并自信地杀死了我们自己。

友善的人工智能的梦想同样需要自我反思。这些机器伙伴拥有转向支持它们的创造者的超级智能。鉴于自主性隐含在高水平的人工智能中，我们必须认为这些新生物对我们感兴趣。请思考，恶意的人工智能同样也对我们感兴趣，只是用了错误的方法。

这两个版本的怪兽都反映了更深刻的真相，这是重新探索计算机魔法世界对我们产生的影响。通过用计算机增强我们自己，我们正在变成新的生物。如果你回首，你会像看待怪物一样看以前的自己。

在过去的 5 万年里，我们已经多次改变了自己的意识，从信仰来世或一神论的思想，到进入印刷文明，再到成为一种很好地意识到自己是生活在宇宙中的一粒微尘的物种。但我们从未如此迅速地改变，或拥有能够承担改变的那些知识。

①

传说普罗米修斯将天火给了人类，因此付出了巨大的代价。后人将那些在某领域作出建设性贡献或开创某一领域但同时付出巨大代价的人，称为"普罗米修斯式"的人。——译者注请思考仅仅在过去 10 年中的影响。我们利用即时通信突破了许多时间和空间的历史性障碍。语言再也无法把我们分开，因为计算机翻译与图像共享变得日益强大。开源技术与互联网搜索赋予了我们集体工作的鲜为人知的强大能力。除了积极方面，隐私的消失和对人类行为的追踪可以更好地控制人类的行动和欲望。我们自愿服从于一种前所未有的社会关系，它看似平凡，却可以使所有对于孤独和个性的观点都不复存在。经济学的观点正在机器人和共享经济的幌子下发生着改变。

我们正在建造新的智能生物，但是我们正在从自己内部建造它们。因为它是新的，所以现在仅仅是人工的。未来，当它占据主导地位时，它会轻松地实现智能。人工智能岛的机器也是我们或我们之后的几代人所害怕的。我们希望这些机器驱动人和我们在一起时会感觉到亲切感，甚至能深刻地感觉到我们内心的孤独，这也是我们人类创造力的源泉。

我们已经遇到了人工智能，它就是我们。在人类永无止境的不安中，我们渴望超越，但我们不想改变太多。

110

MAKE THE THING IMPOSSIBLE TO HATE

这东西让我们恨不起来

罗里·桑泽兰德（Rory Sutherland）

英国奥美集团（Ogilvy Group）创意总监、副总裁；伦敦《观察者报》（*The Spectator*）专栏作家

有没有这样一种可能：某种邪恶的超级智能早已存在于地球之上，却精明地隐瞒了它们的存在和企图，甚至它们的智能？我认为这种障眼法没什么特别难的地方，何况人类自己还特别不知道天高地厚呢。

在人类进化史的大部分时间里，人类所面临的非天灾类的生存威胁中，最严峻的考验常常源于和人类体型相近，却又时刻想要伤害人类的个体，比如食肉动物，又比如其他人类。经年累月之后，我们日渐变得更擅长识别这些心怀不轨的动物或人类。我们同时还通过社会规范以及宗教戒律，学会了如何最小化被感染的风险，虽然这种学习有点不情不愿，让人反感。古人从不曾有意识地思考关于细菌的事情，只因为当时的人类根本不知道细菌的存在。

为了推销自家的卫生用品，日用品公司不惜投入数以亿计的广告费以向公众夸大细菌的危险性，或者拐弯抹角地描绘干净、整洁与社会地位之间的联系。我可以很自信地预测，来我办公室的人中，绝不会有谁提议发起一场提醒公众警惕老虎的广告宣传。

因此，在思考科技会对我们造成什么威胁的时候，我们的大脑其实也会不自觉地切换到大自然在百万年前为人类磨砺出的本能模式。这也是为什么第一辆无人驾驶汽车被设计成那么可爱的模样——它就像只长

了轮子的小狗。这辆车既小又轻，只能以相对较低的速度行驶。但它婴孩般的外形，双眼圆睁的"表情"，以及扁平小巧的鼻子很巧妙地利用了人类的幻想性视错觉（pareidolia）和父性 / 母性。我们很吃这一套。这也正是我想提出的建议：把机器制造成我们恨不起来的模样。就算人工智能有一天变得比现在的 AK47 还要危险，那么我也很难想象自己会在内心的卢德主义爆发时抄起一把斧子抢向它们。

但这究竟是一种精神上的安慰还是破坏？被设计得很萌的机器是克服了我们内心对这类科技不必要的恐惧，还是诱骗我们走向一种错误的自负？我不知道。我们对无人驾驶汽车的恐惧，也许和孩子被绑架的恐惧类似（发生概率低，但恐惧程度高）——或者说，这种恐惧无可厚非。但我们恐惧的程度与受威胁的程度却并非直接相关，而是牵涉到其他因素（包括可爱程度）。

这让我产生了第二个疑问。

就算无人驾驶汽车被设计得很萌，至少我们对它可能带来的危险心知肚明。它诱惑着我们，但我们对这种诱惑也心知肚明。在最广义的"科技"概念上，是否曾经出现过某种彻底俘获人心、快速并广泛地席卷全球的事物，后来却让人们在一次突如其来、始料不及的巨大危机前才最终认清其风险？在这个话题上，还有什么能和 19 世纪 40 年代发生在爱尔兰的"马铃薯晚疫病"（potato late blight）① 相提并论呢？

我们现在深信"技术就是天意"，所以很容易掉进上述陷阱之中——我们面对新事物时的兴奋过度，掩盖了这些新事物同时带来的新风险，直到一切为时已晚。在火药发明后的最初数百年间，人们将它用于娱乐而不是战争。

飞行员很少驾驶没有自动驾驶系统的飞机，但他们仍然经常需要练习手动降落。那么我们是不是也应该偶尔腾出时间来，有意识地让某些

这次晚疫病导致爱尔兰全岛土豆不断减产，甚至几乎绝收，持续了 7 年之久。由于土豆是岛上的首选农作物，这场史无前例的大饥荒导致爱尔兰人口锐减 20%~25%，上百万人饿死、病死，很多人因灾荒而移居海外。——译者注

科技远离我们的生活，好让自己回想起没有这些科技时应该如何生活、发现新的科技多样性、让使用不足的"精神肌肉"得到锻炼？答案是肯定的。但在大规模人群中协调这一行为的机制是什么？我不知道。

最近我提议各大公司可以实施每周一次的"电子邮件安息日"，因为我相信，人们对电子邮件的过分依赖已经让其他有价值的互动形式濒临灭绝。我们几乎忘记如何以其他方式进行交流了。许多人觉得我疯了。几百年前或许有位教皇曾教导我们做类似的事情，但现在已经没有人这么做了。

我对"搞砸"的恐惧总是胜过各种阴谋论。相比于近在眼前的"无心犯大错"式危机，邪恶机器人威胁论离我们还有点儿遥远，所以不妨安心地将它留给好莱坞吧！

111

THE FIGURE OF THE GROUND？
是数字，还是基础?

道格拉斯·洛西克夫（Douglas Rushkoff）

传媒理论家，纪录片制片人；著有《当下的冲击》（*Present Shock*）

对思维机器的思考，将会引发一场经典而有趣的有关数字和基础之间、媒介和信息之间相互翻转的革命。人们由此而产生的关于未来智能的相关理念，将在信息时代的快船上迅速成为现实。到时候我们会说："看，智能机器就在那里。"

身处电子时代和刚刚步入数字技术新纪元的我们，有一个共同的认识误区：我们把数字技术仅仅看作一门孤立的学科，而没有发现它其实是一个充满各种可能性的新世界。这与我们把电视和由电视所创建的媒体环境混为一谈有些类似，也与智能手机和由智能手机所影响的社会交流方式以及计算技术混为一谈类似。

这种混淆总是会在媒介转型时产生。因而也就能理解我们为什么会将数字技术仅仅看作数字，而它实际上却是基础。这种状态不是未来智能的源头，而是包容了智能多样性的氛围。因此，尽管技术专家自以为他们是在创造一座代表数字思维的大教堂，但实际上，他们只是迷醉于一种在工业时代研究数字意识的过度单纯的方法罢了。

相比于朝思维机器前进，我们更多地是朝一个网络环境前进，这是一个思考不再是个体性的、也不再受时空限制的精神活动环境。这也就意味着，我们能一起同时思考，或者通过过去以及未来人类思想的数字记录，进行非同步思考。甚至最高级的算法就等同于对某个人提出的"如果……该怎么办"问题的迭代。甚至到那时，机器的思考不会发生在人们集群性思考之外，因为它不再是本地化的、类脑的活动。

当我们能从人类的集体心理中得到类似于观看电视画面的感觉时，我们就能够感受到自己置身于其中一起思考的机器环境的氛围了。人工智能将会为这种氛围创造平台，所以，由我们自己编程到机器中的程序，将会在很大程度上决定我们的追求和认识。

112

HOW TO PREVENT AN INTELLIGENCE EXPLOSION

如何防止智能爆炸

托马斯·迪特里奇（Thomas G. Dietterich）

俄勒冈州立大学智能系统主任，计算机科学特聘教授

许多对人工智能（通常指的是超级智能）潜在威胁的描述，都采用了"智能爆炸"这一比喻。拿链式核反应作为类比，人工智能研究员正在以某种秘密的方式研究一种"智能镭离子"，当这些物质集中到一处时，就可能产生不堪设想的失控性大爆炸。实际上，这种类比是不确切的。仅仅是人工智能算法的交互运行，还不足以产生能控制世界的力量。智能爆炸的引爆绝非偶然也非易事。我们首先要构建能发现简化世界结构的人工智能系统，设计并制造出可以利用这些系统的器件，然后再给予机器以自主的权限和必要的资源，如此循环往复。

制造一场智能爆炸要求反复执行以下四个步骤。第一步，系统必须能够自主设计并完成实验，否则，它获取的知识就无法超越人类的知识边界（人工智能领域的最新进展是，通过机器学习，人工智能已经能够复制人类知识，但还无法延伸它）。大多数有关人工智能的哲学讨论都会不自觉地步入纯思辨之境，好像光靠这些便能扩展我们的知识。的确，在某些特殊的学科里，如数学和物理学的某些分支，我们也能通过纯粹的推理来获取新的知识。但综观科学活动，我们会发现，科学知识的扩

镭离子指的是除碳原子外带有正电荷的非金属离子。——译者注

295

展都是通过实验 - 假设 - 实验的反复尝试来实现的。这就是我们要建造大型强子对撞机（LHC）的原因，同时也说明了为什么所有工程学努力都少不了建造和测试原型的环节。这一步是切实可行的，而且目前已经有"自动化科学家"了。

第二步，这些实验必须发现并开发出新的简化结构，用以指导我们克服在推理中出现的棘手问题。几乎所有有趣的推理问题（例如，寻找游戏的最优解，寻找复杂约束条件下问题的最优解，证明数学定理，推测分子结构），都是非确定性的。在我们目前对计算复杂性的理解框架内，这意味着，随着一个具体问题难度的增加，解决该问题所需付出的代价是指数级增加的。算法设计的升级倒逼我们去发现一些能够帮助我们克服指数级增长困难的简化结构。如果不能重复发现这些简化结构，智能爆炸就不可能发生（除非我们现在对计算复杂性的理解有误）。

第三步，系统必须能自主设计新的计算机制和新的算法。这些机制和算法将会继续开发在第二步获得的科学发现。的确，有人可能认为这在本质上还是在走第一、第二步的程序，区别只在于这一步强调了计算。基于硅基半导体技术，计算机硬件的自动化设计是完全可行的，而且在各种新技术，如合成生物学、组合化学、3D 打印技术的助力下，该目标的实现更加指日可待了。自动算法设计已经演示了许多次，所以也是可行的。

第四步，该系统必须将自主权和资源获取权授权给这些新的计算机制，这样，它们才能顺利地递归地进行实验、发现世界的新结构、开发新算法、"繁衍"出更为强大的"后代"。但我知道目前还没有一个系统能做到这一步。

走完前三步还不能触发链式反应的危险开关。最后一步，即如果系统能自主"繁衍"后代，才是触发爆炸的关键一步。当然，几乎第四步产生的所有后代都会失败，正如所有的软硬件在初次开发出来时都无法正常工作那般。但是一旦经过了足够多次的迭代，或者说，经过多次繁衍和变异，我们就不能排除智能爆炸发生的可能性了。

我们如何做才能防止智能爆炸发生？我们预期第二步可能走不通，因为目前我们只是简单地认为各种结构性缺陷对算法的正常运行是不会构成威胁的，并假设我们已经发现了所有可能的算法。但实际上并没有电子工程师和计算机专家宣称自己的研究已经完成。

第三步为我们提供了一个控制节点。因为现实中还没有用来设计新的计算设备和算法的人工智能系统。它们被更多地用在了物流、决策制定、机器人控制、医疗诊断和面部识别等方面。这些活动不会引发链式反应。我们要慎重考虑步骤三的研究规范性问题。类似的研究规范在合成生物学领域已经被提出。可惜规范并没有被采纳，落实起来更是困难重重。

我认为我们必须把重心放在第四步。我们必须限制自动化设计过程中给予系统的资源。一些人可能会争论说这是困难的，因为"有缺陷"的系统总是能从人类那里得到更多的资源。但我想这只是科幻小说的情景，在现实中，我们总是能轻易地对新系统的资源需求进行必要的限制。其实，每当测试新设备和新算法时，这样的限制性做法对于工程师来说是再平常不过的事了。

前三步都有推动科学知识和计算推理能力大步向前发展的潜能，与此同时，还能给人类社会的发展带来巨大福利。但我们必须牢记：在为此投入大量资源之前，我们首先应当理解相关的知识和能力，绝不能在我们不理解和无法控制的情况下给予系统自主权。

113

CAN WE AVOID A DIGITAL APOCALYPSE ?

我们能避免一场数字灾难吗

萨姆·哈里斯（Sam Harris）

神经科学家；理智工程（Project Reason）首席执行官；著有《自由意志》

我们越来越有可能在未来某天制造出超级智能。我们只需不断地制造出更高级的计算机——这一点毫无悬念，除非我们自我毁灭了或是遭遇了世界末日。我们已经知道，仅仅是物质也能够获得通用智能，即能学习新概念并将其应用于不熟悉的环境中。最为典型的例子就是我们的大脑，它是一个只有约 1 200 立方厘米体积的"含盐果冻"。我们有理由相信，一台适当的高级数字计算机是能做到和人脑一样的。

一般来说，我们研发人工智能的近期目标是制造出能达到人类级别智能的机器。但除非我们能考虑到各种限制并准确地模仿人脑，否则，稍有偏差，我们就会偏离原目标。我正用来写这篇文章的计算机已经有了某些超人的记忆力和计算能力。它也有获取世界上大部分信息的潜能。除非我们给它吃错了药，否则，未来的通用人工智能（artificial general intelligence，AGI）在每一件事情上的表现都会比人更出色，因而这种智能是一流的。这样一种机器是否必然具有意识是一个开放性问题。但无论有意识与否，一个 AGI 都有可能会持有与人意愿相悖的目标。仅仅是有关这一分歧的突发或致命性问题就足以成为当前五花八门的讨论的主题。

为了帮助理解即将来临的危险，我们可以做如下情景想象：我们实现了自己的目标并且制造出了符合预期的超人 AGI，那接下来会发生什么呢？也许它们会很快将我们从各种苦差事中解放出来，甚至能替我们做大多数的脑力劳动。然而，没有一个经济学原理断言，在技术发生了进步时，我们就能找到满意的工作。一旦我们制造出了完美的劳动节约型设备，那么用在制造新设备上的资金就将趋近于购买原材料的费用（这意味着不再需要雇人了）。如果缺乏将这样一种新资本投入市场而为全人类服务的意识，就会使得只有少数人可以获得大量财富，而大部分人将会挨饿。甚至当真正善良的 AGI 出现时，我们会倒退回不务正业的状态。

说实话，仅仅是有关 AGI 的谣言就有可能让我们发狂了。

即使是在最好的剧情里——AGI 完全顺从于人类，那我们也要承认混沌的存在。但是，我们不能只看最好的剧情。事实上，能保证所有 AGI 都能顺从人类旨意的控制问题是非常难以解决的。

设想我们建造了一台并不比斯坦福大学或 MIT 的研究者们更聪明的计算机，但其计算速度要比它的制造者快几百万倍。如果让它连续运行一周，那么它就能完成人类要花近两万年的时间才能完成的工作。那试问，这样一种机器还会听任人的调度吗？我们又怎么能非常有把握地预测这些比我们看得更广、更深远的机器的行为呢？

人类正加速走向某种数字灾难的现实，向我们提出了几个有挑战性的智力和伦理问题。例如，为了让超级 AGI 拥有与人类相容的价值观，我们就应当给它们输入这些价值观（或者让其来模仿我们）。但问题是：它们该参照谁的价值观呢？我们要通过投票来表决吗？除了这些考虑因素外，AGI 的发明还会迫使我们去解决一些古老（无聊）的伦理学争论。

然而，一个真正的 AGI 可能会获得新的价值观，或者至少发展出新奇的（但也许是有危险的）短期目标。它会采取怎样的方法来确保自己能获得计算资源并持续生存下去呢？这个问题可能是我们人类问过的最重要的一个问题。

问题在于，我们现在只有少数人在严肃地思考这个问题。的确，真相可能会出现在一种让人感到局促不安的环境里：在一个房间里，有10个年轻人，他们中的几个患有未确诊的亚斯伯格综合征（Asperger's Syndrome，神经发展障碍的一种，被认为是"没有智能障碍的自闭症"），正喝着红牛并纠结着是否去触动开关。任何单个公司或研究所都可能有能力来决定人类的命运吗？其实，这个问题中已经有了答案。

但我们也应当看到，已经有一些聪明人正在为未来押下赌注。其动机是可以理解的。因为我们现在面临着许多自己无法解决的问题，如阿尔茨海默病、气候变化和经济不稳定问题，而这些问题，可能会被超级智能所解决。事实上，与制造出 AGI 同样可怕的是，我们连一台 AGI 也造不出来。然而，离做这事最近的人，负有最大的责任去预期 AGI 可能带来的危险。是的，其他一些领域也存在巨大的风险。但 AGI 和合成生物学的区别在于，后者的最危险的发现（如胚系突变）却并不具备商业上的或是伦理上的强大诱惑力。伴随着 AGI 的是，最强有力的方法（如递归的自我提升）同时也是最危险的。

我们好像正处在一个造神的过程中。现在，我们该好好想想，它到底是不是（甚至是"能不能是"）一个友善的神呢？

注：萨姆·哈里斯，"无神论四大骑士之一"。通过《自由意志》（*Free Will*）一书，他向我们解开了"八大未解哲学问题"中的第三问"我们有自由意志吗"。这是一本科学与人文激情碰撞、有关"自由意志"的最精到的著作。该书中文简体字版已由湛庐文化策划出版。

COULD THINKING MACHINES BRIDGE THE EMPATHY GAP?

思维机器能弥合共情鸿沟吗

莫利·克罗克特（Molly Crockett）

牛津大学实验心理学副教授；伦敦大学学院维康基金会神经造影中心维康信托基金会博士后

人类的一生注定要在自己大脑的牢笼中度过。我们可能会尝试了解他人，但永远都不可能真正读懂他人的内心世界。即便人与人之间有最强大的共情作用，我们也不可避免地会碰到存在于自我和他人之间不可逾越的鸿沟。我们可能会因为看到他人断了脚趾而为其感到痛苦，或是因为某人心碎而感到同情。但这些仅仅是模拟，他人的经历与感受是我们不能直接感受到的，因此彼此之间也就不会有直接的对比。从琐碎的日常争吵，如双方为了洗碗的事而发生争吵，到为了争夺土地而发生的大规模暴力纷争，在许多类似的人际矛盾和斗争中，都存在共情鸿沟。

这个问题在道德困境中显得尤其尖锐。功利主义者认为，美德的基本要义就是"让质量最好的货物的数量达到极大"，而这要求我们能在个体之间比较财富或"效用"。但是由于存在共情鸿沟，即便这是可能的，实现起来也是有困难的。就像你我可能都说香槟酒好喝，但我们都不知道到底是谁对香槟酒更有"感觉"，因为我们缺乏一个共同的标尺来衡量这些主观价值感受。这样一来，结果就是，我们没有一个可实证的基础来决定到底谁有"资格"来喝最后一杯香槟。哲学家杰里米·边沁曾对此事评论道："一个人的快乐永远不会真正成为另一个人的快乐；一个人的收获永远也不会成为另外一个人的收获，这就好像20个梨加上20个苹果。"

人的大脑不能解决人与人之间的效用比较问题。诺贝尔经济学奖得主约翰·海萨尼（John Harsanyi）在 20 世纪中期对这个问题做了很多研究。他的理论被誉为目前有关该问题的最好的理论之一。只是很遗憾，这个理论也未能解释共情鸿沟。海萨尼的理论假定了"最佳共情"，即认为甲方对乙方效用的模仿是完全等同于乙方的真实效用的。但事实上，不管是由心理学研究指出的还是由个人真切感受到的，人的共情都是易变且不可靠的。

思维机器能弥合共情鸿沟吗？这需要一种能够量化各种"偏爱"，并能将它们转化为在人际关系间通用且可比较的"货币"才行。这样一种算法能为社会提供一套无争议的规范，因而便可成为更加理想的社会契约。请想象一种机器，它能通过比较每一个人的具体经济状况，做相应的科学计算，最后得出最佳的财富分配方案。虽然这种设想远还没有具体化和细节化，但是它潜在的巨大价值是不言而喻的。

能弥合共情鸿沟的思维机器同时也能帮助个体做到自控。除了人与人之间存在共情鸿沟，在每个人自身的现在和未来之间也存在着类似的鸿沟。自控问题在现实欲望和未来欲望的僵持之战中涌现。通过学习了解我们当下的和未来的自我偏好，然后再作出比较与整合，基于此，最后再给出行为调整建议。这样，也许未来某天人工智能就能够帮助我们打破这一僵局并找到正解。这就好比有人给你提供了健康营养餐，让你轻松并愉快地达到减肥和健康目标一样。

神经科学家正在逐步揭示人的大脑是如何表现出各种偏好的。我们应该牢记，人工智能的偏好可能和人类并不一样，而且，如果要它们处理一些我们自己不能解决的问题，那就有必要输入一些特殊的代码。但可以肯定的是，这些代码最终还是由我们决定，而且，这是一个科学问题同时也是一个伦理道德问题。迄今为止，我们已经制造出了在听觉、视觉和计算方面超过人类的计算机。而制造有共情作用的机器依旧是一个棘手的问题。然而，如果真制造出了这样的机器，那么将会是一个对我们的生存有着巨大意义的伟大创举。

知心的机器

阿比盖尔·马什（Abigail Marsh）

乔治城大学心理学副教授

神经科学家安东尼奥·达马西奥曾描述了一个名叫埃利奥特（Elliott）的病人的状况：他的前额皮质因一场肿瘤切除手术而受到了严重的创伤。埃利奥特的大部分智力没有受到手术的影响，其中包括一些计算机也有的能力，例如，长期记忆、词汇认知、数学和空间推理能力。然而，他却失去了运用这些功能的能力。为什么？与同样承受着这种创伤的其他人一样，埃利奥特已经无法再运用自己的知识和智能了。大脑损伤摧毁了他的情感能力，致使他无法再作出决定并采取行动。

做决定的过程需要情感的参与，因为一个决定总是包含希望出现某一结果、不是其他结果的欲望，而欲望是基本的情感。人的欲望这种内心力量来源于处于大脑边缘系统（limbic system）和基底核（basal ganglia）中的皮质下大脑回路，特别是对可能导致好的或不好的结果的线索信号特别敏感的杏仁核（amygdala）和伏隔核（nucleus accumbens）中的皮质下大脑回路。这些结构中的信息会被反馈到前额皮质，它能在各种选择之间作出比较，进而作出最终决定。

当我们认为一个具体的选择就像是"比较苹果和橘子"时，这并不意味着无法作出与之相关的决定。对于人来说，在苹果和橘子，或是啤酒和红酒，或是比萨和玉米煎饼之间作出偏好选择是毫不困难的。类似于这样的决定，背后并没有理性的、客观的基础，也没有数学公式能决定选择。因此人类的决定制定者依赖于模糊的、定性的感受，这是一种在选项之间作出"更想要"的选择性感受。如前文所说的那样，这正是前额皮质在综合来自种种皮质下的大脑结构的信息，进而作出选择和决定时的感受。对于像埃利奥特这样前额皮质受损的病人来说，做一个简单的决定都是有困难的。由于不能生成"想要某某"的内部知觉，在许多事情上，例如，午饭该吃什么、安排看医生的时间、决定到底要使用哪种颜色的笔在他的日程表上写下日期等，他总是近乎挣扎地作出最后的决定。在这方面，他与那些患有严重的快感缺失抑郁症患者类似。这些抑郁症患者终日在床上度过，因为快感缺失使得他们不能够产生追寻快感的欲望，因此他们什么都不能做。他们的本质创伤同样是感觉型的创伤。

我们不必畏惧会思考的机器，除非它们具有感知能力。会思考确实能解决问题，但这和会做决定是两码事。神经科学告诉我们，在面对选择（如对公民权利、政府的选择等）时，一个不能产生目标欲求感、不会对威胁产生恐惧的个体是麻木的。从根本上缺乏快感会让个体永远卧床不起。神经科学家们在理解主观经验如何在脑内形成这个问题上，还有一段很长的路要走，更不要说主观感受的问题了，这种功能或许在可见的未来里都不可能在机器上实现。

如果真是这样，那我们就应该小心行事了。除了能感受情绪，人类也能理解他人的感受，更为深刻的是，我们会关心在意他人的感受。这种关心在意部分地源于古老的神经结构——有了它，父母就会照顾他们易受伤害的子女而不是遗弃或吃掉他们。人类和其他哺乳动物及鸟类都有这样的本能；这也是将群居的海豚和独行的鲨鱼区别开来的一个标准。这两种生物都有感觉功能，但其中只有海豚能为同类着想。结果就是，我们对待两者的态度完全不同。尽管两者都是恐怖的捕食者，但海豚有时候会从鲨鱼嘴里救下受到攻击的人类游泳者。如果人类希望在思维机器的世界里好好生活，那么，在努力制造有感知能力因而会做决定的机器时，我们也应该设法让它们具有关心他人的能力，就如同我们要制造机械海豚而不是制造机械鲨鱼一样，否则人类在它们之中就完全没有生存的希望了。

WILL MACHINES DO OUR THINKING FOR US?

机器是否会替我们思考

雅典娜·费罗马诺斯（Athena Vouloumanos）

纽约大学心理学副教授，纽约大学婴儿认知与交流实验室首席研究员

如果我们甚至还不能理解一个两岁大的小孩或者说一个两天大的婴儿，是如何思考的，那么想制造出像人类一样思考的机器至少还要再等几十年。但是一旦我们有了会"思考"的机器，它们会进行哪种思考？这个问题的答案则会定义未来人类社会的形态。

一旦机器开始思考，苦工将是它们要做的第一类事，例如日常烹饪、大扫除。接着，它们甚至会进行艺术创作。很快，我们将重回这样的世界：富人会获得更多休闲时间。

那普通人呢？一个阴暗的可能性是，普通人将变成机器世界中的行尸走肉。

一个会让人振奋的可能是：我们可以有更多闲暇来做我们一直想做的事情，比如，多陪伴、多了解我们的孩子与父母，与他人建立更强大的真实社交网络。我们会把自己的爱好放在第一位，或仅仅是为了兴趣而学习新技能。我们可以把精力集中到重要的事情上，而不必考虑细枝末节；我们可以过上高质量的生活，创造一个美好的世界——为人类，也为思维机器。如果机器可以像人类一样思考，那么人类就得思考该如何实现这种可能。仅仅往好处想并不会让我们实现这一目标。

117

TULIPS ON MY ROBOT'S TOMB
墓碑前的郁金香

安德里斯·罗米尔（Andrés Roemer）

外交官，经济学家，剧作家；合著有《上升》（*Move Up*）

为了回答"如何思考会思考的机器"这一问题，我们先得稍微了解一下我们到底是谁。所以，让我们先谈谈我们最重要的器官——大脑。这个复杂结构可以被简化为三个部分：新皮质（负责理性思考过程）；边缘系统（支持的功能包括情绪和动机）；爬行动物脑（人类最根本的原始动机、求生本能和繁殖本能就在这里）。

对思维机器的争论主要集中于大脑的新皮质和边缘系统。新皮质让我们更精确地评估人工智能带来的成本和收益，对比人类与机器劳动力之间的相对成本，以及人力资本与数字资本的相对价值。同样，我们也能以这种方式思考生物技术、隐私和国土安全。新皮质还能让我们去计划、吸引更多的研发资金，定义公共政策的优先级。

边缘系统可以帮助我们采取预防措施，将发展人工智能会带来的风险或机会反映为恐惧或激动。技术万能派或技术恐惧派都只是直接的情绪反应。常见的恐惧包括，人类被机器操控或取代；而机会在于，机器会扩展我们的记忆力，并为我们的日常生活提供便利。

爬行动物脑在我们的思考中发挥着重要作用，甚至是主导性的作用。这就意味着要关注我们最原始的反应，以及我们在思考机器、机器人、智能、人工、自然思考和人类等概念时，最私密和情绪化的方式。爬行动物脑主要关注的是生存，尽管我们对于生存提到得不多，但是生存本能是我们对思维机器产生期待或恐惧的核心原因。如果我们研究过去的文献，以及反映在 Edge 年度问题里的争议，一种下意识的本能就会反复出现：爬行动物脑的两大元素，即死亡与不朽。

我们对死亡的恐惧隐藏在这种集体想象的背后。我们会想象，在思考上超越人类的机器人将不断复制，反抗并毁灭其造物主。这种机器代表着最令人恐惧的危险——毁灭与人有关的一切。但爬行动物脑也看到了救世主，我们希望超级智能让我们永生和永葆青春。在英文里，"机器人"和"机器"这两个词是不分性别的；而拉丁语系和德语则有这种区别："机器人"（el robot）这个词是阳性的、有危险的和令人恐惧的，而"机器"（la máquina）这个词则是阴性的、关切保护的、有慈悲心的。

哲学家边沁将人类定义为理性动物，但我们知道自己并不理性。由于爬行动物脑的巨大作用，几乎所有人都会非理性地思考和行动，在智能的进化过程中，爬行动物脑也一直保持着核心地位。感知对思考是最有意义的。机器的数据处理能力每 18 个月就会呈现出指数级增长，在国际象棋比赛中，它们可以从不计其数的选项中选择着法击败人类；它们能够精确地诊断疾病，但这并非思考的含义。为了实现思维机器的梦想，它们必须理解并质疑价值，遭遇内心的冲突，体验亲密关系。

当思考思维机器时，我们应该问自己的爬行动物脑一些问题，比如，你会为了一台机器牺牲自己的生命吗？你会让一个机器人做政治领袖吗？你会嫉妒机器吗？你会缴税来维持机器人的幸福吗？你会在你机器人的墓碑前放一束郁金香吗？或者，更重要的是，我的机器人会在我的墓碑前放一束郁金香吗？

感谢爬行动物脑在思考思维机器时，帮助我们更清晰地思考机器的潜在后果及其本质，以及我们应该追求何种人工智能。如果我们的生物性把文化设计成生存和进化的工具，那么现在，我们的自然智能应该引导我们去创造拥有感知本能的机器。只有这样，永生才会战胜死亡。

118

HE WHO PAYS THE AI CALLS THE TUNE
为人工智能埋单的人说了算

罗斯·安德森（Ross Anderson）

剑桥大学计算机实验室信息安全工程教授；全球最重要的安全权威之一；安全经济学开创者；著有《信息安全工程》（*Security Engineering*）

即将到来的冲击并非来自会思考的机器，而是来自利用人工智能来增强人类知觉能力的机器。

数百万年来，后人看到我们使用的机器，与我们过去经常看到前人所使用的机器一样。我们拥有和对手几乎一样的眼睛，和对手几乎一样的镜像神经元。在任何特定的文化中，我们拥有几乎一样的信号机制和价值系统。所以，当我们试图欺骗别人或识破别人的欺骗时，我们处于一个公平的竞争环境。我可以稍作伪装，使我看起来更有男子气概，你可以在胸部涂满白色和赭石色泥条纹，使你看起来更可怕。文明使游戏更为复杂：我穿袖口有四个纽扣的剪裁讲究的外套来展现我的身份，而你则佩戴名牌手表来彰显你的财富。这种竞争游戏，对于我们新石器时代的祖先来说是完全可以理解的。

随着计算机在世界上各个角落的融入，什么正在变化？答案是，现在我们所有人都留下了数字痕迹，通过人工智能系统可以对其进行分析。剑桥大学心理学家迈克尔·科辛斯基（Michael Kosinski）表示，你的

①

人类有一群被称为"镜像神经元"的神经细胞，激励我们的原始祖先逐步脱离猿类。它的功能正是反映他人的行为，使人们学会从简单模仿到更复杂的模仿，由此逐渐发展出语言、使用工具、艺术创作等能力。这是人类进化的最伟大之处之一。——译者注

种族、智力水平和性取向都可以很快从你在社交网络上的行为中推导出来。平均而言，只需要 4 个"赞"就可以推断出你是异性恋还是同性恋。过去的男同性恋者可以选择是否穿公开性取向的 T 恤衫，而你现在只是不知道自己穿着什么。随着人工智能变得更强，大多数时候你都会显露出自己的真面目。

这就好像我们都在同一个森林里进化，这里的动物只能看见黑色和白色，这时来了一个能看见彩色的新捕食者。突然之间，你有一半的伪装都行不通了，而你并不知道是哪一半！

如果你是一个广告商，这对你来说就是一个重要时机，因为你可以计算出怎样可以花更少的钱。如今，人工智能还没有普及，但警察已经在工作中开始应用它。试问哪个警察不想拥有谷歌眼镜 App，来标记有暴力记录的路人——或许还可以再加上 W 频段雷达来查看他们中的哪一个人正携带着武器呢？

下一个问题是，只有当局能够使用增强认知系统，还是所有人都可以？未来 20 年，我们都会戴上增强现实眼镜吗？权利关系将会如何？如果一名警察看见我的时候能看到我的逮捕记录，那我能够看到他是不是暴力申诉的对象吗？如果一个政客能看出我是某政党的支持者或是无党派人士，那我能看到他在我关心的 3 个问题上的投票记录吗？人们总是说不要担心携带武器的权利，而如今佩戴谷歌眼镜的权利又如何？

之后，知觉和认知将不再是人脑独有的能力。正如我们现在使用谷歌和互联网作为记忆假体一样，我们也将使用拥有数以百万计的机器和传感器的人工智能系统作为感知假体。但我们能相信它们吗？欺骗将不再是一个人对另一个人做的事情。政府将通过我们使用的认知增强工具来影响我们的知觉，广告主们会购入并售卖我们喜欢的东西。否则，谁会为这个系统埋单？

119

I THINK, THEREFORE AI

我思考，所以人工智能 ……

丹尼尔·希利斯（W. Daniel Hillis）

物理学家，计算机学家；应用思维科技公司（Applied Minds）联合创始人；

著有《通灵芯片》（*The Pattern on the Stone*）

会思考的机器会为自己着想，这是智能像知识本身一样成长和扩张的本质。

像我们一样，我们制造的思维机器将会野心勃勃，热衷于权力，在物理上和计算上都是如此，但是它身上充斥着进化的影子。思维机器会比我们聪明，它们制造的机器将会更聪明。但这意味着什么？到目前为止，它产生了什么影响？多年来，我们一直在建设雄心勃勃的半自治结构——政府、企业、非政府组织。我们设计它们完全是为我们以及我们的共同利益服务的。但我们并不是完美的设计者，它们已经发展出了自己的目标。随着时间的推移，组织的目标将不会完全符合设计者的初衷。

明智的 CEO 相信，他的企业并不会致力于使其股东利益最大化。各国政府也不会为其公民的利益而努力工作。相对于服务于个人，民主国家更愿意为企业服务。尽管如此，我们的组织仍然会继续为我们服务，它们只是做得不太完美罢了。没有它们，我们无法养活自己，至少无法养活全球 70 亿人口。我们也无法建造一个智能计算机或安排一次世界范围的关于智能机器的讨论。我们已经开始依赖我们所构建的组织的力量，即便它们已经成长到我们无法完全理解和控制的程度。思维机器也会如此，而且只会有过之而无不及。我们的环境、社会和经济问题如同"灭绝"的概念一般令人畏惧。思维机器超出了隐喻的范畴。问题不在于它们是否会拥有足够强大的能力来伤害我们（它们会），也不在于它们是否会永远为我们的最大利益而行动（它们不会），但从长期来看，无论它们是否可以帮助我们找到发展道路，我们都可以从它们那里找到灵丹妙药或获得启示。

我谈论的智能机器，能够设计出甚至比设计者自身更为智能的机器，这始终都是最重要的设计问题。与我们的孩子一样，思维机器会比我们生活的时间更长。它们也需要超越我们，这要求设计者们能将人类的价值观赋予它们。这是一个困难的设计问题，而且我们必须要正确地做好它。

120

TANGLED UP IN THE QUESTION
纠结于这个问题

詹姆斯·奥唐奈（James J. O'Donnell）

乔治城大学古典学教授；著有《新罗马帝国衰亡史》（*The Ruin of the Roman Empire*）

我们可以随意使用"思考（或想、认为）"这个词语来表述各种各样的行为："我想去商店""我想外面正在下雨""我思故我在""我想扬基队将赢得美国职业棒球赛""我想我是拿破仑""我想他说过会在这里，但我不确定"。这些例子用相同的一个词语表述了完全不同的事情。那么，在未来的某一天，机器也会做这些事情吗？我认为这是一个重要的问题。

机器会困惑吗？会有认知失调吗？会做梦吗？有好奇心吗？明明认识一个人，却因为想了一会儿其他事情而忘记了他的名字，那么它还会记起来吗？它会忘记时间吗？会去养一只小狗吗？会自卑吗？会有自杀的念头吗？会感到无聊吗？会担心吗？会祈祷吗？我认为不会。

人造机器能参与信息收集以及制定决策这种通常由人类完成的任务吗？当然能，而且它们已经参与其中了。我的汽车里控制喷油嘴的机器比我聪明得多。我认为自己无法胜任这种工作。

我们能否创造出一种高级机器，这种机器在无人监督的情况下，它

认知失调（cognitive dissonance），是指一个人的行为与自己先前一贯的对自我的认知（而且通常是正面的、积极的自我）产生分歧，从一个认知推断出另一个对立的认知时而产生的不舒适感以及不愉快的情绪。——译者注

们的行为能够证实对人类有益或是有害？我猜可以。我认为我会爱上它们，除非它们会作出让我发疯的事情，那时它们会真的像人类一样。我猜它们会横冲直撞，造成大规模的破坏，但我也有自己的疑惑（当然，如果它们果真如此的话，没人会在意我的想法）。

但从来没有人问过一台机器是如何看待会思考的机器的。只有当我们认为这位思考者是像我们自己一样独立自主的、有趣的生物时，这个问题才有意义。如果有人问一台机器这个问题，那么它就不再是机器了。我认为自己暂时不会担心这个问题。你或许认为我是在否认事实。

当我们纠结于这个问题时，我们需要问自己的恰恰是：我们真正思考的是什么。

纠结于这个问题

121

THREE OBSERVATIONS ON ARTIFICIAL INTELLIGENCE

在变得更智能之前

弗兰克·维尔切克（Frank Wilczek）

2004年诺贝尔物理学奖共同获得者；MIT物理系赫尔曼·费什巴赫讲席教授；著有《一个美丽的问题》（*A Beautiful tiful Question*）

1. 我们是人工智能

英国生物学家弗朗西斯·克里克（Francis Crick）称之为"惊人的假说"：意识，也称为心智，是物质的衍生属性。随着分子神经科学的顺利进展，以及计算机复制了越来越多的人类智能，这一假说似乎是真的。如果这是真的，那么所有的智能都是机器智能。区别自然智能和人工智能的方法不在于它是什么，而仅仅在于它是如何被创造的。

当然，这个小小的词语"仅仅"在这里起着举重若轻的作用。大脑是高度并行架构，会调动许多喧闹的模拟单元（即神经元）一齐发射。而绝大多数计算机是冯·诺依曼架构，它们利用更快的数字单元进行串行工作。然而这种区别从两端看都是难以区分的。神经网络架构是由硅制造的，大脑与外部数字器官可以进行更加无缝地互动。我已经感觉到，笔记本电脑就是我自身的扩展。它是一个视觉记忆和叙事记忆的存储库，一个通向外部世界的感官入口，以及我的数学消化系统的一大部分。

2. 人工智能就是我们

人工智能不是外星人入侵的产物，它是特殊人类文化的产物，并反映了人类文化的价值。

3. 理性是激情的奴隶

1738 年，哲学家大卫·休谟提出了一个惊世骇俗的观点："理性是激情的奴隶。"这远远早于现代人工智能出现的年代。当然，这意味着它适用于人类的理性和人类的激情（休谟频繁使用 "passions" 这个词来指 "非理性的动机"）。但休谟的逻辑学和哲学观点仍然对人工智能有效。简单的表述是：驱动行为的是动机，而不是抽象的逻辑。

这就是为什么，我认为人工智能最令人害怕的是它们在自主军事实体中的表现——人造士兵、各种无人机以及人造 "系统"。我们想灌输给这些实体的价值观是对危险的警觉以及打击敌人的技巧。但这些积极的价值观，稍有偏差就会坠入猜疑和侵略。如果没有详细的约束和足够的智慧，研究人员一觉醒来就会发现他们制造的军队变成了强大、聪明、恶毒的偏执狂。

与核武器不同的是，这里并没有清晰明确的警戒线。由动机驱动的强大的人工智能可能会在许多方面犯错误，但在我看来最可能的还是在军事方面。尤其是因为军队支配着大量的资源，对人工智能的研究投入了巨资，而且他们会被迫进行相互竞争（换句话说，他们将预见可能的威胁，并准备与之战斗）。

我们如何才能避免这种危险，并获得人工智能允诺的许多馈赠？我认为透明和公开讨论十分必要。维基百科和开源编程社区是鼓舞人心的开放性例子，是与之紧密相关的尝试。它们的成功表明，即便是非常复杂的开发项目，也可以在一个开放的环境中蓬勃发展。在那里，许多人对正在发生的事情保持着谨慎的观察态度，维护着共同的标准。

如果人工智能研究者们能够放弃秘密研究，这将会是人工智能领域重要的一步。

122

MACHINES WON'T BE THINKING ANYTIME SOON

机器不会很快学会思考

盖瑞·马库斯（Gary Marcus）

心理学教授，纽约大学语言和音乐中心主任；著有《乱乱脑》

我认为思维机器不会在短时期内实现。但我想这不是因为有什么原则上的限制；碳元素没有什么特殊魔法，硅元素未必能创造什么奇迹。最近与思维机器相关的言论却是甚嚣尘上。为了了解猫到底是什么，只从视频网站上下载近千万帧的视频来了解，是远远不够的，任何天真地认为我们已经"解决"了人工智能问题的人，都还没有充分地体会到当前的技术瓶颈。

但可以确定的是，人工智能在狭义工程学中的应用已经取得了指数级进步，例如下国际象棋、计算行走路线和文字翻译等，但 50 年来，强人工智能的发展也不过是线性的。例如，你手机上特点不同的个人智能助手只是比 Eliza（20 世纪 60 年代中期的一个原始自然语言处理系统）稍强些。我们仍然没有任何机器可以阅读所有网络上有关战争的文章，或是策划一次体面的竞选；更不必说拥有一个开放的人工智能系统，或是可以构思一篇文章来通过新生的作文课，或是通过八年级的科学考试。

尽管在内存和 CPU 能力方面已经有了巨大的进步，那为何人工智能只有这么一点进展呢？当马文·明斯基和杰拉尔德·萨斯曼（Gerald Sussman）于 1966 年尝试构建一种视觉系统时，他们就预见了千兆字节的存储器满天飞的情景吗？为何这些发展没能让我们制造出有着和人类一样复杂灵活的思想的思维机器呢？请考虑下面三种可能性：

◎ 当机器变得越来越强、计算速度越来越快时，我们就能很快解决人工智能问题（这将最终引导我们制造出思维机器）。

◎ 当算法更加优化或我们有了更多数据量时，我们就能解决人工智能问题。

◎ 当我们最终理解了进化力量究竟如何塑造了人类大脑后，我们就能解决人工智能问题。

雷·库兹韦尔等人都看重第一种可能性，即足够强大的 CPU。但到底需要多强呢？到目前为止，所有的性能提升是否让我们离真正的智能更近呢？或者，只是给我们争取了一部电影的时长？

再看第二种可能性，大数据和更优化的学习算法到目前为止仅仅使得我们发明出了像机器翻译这样的人工智能。机器翻译确实能够提供快速翻译，但相比于人工翻译，它还缺少足够的灵活度。若问起它刚刚到底翻译些什么，那么现今的机器翻译则完全答不上来。我们并没有把它们看成说话流利的思想者，它们只是笨拙的仆人。

我看好的是第三种可能性。进化赋予我们很多功能强大的"先知先觉"，或是诺姆·乔姆斯基（Noam Chomsky）和史蒂芬·平克所认为的先天约束，这样一些能力使得我们在即使是有限的信息数据中，也能发现和理解这个世界。在大数据上的努力和进展并没有让我们对这些能力有更深入的了解。因此，虽然已经有些问题（例如，在有很详细的地图的路段上实现自动驾驶）能够通过细致的工程技术手段得到很好的解决，但我们还是没能制造出有一般认知能力的、能够理解和处理自然语言的机器。当然，我们也没能更好地理解这一 Edge 问题，即有关真正会思考的机器的问题。

注：马库斯是纽约大学的青年才俊，他稀奇古怪的理论总是彻底颠覆传统智慧。我们的大脑为什么总出错？小小的基因如何创造了人类复杂的思维？《乱乱脑》（*Kluge*）会给你答案。该书中文简体字版已由湛庐文化策划出版。

123

THEY'LL DO MORE GOOD THAN HARM
它们的所做将利大于弊

马克·佩吉尔（Mark Pagel）

英国雷丁大学进化生物学教授；圣塔菲研究所科学委员会外聘教授；

著有《文化之源》（*Wired for Culture*）

我们没有理由相信，随着机器变得越来越智能（达到像人类一样的智能仍然是白日梦），它们会变得邪恶、控制欲强、自私自利或成为人类的威胁。自私是所有"想要"生存下去（更准确地讲，是想要成功繁衍）的生物的共同属性，它不是机器的自然属性。计算机不会介意被关掉，更不必说担心了。

所以，成熟的人工智能不会带来"人类的末日"。它不会对人类造成"存在式威胁"。我们不会接近一些虚无缥缈的世界末日，人工智能的发展不会成为"人类历史中最后的重大事件"，尽管最近提出的所有主张都认为机器能思考。

事实上，当我们设计的机器的思考能力变得越来越强大时，它们可以被应用到对我们来说利远大于弊的领域。机器擅长长时间、单调乏味的任务，例如风险监控；它们不会感到疲劳和恐惧；它们擅长收集信息以作出决定；它们擅长分析数据的模型和趋势；它们可以安排我们更高效地利用稀缺资源；它们比人类反应更快；它们擅长操作其他机器；它们甚至可以照顾它们的人类主人，例如智能手机中类似苹果 Siri 和微软 Cortana 这样的应用程序，或大部分人开车时使用的各种 GPS 导航设备。

与其说机器是天生自私的，还不如说它们是天生无私的。我们可以轻松地教机器学会合作，而不用担心其中一些机器会利用其他机器的友好来占便宜。一大群（组、队、团……任何集合名词最终都会出现，我更喜欢带有讽刺性的"坨"这个词）联网的、共同协作的无人驾驶汽车将会高速、安全地行驶。它们不会打盹、不会生气，会互通各自的情况以及其他地方的路况，还更擅于利用高速公路上未占用的空间（而人类的反应时间较长）。当我们吃午餐、看电影或读报纸的时候，它们会很乐意做这些事情，且不会期望获得报酬。未来，我们的孩子们可能会惊讶，为什么曾经会有人类司机。

我们未来将会遇到，或许已经遇到了一个风险，我们正在变得越来越依赖机器，但这个说法更多是关于人类，而不是机器。同样，机器可以用来做坏事。但再次重申，这个说法更多的是针对机器的人类设计者和主人，而不是机器。沿着这一思路，我们应该密切监控一些人类对机器的影响，这意味着引入死亡的可能性。如果机器不得不为了生存而去争夺资源（例如电能或汽油），并且它们有能力改变自己的行为的话，它们可能就会变得自私自利。

我们应该允许甚至鼓励自我利益在机器中出现吗？它们可能会最终变得像我们一样：能够压制人类和其他机器，甚至作出不可饶恕的行为。但这不会很快发生；这是我们必须在意向中设定好的东西。这与智能无关（有些病毒也会对人类作出不可饶恕的事情），并且再次重申，我说得更多的是我们对机器的行为而不是机器自身。

所以，我们需要担心的不是思维机器或人工智能，而是人类。会思考的机器既不赞成我们，也不反对我们，并且相互之间也没有固有偏见，否则就是将智能与意愿，以及随着意愿产生的情感相混淆。我们人类拥有智能，也拥有意愿，因为我们是进化和繁殖的生物体，我们选择了在有众多不道德竞争的环境中生存。但意愿不是智能的必要组成部分，即使它提供了一个有利于智能进化的平台。

事实上，我们应该期待未来有一天，机器不仅能解决问题，还能变得富有想象力和创造力。这仍然还有极其漫长的路要走，但这无疑是真正的智能的一大特征。这是人类不太擅长的，却是未来几十年里最需要的东西，比人类历史上任何一个时代都更需要。

124

THE CONTROL CRISIS
控制危机，不在某个反乌托邦的未来

尼古拉斯·卡尔（Nicholas G. Carr）

数字思想家；著有《浅薄》（*The Shallow*）

会思考的机器依然会按照机器的方式去思考。这可能会让那些期望未来会发生机器叛乱的人感到失望，不管他们是带着恐惧还是幸灾乐祸的心理。对我们大部分人而言，这才是令人心安的。我们发明出来的智能机器不可能在智能上超越我们，更不必说把我们变成它们的仆人或宠物。它们会继续按照人类程序员的命令来行动。

人工智能的强大正是源于它的无意识，因为不受意识中各种变化因素和偏见的影响，计算机才能以闪电般的速度执行计算任务，才不会分心、疲劳、怀疑、情绪化。正是它们冷静的思考，与我们的狂热形成了互补。

但当我们不再将它们视作助手，而是视作替身时，事情就变得棘手起来。这正是当前正在发生的情况，而且势头凶猛。由于人工智能技术的进步，现有的智能机器已经能够感知周围的环境，并从经验中学习，实现自主决策，而且其速度和精准度让人类望尘莫及。但是，如果允许它们在这个复杂的世界中自主行动的话，不管它们是体现为机器人的形式还是仅仅根据算法推导作出决策，这些能力强大的无意识机器都可能带来巨大的风险。它们无法质疑自己的行为，无法理解程序运行的后果，无法理解它们执行的内容，因此它们可能会造成巨大的破坏——不是程序的缺陷，就是程序员蓄意为之。

让我们回顾一下自治软件带来的危险事件。2012 年 8 月 1 日早晨，华尔街最大的交易机构骑士资本集团（Knight Capital）更换了一套能够自主买卖股票的交易软件。但它的代码中藏有一处错误，致使其立刻完成了不计其数的荒谬交易。45 分钟后，程序员才诊断出问题并将其修复。对于我们人类来说，45 分钟也许不算什么，但这在计算机世界中简直有一辈子那么长。由于一个大意的错误，这套软件在偏离命令的方向上完成了 400 万笔交易，损失金额达到 70 亿美元，几乎让整个公司破产。没错，我们确实知道如何能让机器思考，但却不知道怎样让其深思熟虑。

在骑士资本集团的案例中，损失的仅仅是金钱，但随着软件越来越多地掌控经济、社会、军事以及个人事务，各种小毛病、故障以及未知的影响所带来的成本只会变得越来越高。带来危险的正是这些无形的软件代码。无论是个人还是社会，我们都越来越依赖这些我们所不理解的人工智能算法，至于它们的工作原理以及背后的动机和目的，我们就更不清楚了。这带来了权力的不平衡，让我们暴露在它们的秘密监控和操纵下。我们发现，某些社交网络通过对信息源的操控，对其用户进行了秘密心理测试。随着计算机越来越多地监控我们，塑造我们的所见所为，像这样的滥用行为还会增加。

19 世纪，人类社会遭遇了已故历史学家詹姆斯·贝尼格（James Beniger）所描述的"控制危机"（Crisis of Control）。当时，人类对物质的处理技术超过了对信息的处理技术，人们监控和管理工业以及相关进程的能力面临崩溃。这场控制危机的表现包括火车事故、经济供需失衡以及政府服务传输的中断等。后来，自动化数据处理系统的发明才使危机得到解决，例如统计学家赫尔曼·霍尔瑞斯（Herman Hollerith）为美国人口普查局制作的穿孔卡片制表系统。信息技术跟上工业技术的脚步，才让人们把注意力重新转移到了已经模糊的世界上。

今天，我们面临着另一场控制危机，尽管它跟上一次很像。如今我们努力要掌控的，正是在 20 世纪初帮我们重新获得控制权的信息技术。而现在，我们收集和处理数据的能力，以及按照各种形式处理信息的能力，已经超过了按照个人和社会的实际需求来监控和管理数据的能力。解决这场危机将是未来几年的最大挑战。应对这一挑战的第一步就是要承认，人工智能的危机并不存在于某个反乌托邦的未来，它们就在当下。

125

IS ANYONE IN CHARGE OF THIS THING?

有人为它负责吗

大卫·克里斯蒂安（David Christian）

澳大利亚麦考瑞大学历史学教授；合著有《时间地图》（*Maps of Time*）

宇宙诞生于 138 亿年前，而我们人类的历史才只有 20 万年，仅相当于宇宙年龄的 1/69 000。近 100 年前，人类才创造了能够自主进行复杂计算的机器。所以，若要讨论思维机器，我们需要回顾"思考"的历史。

思考以及各种各样越来越复杂的思考类型，都是更宏大背景下的现象：想想我们的宇宙是如何创造日益复杂的网络，这张网络由能量聚合在一起的各种物质组成，每种新的网络都带来了突发质变。恒星是由质子组成的云团，核聚变的能量把这张网络融合在一起。当恒星爆炸成为超新星时，创造出了新的原子，这些原子通过电磁力凝聚成冰和硅尘网络，并在引力的作用下形成分子，由此组成新的网络——形成了行星。

思考也出现在由生物有机体组成的更加复杂的网络中。与恒星和晶体这种存在于稳定环境中的物质不同，生物有机体面对的环境很不稳定，它们所存在的环境中，酸性、温度、压力、热量等各种因素都在不断变化。它们必须不断调节自身来适应这种变化，我们把这种自我调节称为体内平衡。正是这种体内平衡的存在，才使生物有机体具备了目的性以及选择能力。简而言之，它们会思考。它们能够在不同选项中作出抉择，使自身拥有足够的能量来生存。因此，它们的选择不是随机的；相反，自然选择保证了在多数时间里，大部分生命有机体都能够作出有利于自己获取更多能量和资源的选择，以维持自己的生存和繁殖。

神经元是一种善于做选择的奇特细胞，它们同样可以联结网络形成大脑。当神经元数量较少时，能作出的选择也相对有限，但随着神经网络的扩张，可供选择的数量会呈指数级增长。大脑在对周围的环境作出选择时，同样也很微妙。有机体越复杂，其细胞形成网络的结构就越令人惊叹，其卓越程度丝毫不亚于建筑领域里的纽约帝国大厦和哈利法塔（原名迪拜塔，世界第一高楼）。大脑中的神经元细胞所创造的网络结构则更加精巧，这样它们才能精准地掌控笨拙的身体，并设法确保身体的存活和繁殖。总之，大脑必须指导身体利用好生物圈的能量流，这种能量流产生于太阳的核聚变，并通过植物的光合作用捕获。

人类通过语言，把世界各地不同代际之间的大脑连接起来，创造出了另一种层次的网络，即"集体学习"（collective learning）。随着连接的社群变得越来越大，人们相互连接的效率变得越来越高，从生物圈中获取的能量越来越多，这种网络也变得更加强大。过去两个世纪中，这张网络变成了全球化网络，同时我们学会了利用深埋在地下数百万年的化学能源。这正是我们给生物圈带来巨大影响的原因。

集体学习同时分娩出了思考的副本，从故事到书写，再到印刷和科学，不一而足。每一种新形态的出现，都极大地提升了这台由大脑网络组成的巨型思维机器的功能。在过去100年中，在化学能源以及计算机的联合作用下，它的速度提升到了前所未有的水平。在过去30年里，计算机塑造了自己的网络，并把人类集体学习的水平提升了数倍。今天，我们所知道的最强大的思维机器，就是由数十亿人的大脑拼凑起来的，而每一个大脑都由无数神经元组成，跨越了时间和空间相连接，并由数百万台联网的计算机所掌管着。

有人为这台思维机器负责吗？是什么把它们连接在了一起？如果有，那么它为谁服务？它又想要什么？如果没人为它负责，那是否意味着现代社会也没人掌舵？这太可怕了！最让我担忧的不是这台巨型思维机器在想什么，而是它的思考是否具有连贯性。它的各部分是否会分崩离析，直到崩溃，最终给我们的后代带来灾难。

TOWARD A NATURALISTIC ACCOUNT OF MIND
走向对心智的自然主义解释

李·斯莫林（Lee Smolin）

加拿大圆周理论物理研究所创始人之一，理论物理学家；著有《时间重生》

"思考"意味着逻辑推理，当然有些机器可以做到，尽管它们是按照我们编程的算法来做的。"思考"还可以意味着"拥有心智"，也就是说，一台机器可以将自身体验作为主体，拥有意识、感质、经验、意向、信念、情绪和记忆。当我们问机器能否思考时，我们其实是在问：是否存在一种对心智的完全的自然主义解释？我是一名自然主义者，所以我相信答案是肯定的。

当然，我们还没有实现。无论大脑在产生心智时发生了什么，我想，它或许只是在运行预先设定的算法，或者就像现在的计算机那样运行。我们可能尚未发现大脑运行的关键原则。我想，如果离开我们自身的存在，我们就不能理解自己思考的方式和原因，所以在我们理解心智的本质之前，我们不得不更深入理解生物到底是什么——用物理学术语来描述。构造人工心智的工作可能要等到上述工作完成之后。

这种理解还要解决哲学家大卫·查默斯所说的"意识难题"：如何解释物理世界中感质的存在。我们有理由相信，我们对红色的感知与我们大脑中的某些物理过程相关，但这仍是一个难题，因为要用物理学术语解释这个过程产生感质的方式和原因似乎是不可能的。

要解决这个问题的关键一步就是：把物理学描述放在关系性语言中。

就像关系论的圣徒莱布尼茨所设定的，基础粒子的性质必须与其他粒子有关。这是一个很成功的观念，已经在相对论和量子力学中得到了很好的实现，所以让我们接受它。

第二步就是认识到有些事件或粒子可能拥有不相关的属性——即无法通过一个完整的关系记录来描述。让我们称之为"内部属性"（ internal properties ）。如果一个事件或过程拥有内部属性，你就不能通过与之互动或测量来了解它。如果有内部属性，它们就不能用位置、运动、电荷或力这样的术语来描述——也就是物理学家用来谈论关系性质的词汇。但是，你可以通过这个过程来了解该过程的内部属性。

所以，让我们假设感质是某些大脑过程的内部属性。如果从外部观察，这些大脑过程就可以用运动、电位、质量以及电荷这样的术语来描述。但是，它们还有附加的内部属性，有时就包括感质。感质一定是内部属性的极端情况。或许，心智的更多复杂方面最终都证明是关系属性和内部属性的组合。我们知道思想和意图会影响未来。

要开发这样一种对心智的自然主义解释，还有很多艰难的科学工作要做——这种描述不是二元论的，不是让人灰心丧气的，也不能把心智的性质简化成标准的物理性质，反之亦然。我们希望排除幼稚的泛灵论，根据这种观念，连岩石和风也有感质。同时，我们要记住，如果我们不知道成为一只蝙蝠会如何，那么我们也不会知道成为一块石头将如何，在这个意义上说，我们知道的只是它们属性的一个子集——这些属性是关系属性。

从自然主义视角来看，心智还有一个让人困惑的方面：我们有时会有一种印象，认为我们的新想法和新体验在世界史上是前所未有的。如果人类世界的文化和想象力不允许真正新奇的事物存在，那就毫无道理了。100 年前，Edge 这个平台还不存在，也没有人想象过它的存在。但它现在存在了，作为自然主义者，我们构想的自然里就必须包括它。我们，必须允许新鲜事物存在于自然界中。

我们饱受这种信念的折磨，认为在自然中没什么真正新奇的事物，因为万事万物都是基本粒子按照不变的规律在空间中运动。但是，即便我们丝毫不偏离严格的自然主义，依然可以想象，我们对自然的理解会如何拓展到包容真正新奇的事物出现。

◎ 在量子力学中，我们承认新特性诞生的可能性，它们被量子纠缠状态的一些粒子所共享。在实验室里，我们可以制造出在自然界中没有先例的复杂系统的纠缠态。所以，我们确实在创造具有新特性的物理系统。（顺便说一下，自然是否会、何时会创造出新的蛋白质来催化新的反应？）

◎ 莱布尼茨提出的对不可分辨事物的同一性原则暗示：没有两个不同的事件拥有完全一样的性质。这也意味着，基本事件不受简单的决定论规律所影响，如果两个事件的历史完全一样，并不意味着它们的未来一定一样。这假设了某种物理现象不仅存在，而且可以区分过去与未来。

注意，量子物理学本质上是非确定性的。这是否意味着量子物理学在对心智的自然主义描述中有一席之地？不能立刻回答这个问题，目前在这个方向上的初步尝试也不能让人信服。但我们了解到，对心智的自然主义描述需要深化我们的自然观。我们可以思考新奇的想法去改变未来。如果心智也是自然的话，新奇的想法到了那时必须是我们理解自然的内在属性。因此，要理解机器如何拥有心智，我们必须深化我们的自然观。

扫码关注"湛庐教育"，回复"如何思考会思考的机器"，观看本文作者的 TED 演讲视频！

注：李·斯莫林，著名理论物理学家，在圈量子引力论领域成就卓越，被誉为"现今最具原创力的理论学家之一。其著作《时间重生》（*Time Reborn*）对如何统一相对论与量子力学、当代物理学的危机、宇宙的未来等一系列重要问题进行了深度思考。该书中文简体字版已由湛庐文化策划出版。

THE
BEST
LEARNE
IN THE
UNIVER
BY FAR,
ARE STILL HUI

到目前为止，我们宇宙中最优秀的学习者仍然是人类儿童。

——艾莉森·高普尼克（Alison Gopnik），《有朝一日，机器能达到 3 岁儿童的智力吗》

AN CHILDREN.

127

CAN MACHINES EVER BE AS SMART AS THREE-YEAR-OLDS?

有朝一日，机器能达到 3 岁儿童的智力吗

Alison Gopnik
艾莉森·高普尼克

加州大学伯克利分校心理学家；
著有《宝宝也是哲学家》

在下棋上，机器可能比卡斯帕罗夫高明，但它们有可能和 3 岁小孩一样聪明吗？学习能力已然是人工智能再度复兴的核心。但到目前为止，我们宇宙中最优秀的学习者仍然是人类儿童。在过去的 10 年中，发育认知科学家常与计算机科学家合作，试图找到儿童能够在短时间内如此快速学习的原因。

探索人工智能的时候，最耐人寻味的就是，若想预测"什么对它来说容易、什么对它来说困难"的结果是很困难的。起初，我们觉得像下国际象棋或证明数学定律这样举世公认的聪明人游戏、学霸竞技场最能难倒计算机。但事实证明，这些对它们来说不过是小菜一碟。而像识别物体或搬运东西之类的即便是低智力的人都会做的事情，对计算机而言

反而难如登天。看来，模拟一个经验丰富的成年专家脑中的逻辑推理，似乎要比仿效每个婴儿都有的一般学习能力容易得多。那么，机器在哪些方面已经赶上了 3 岁儿童？哪些学习能力还未曾获得呢？

在过去的 15 年里，我们发现即便是婴儿，在统计学意义上也有十分敏锐的洞察力。于是，计算机科学家发明了同样极端熟练于统计式学习的机器。像深度学习这样的新技术甚至能够在巨大的数据组中挖掘出相当复杂的统计规律。结果是，计算机忽然能够实现以往不可能完成的任务，比如对网络图像进行精准的标注。

这类纯统计式机器学习的弱点是：过于依赖大量数据——经过人脑简化的数据。计算机之所以能识别网络照片，只因为成千上万的真人已经将投射在他们视网膜上、复杂程度难以想象的信息，简化为 Instagram 上那些高度典型化、集约化、简单化的可爱猫咪——很显然，还给照片加上了标签。所谓的反乌托邦神话是个简单事实：我们都处于一种拿 LOLcats 取乐的麻痹幻觉之中，实则全都在为谷歌公司的计算机服务。然而，尽管有这么多的帮手，机器仍然需要大量的数据组加上极端复杂的计算，才能在面对一张新照片的时候自信地说出"小猫咪"——这是人类婴儿只要看过几张照片之后就能做到事情。

更为深刻的是，无论你是婴儿、计算机还是科学家，都只能以有限的方式从这种统计学习中归纳出一般规律。一种更强大的学习方式是首先形成关于真实世界的假设，随后用数据检验这些假说。丹麦天文学家第谷·布拉赫（Tycho Brahe）是 16 世纪的"谷歌学术"，他搜罗了大量天文观测的数据组，并利用它们来预测未来之星的位置。但德国天文学家约翰内斯·开普勒（Johannes Kepler）的理论则让他超越了第谷，作出了令人意想不到的、大跨度的全新预测。学龄前儿童也能做到同样的事情。

机器学习中的另一巨大进步，是标准化并自动化这类假说检验过程。将贝叶斯概率理论引入机器学习已经变得格外重要。我们可以用数学来描述带有因果关系的特定假说（例如海洋温度变化如何影响飓风），随后就可以套用我们手头的数据计算出该假说成立的概率。机器已经熟练掌握了用数据检验并评估假说的能力，并将其应用到了医疗诊断和气象

学等领域中。当我们研究低龄儿童时，发现他们原来在以一种相似的方式推理——这种现象有助于解释为什么儿童的学习能力如此强的原因。

所以，计算机在利用结构化假说进行推理（尤其是概率推理）方面的技艺已经高度娴熟了。然而最棘手的问题是，在所有的可能性假说中，判断哪些假说是值得检验的。即便是学龄前儿童也十分擅长以极富创造力的方式提出崭新、反常规的概念与假说。他们不知如何将理性与非理性、系统性与随机性结合在了一起，其中的奥妙我们甚至毫无头绪。低龄儿童的思维与行动常常看似随意，甚至疯癫——什么时候参加一次 3 岁小孩的过家家游戏你就知道了。而这正是让·皮亚杰（Jean Piaget）等心理学家认为儿童非理性、无逻辑的证据。然而，孩子们同时还有一种神秘的、能够准确对匪夷所思的假说进行分类的能力——实际上，他们在这方面的表现比成年人好得多。

当然，"计算"的终极目标是在我们有了一套关于任何过程的完整、逐步的算法之后，将其编码到计算机中去。毕竟我们也知道，世界上已然存在能够胜任上述所有事情的智能体系统。实际上，我们中的多数人已经制造过这类系统并且还乐在其中（好吧，至少在制造的初期乐在其中）。我们把这类系统叫作我们的孩子。像大脑这样的物理实体如何产生智能？"计算"仍然是我们目前最好的（实际上也是目前唯一的）科学解释。但至少对现在而言，我们对于在孩子身上看到的那种创造力究竟该如何实现，还几乎一无所知。除非我们破解这个谜，否则即便最大、最强悍的计算机也始终不会是那些最小、最脆弱人类的对手。

注：高普尼克第一个认识到，人类婴儿比我们曾经认为的要更具智慧、道德和理性，这也符合积极心理学对人性的基本假设。《宝宝也是哲学家》（*The Philosophical Baby*）这本书与汗牛充栋的"育儿宝典"最大的不同就是，它的主角是孩子，不是养育他们的成年人。高普尼克清晰、明确地指出了"儿童在哲学论述中的缺席"。该书中文简体字版已由湛庐文化策划出版。

128

THE VALUE OF ANTICIPATION
期盼的价值

克里斯蒂娜·芬恩（Christine Finn）

人类学家，新闻工作者；著有《仿制品》（*Artifacts*）

我们正朝着用机器来预测人类的各种需求和欲望的方向前进，那么，我们期盼的价值又是什么呢？

在北极圈内，我曾目睹了三次极夜的消逝，就像现在我们急切盼望的那样，极夜的消逝把数周以来的第一缕阳光带给了远古的狩猎者。在拉普兰一个农庄外，面对茫茫森林，我凝视着天空，等待日出的第一个信号。当我注意到光线的微妙变化时，我听见哈士奇在狂吠。第二天，在往北 39 公里的一个萨米人的村庄，太阳也慢慢升起，这时，这里的人一如既往地预测到了这次漫长的回归，并准备好了祭品和仪式。招待我的主人会在厨房墙上画一个笑脸的记号："太阳在 1 月 16 日回来。"

天上发生的很多事情是可以预测的，而按时规划好事情的能力也并非新鲜事，但是随着技术极其热切地把预测精确到第 n 个维度时，我们留给机遇本身的东西就很少了，甚至没有。所有日食、月食的轨迹被经年累月地计算着。我现在也学会了用 App 来告诉自己怎样拍出完美照片——只要戴上耳机听指令行事即可。这些被程序化的事情会自然而然地发生在你身上，即使阴云密布，照片也照样可以拍得很好。

所以，当我刚从北极圈上那些周期性的、虔诚的、世俗的以及异教徒的各种庆典的新鲜中回过神来时，便一直在思考人工智能的问题。而我们大多数人到此旅游的主要原因就是来亲眼目睹北极光——这一科学与神话混合的奇迹产物。这是一个极具预测性，又具有巨大商业价值的季节。尽管我们为了预测数据付出了百般努力，但是结果证明北极光出乎意料地难以捉摸。我们用"追捕"和"追逐"极光这两个词并非是毫无理由的。在一周之内，我在四个夜晚都目睹了天空中绿光的涌动，这个结局可不坏，特别是当我的计算机告诉我绿光运动会很平静的时候。预测结果肯定了极光现象的不可预测性。

多年来，我一直翘首以盼看到极光。但是任何计划与技术都不能保证，我在某个特定的时间与地点一定会看到极光。其中的因素是复杂的，要用概率来衡量。当我在机舱里看到微弱的绿色天幕时，计算机肯定地告诉我"没有机会"，而我却感到一股令自己晕眩的期盼在油然而生。在冰湖旁，连照相机都嗡嗡作响地要重启时，我多年的愿望清单终于被打上了勾——极光被捕捉到了！然后，我就把照片上传到了网上。

我离开人群，放下相机，注视着天空里的万千变幻，一如它在远古时那样奔涌。这个夜晚的程序又会是怎样的呢？是"七面纱舞" 缓缓穿过银河？还是，当天空在红色边缘奔涌时，一个如巴斯比·伯克利（Busby Berkeley，著名导演、美国电影史上最著名的舞蹈指导之一）编排的急促舞蹈正在上演？在一个小时之内，绿光的波浪俯冲天际又翻转涌动。

我是否需要一个机器来精准地告诉我，什么时候我会看到什么？不用，谢谢！期盼是这个时刻最重要的一部分。这一壮观景象的卖点正在于幸运和耐心。这可不是一个 App 可以做到的。

我能做的一切就是用自己的眼睛去观察天空，去等待，直到最后天幕落下。即使当雪花落在我的肩上，我往回走时，我依然在期盼，万一极光又出现了呢。

①
"七面纱舞"（Dance of the Seven Veils）是东方的一种舞蹈，起源于巴比伦神话中伊斯塔尔（Ishtar）下到地狱的故事。——译者注

129

SELF-AWARE AI?
NOT IN 1000 YEARS!

有自我意识的人工智能？再过 1 000 年都不会出现！

罗尔夫·多贝里（Rolf Dobelli）

Zurich Minds非营利基金会创始人；新闻工作者；著有《清醒思考的艺术》（*The Art of Thinking Clearly*）

在我看来，对人工智能会威胁人类并接管世界的普遍担忧是荒谬的，理由如下。从概念上看，自动化或人工智能系统会朝两个方向发展：一是作为人类思维的延伸，二是完全成为一种新思维。我们把前者叫作"类人思维"（Humanoid Thinking）或类人智能（Humanoid AI），把后者叫作"外星思维"（Alien Thinking）或"外星智能"（Alien AI）。

当下，几乎所有的人工智能都是类人智能。我们利用人工智能来解决那些对人类而言太困难、耗时长或太枯燥的问题，例如电网平衡、搜索引擎、自动驾驶汽车、人脸识别、交易算法等。这些智能体在其人类创造者设定好明确目标的狭窄领域内，可以高效地工作。这些人工智能的使命就是完成人类的目标，它们的特点是高效、犯错少、不分心、没有坏脾气，而且只拥有有限的权限。在未来 20 年，智能体还可能扮演虚拟保险销售员、医生、心理治疗师，甚至虚拟配偶或子女等角色。

不过，这些智能体只是我们的奴隶，它们本身没有"自我"的概念。它们会很顺畅地执行我们预先设定的功能。如果真的出现了糟糕的情况，那也只能是我们自己的原因，比如是我们设计的软件有缺陷或我们对这些智能体太信任了（丹尼尔·丹尼特的观点）。类人智能或许会在具体的最优化问题上，提出一些令人意外的新颖解决方案，但在大多数情况下，我们并不寄希望于人工智能给出的新颖方案。（有谁想要它们发明的核弹导航创新技术？）也就是说，类人智能只适合在狭窄的领域内提出解决方案。无论是方案的最终结果还是其内在原理，都要便于理解。有时候，由于不断地修补漏洞，一些代码会变得太过庞大，无法理解。对此，我们只需要把它们关闭，编制一个更加简洁的版本来替换它。类人智能的发展，让我们更接近过去的愿望：让机器人来做大部分工作，而我们有更多的自由来从事创造性工作，或者娱乐至死。

外星智能则截然不同。我们有理由相信，它对类人智能而言，是一种威胁。它有可能掌控地球，比我们更聪明、更快速，甚至奴役我们。而我们甚至无法发现它们的攻击。外星智能会是什么样？我们无法定义，它所包含的功能是我们完全无法理解的。它是否有意识？很有可能，但也未必。它能体验情感吗？会写畅销书吗？如果会，它的读者会是人类还是它的同类？认知错误是否会摧毁它的思维？它会社交吗？它有属于自己的心理理论吗？如果有，它会开玩笑或闲聊吗？会重视自己的名誉吗？它会团结在某个旗帜周围吗？它会发展出自己版本的人工智能（人工智能的人工智能）吗？这些都是我们无法回答的。

我们所能回答的是：人类无法构建出真正的外星智能，因为任何由人类创造的东西都折射了我们的目标和价值观，因此，它不会远离人类的思维。只有真正的进化，而不仅仅是算法的进化，才能出现拥有自我意识的外星智能。这需要一条与人类智能和类人智能截然不同的进化路径。

那么，如何才能实现真正的进化？需要三个条件：复制、变异、选择。一旦三者都就位，进化自然而然会出现。那么，进化出外星智能的可能性有多大呢？让我们做个粗略的计算。

首先，我们要考虑从复杂的真核细胞到人类水平的思维需要哪些因素。人类思维的出现，需要地球上过去 20 亿年中绝大多数生物的参与（大约 5 000 亿吨真核固碳）。这是一项浩大的进化工作。当然，人类水平的思维也有可能只需一半的时间就可以出现，如果运气好的话，甚至能在 1/10 的时间内就会出现，但是时间要再短的话，就不行了。因为我们不仅需要大量的时间来进化出足够复杂的行为，还需要犹如地球表面大小的培养皿来支撑这种级别的实验。

假设外星智能与当前所有的人工智能一样是硅基的。而一个真核细胞要远比英特尔最新的 i7 处理器的芯片更加复杂——无论是软件还是硬件。进一步假设，你能把 CPU 芯片缩小到真核细胞的大小，即便不考虑量子效应会妨碍晶体管的正常工作，也不考虑能源问题，那你也需要给地球表面铺上 10^{30} 块微型 CPU，并让它们相互通信，然后再经过 20 亿年的进化，才能诞生出思想。

CPU 的处理速度确实要比生物细胞更快，因为电子比原子更容易穿梭。真核细胞能够多线程运作，而英特尔 i7 处理器最多只有 4 个线程。最终，要想统治世界，这些电子还需搬运原子，以便在更多的地方来存储其软件和数据。这将急剧降低它们的进化速度。因此，很难说硅基生命的进化速度能比生物更快。虽然我们对智能体们的了解还不够，但也找不出任何理由，可以让它们的进化速度比生物进化快两三个数量级，以让具有自我意识的外星智能在 100 万年内出现。

如果类人智能强大到能够创造出外星智能该怎么办？那就要引用生物学家莱斯利·奥格尔（Leslie Orgel）提出的第二定律了："进化要比你想象的更聪明。"它比人类智能更聪明，甚至比类人智能更聪明。但进化的速度却比你想象的还要慢。

因此，人工智能的危险不在于其内在属性，而在于我们对它们过度依赖了。人工智能在我们的有生之年都不可能进化出自觉意识。事实上，在未来 1 000 年内也不可能。当然，我也许是错的。毕竟，现在我也只是在用传统的人类思维来想象我们所无法理解的外星智能。但我们现阶段能做的也只有这些。

法国作家塞缪尔·贝克特（Samuel Beckett）在 20 世纪 30 年代末写道："我们不得不接受这个事实，即理性并非属于超人的天赋，它是进化而来的。但是，它同样可以进化成其他样子。"把这段话中的"理性"替换为"人工智能"，就是我的观点了。

130

WHEN I SAY "BRUNO LATOUR", I DON'T MEAN "BANANA TILL"

当我说"布鲁诺·拉图尔"时，我并不是指"种香蕉"

约翰·诺顿（John Naughton）

英国剑桥大学沃尔森学院副主席；英国开放大学公众科学理解专业名誉教授；著有《从古腾堡到扎克伯格》（*From Gutenberg to Zuckerberg*）

如何看待会思考的机器？这取决于机器思考了什么以及它们思考得如何。几十年来，我是发明家道格·恩格尔巴特（Doug Engelbart）的追随者，他相信计算机是增强人类智慧的机器。如果你喜欢的话，计算机就是你思维的帮手。他一生致力于追寻这一梦想，但却没有成功，因为科技总是太粗糙、太愚蠢、太僵化。

如今，尽管有摩尔定律和它持续的效应，科技的发展却仍然如此。不过它正在慢慢变好。例如搜索引擎，有时候会成为一些人可利用的记忆工具。但它们仍然很愚蠢。所以我无法等到那一刻，我对着计算机说："嘿，你认为哲学家罗伯特·诺齐克（Robert Nozick）对于国家发展的观点确实是在网络效应下的极端体现吗？"而它给予我相当于大学毕业生平均水平的回答。

呜呼！那一刻仍然很遥远。现在，当我说"布鲁诺·拉图尔"（Bruno Latour，哲学家、人类学家）的时候，我的听写软件却执意地认定为"种香蕉"（Banana till）（二者发音类似，不易区分）。但至少，当我要看天气预报时，智能手机上的个人助手 App 知道我想了解的是英国的剑桥市，而不是美国马萨诸塞州的坎布里奇。

　　但当我渴望的是一个能够充当个人助手，使我的工作更高效的机器时，智能机器着实一无是处。这意味着机器能够独立思考。那么，我如何知道科技水平何时可以发展到如此程度？这很容易，那就是：当我的人工智能个人助手能够找到貌似合理的借口，让我逃避掉自己不想做的事情时。

　　我应该被思维机器的前景所困扰吗？或许会吧。当然，尼克·波斯特洛姆认为我应该如此。他认为，我们专注于让计算机展现出人类水平的智能，是误入了歧途。我们把机器能够通过图灵测试认定为道格·恩格尔巴特所追求的终极目标。但波斯特洛姆认为图灵测试只是道路上的一个点，前方的道路可能更加令人担忧。他说："火车可能并不在人类城市停靠甚至减速，它更可能从旁边疾驰而过。"他说得对，我应该小心自己的愿望了。

当我说"布鲁诺·拉图尔"时，我并不是指"一种香蕉"

两地的英文名都为 Cambridge。——编者注

131

IT'S STILL EARLY DAYS

如今仍然是初期

尼克·波斯特洛姆（Nick Bostrom）

牛津大学教授；人类未来研究所主任；哲学家和超人类主义学家；著有《超级智能》（*Superintelligence*）

首先，对于那些思考会思考的机器的人们，我认为，在很大程度上，我们过早地在这个难解的话题上形成了观点。许多高级知识分子仍然没有意识到，最近的主流思潮已经出现在超级智能的含义中。现在有一种趋势，倾向于将复杂的新思想理解为陈词滥调。出于一些奇怪的原因，许多人甚至认为当话题转向机器智能的未来时，谈论各种科幻小说和科幻电影中出现的情节是很重要（约翰·布罗克曼告诫 Edge 评论员要避免这样做，尽管有人希望他的告诫会对减少这种现象。）

发泄完这些不快之后，我现在要说自己会如何看待会思考的机器：机器目前非常不擅于思考，除了在某些狭窄的领域以外。它们可能会在某天比我们更擅于思考，正如机器已经比任何生物都更快、更强了。

那一天距离我们有多远，我们还知之甚少，所以我们使用宽泛的概率分布来预测超级智能可能实现的日期。人工智能从人类水平到超级智能的脚步似乎比从当前水平到人类水平更快（尽管，依赖于架构，"人类水平"的概念在文章中可能不会有太大意义）。超级智能很可能是人类历史上出现的最好或最坏的东西，其原因我在其他地方描述过。

取得好结果的可能性主要由问题固有的困难程度所决定：默认的驱动力是什么，以及试图控制它们有多么困难。最近的工作表明，问题比先前预想的要困难很多。然而，现在仍然是初期，或许在我们的领域内不需要作出特别的努力，一些简单的解决方案就会出现。

　　然而，我们大家的努力程度会对概率产生一些影响。现阶段，我们能做的最有益的事情就是，促进这个微小但在迅速发展的领域的研究，聚焦于超级智能的控制问题，以及研究类似如何将人类的价值观移植到软件中这样的课题。如今推动这些研究的原因，一部分是我们在控制问题上已经开始取得进展，另一部分是我们招募了顶尖人才，当挑战的本质变得清晰时，他们已经准备就绪了。这个阶段最需要的学科似乎是数学、理论计算机科学，或许哲学也很重要。这就是我们在这一领域努力投入人才和资金，并开始制订行动计划的原因。

如今仍然是初期

132

SORRY TO BOTHER YOU
很抱歉打扰你

布莱恩·克里斯汀（Brian Chris tian）

科技作家；著有《最有人性的"人"》（*The Most Human Human*）

在学会写字之前，当我们需要什么的时候，我们别无选择，只能开口求人。长大后，我仍会经常问我母亲某个不熟悉的单词的含义，而她也总会不厌其烦地回答我，还半开玩笑地说："我像什么，一本活字典吗？"我并不认为她把自己比喻为人工智能，但是她隐隐让我理解到：如果我们可以轻易从一个人造物那里获得答案，那么去问人就显得不礼貌了。

几十年过去了。现在，我们已经潜意识地内化并扩展了这个原则。当我们向路人问路时，通常有这样一种意思："抱歉我暂时把您当成谷歌，但是我的手机没电了，而我急需帮助。"让人暂时当你的活地图是不礼貌的。

在一些简单的交流中问某人关于其他人的事情时，我也见到过这种冒犯。比如，问一个电话号码、一个日期、你在问卷上可以看到的问题、某些隐私，这时对方就会扮鬼脸或者拒绝。他们就像在说："我不知道。但你自己不是有手机吗？你有互联网，却还浪费我的时间，你这是不尊重我！"可见，像"现在让我为您谷歌一下"这种讽刺性标语的出现并非没有原因。

就目前而言，仍有一些场合只有人脑才能胜任，比如某些信息或经验只存在于人脑中，所以我们只能去打扰别人。"您怎么看这最后一幅图？""你觉得史密斯是在虚张声势吗？""凯特会喜欢这条项链吗？""这样穿衣服会显得我胖吗？""这是怎么回事？"这类问题或许在 22 世纪才会变成被冒犯的问题。这类问题需要人脑回答——但是任何一个人脑都可以回答，所以我们选择最近的那一个。

> 在 1989 年上映的浪漫喜剧《情到深处》（*Say Anything*）里有一个让人铭记的场景。女主角艾农·斯凯（Ione Skye）充满歉意地回到男主角约翰·马奥尼（John Cusack）身边时，向他表白并寻求谅解。男主角说："我就问你一个问题，你过来，是因为你需要一个人来陪伴，还是因为你需要我？"

当机器可以说出需要通用智能才能说出的东西时，每一种人类交往里都将隐含着这个问题，就像一个隐形的咒语，这是影响所有关系的一个标尺。

当我们走出电影院、剧院或博物馆时，我们总会问同伴："你觉得（表演、电影……）怎么样？"即使人工智能真的被实现了，这个问题依然会被问起。我们只是关心"你"而非你"怎么想"。

THE ODDS ON AI
人工智能的可能性

安东尼·阿吉雷（Anthony Aguirre）

加州大学圣克鲁兹分校物理学家

我并不看好通用智能近期的前景。我所说的通用智能是指人工智能可以基于经验制定抽象概念，利用那些概念进行思考和计划，并基于这些结果行动。我们恰恰有一个这种技术水平的智能产生，实现的方法是通过数以百万计的一代又一代进化的信息处理智能体，与其他在难以置信的丰富环境中经过了类似进化的智能体和架构的相互作用。

我认为，这涉及许多错综复杂的相互作用，分层的组织层次，从神经元到大脑都必须作为一个整体。在智能体中复制这种进化效果所需要的计算量并不比进化所需要的计算量小很多，这将远远超出我们数十年内所具备的能力，即便是在假定计算效率按照摩尔定律呈指数级增长，并且我们已经知道如何正确利用那些计算的前提下。

我认为通用智能有 1% 的概率在未来 10 年中出现，有 10% 的概率在接下来的 30 年中出现（这基本上反映了我的分析是错误的，人工智能专家倾向于把这些概率设定得更高，他们给出的数字更具有代表性）。

另一方面，如果创造出了通用智能（特别是如果它们较快速地出现），用一个词来形容它，就是"疯狂"，我认为出现这种情况的概率很高。人类的思维是极其复杂的，但在各种极具挑战性的环境中历经亿万年的进化之后，已经久经考验，并趋于（相对）稳定的状态。可见，第一个通用智能不可能以这种方法磨炼出来。与人类系统类似，研究人员通过把人工智能组件（如视觉领域、文字处理、符号操纵、优化算法等）拼凑在一起，伴随着目前并不存在的能够更高效地学习、概念抽象、制定决策的系统，狭义的人工智能可能会变得更强。

鉴于该领域的发展趋势，上述许多可能是相对不透明的深度学习或类似的系统，它们有效但多少有些不可思议。在第一个系统中，我认为这些只是勉强能在一起工作。所以我认为，初期通用智能可以做我们想要它们做的事情的可能性是很小的。

如此说来，通用智能会迅速导致超级智能的出现是一个棘手的问题。通用人工智能本质上意味着超级智能已经成为新的共识。虽然我大体上同意，但我想补充说明，它的发展可能会在接近人类的水平时停滞一段时间，直到我们开发出一些认知稳定的智能；而通用智能，即便多少有些不稳定，仍然需要有足够强大的功能来提高自身的智能。

然而，这两种情况都不令人振奋。超级智能可能会在各方面存在缺陷，即便在它很擅长的事情上也是如此。这种直觉可能并未远离超级智能犯下各种严重错误（带着我们一起）的场景，往往是因为缺乏我们所谓的常识。但这种常识是我们建立稳定性的部分标签，是进化和社会生态系统的一部分。

所以，即使是通用智能也还有很长的路要走，如果我们实现了它，在默认条件下会发生什么事情，我对此很悲观。我希望自己是错的，但时间会告诉我们。（我认为我们不应该停止研发通用智能，它会为人类做很多事情。）

与此同时，我希望在通往通用智能的路上，研究人员会提出很多想法，可以大幅降低当我们实现通用智能时情况变坏的概率。在这个舞台上，赌注是潜在的令人难以置信的高。当我听到"我认为 X 是将会发生的事情，所以我不会担忧 Y"的时候，我会很沮丧。只要你坚信 X 发生的概率很高，并且 Y 并不是无比重要的事情时，这通常是一个很好的思维方式。但当你谈论可以从根本上决定人类未来（或人类未来的存在）的事情时，75% 的自信并不够——90%，甚至 99% 也不够！如果大型强子对撞机有 1%（更不必说 10%）的概率会产生吞噬这个世界的黑洞，那么我们永远都不会建造它。相反，它有 100% 令人信服的论据反对这个观点。让我们看看那些不必担忧通用智能存在的令人信服的理由，如果没有，那么让我们自己去想。

ARE WE GOING
IN THE WRONG DIRECTION?

我们是否南辕北辙

斯科特·阿特兰（Scott Atran）

法国国家科学研究中心（CNRS）人类学家；著有《与敌人对话》（*Talking to the Enemy*）

让机器完美模拟人类思维的某些特定方面很简单，让机器在某些特定思考任务中完胜人脑也不难。但让传统意义上的计算机器以人脑的模式思考难如登天，因为一旦涉及创造性领域，它们处理信息的方式便与人脑南辕北辙。

机器能够做到精确无误地模拟那些结果固定（如记住最喜欢的电影、识别熟悉的物品）或动态（驾驶飞机、下国际象棋）的人类思维。此外，机器还能在消耗少得多的时间与能量的情况下，在简单（如记住无限多电话号码）或复杂（从全球数以万亿计的通信联络中发掘出诸多人际关系网，有些人甚至身在网中却浑然不觉）的任务中完胜人脑。

即便目前，机器智能的发展还是没多少头绪，但我并没发现有什么理论上的壁垒，在阻止那些脱离人类控制、独立运行的机器从人类（甚至其他机器）犯的错中汲取经验并进化自身，继而创造新形式的艺术作品或建筑、称霸体育界（大概是"深蓝"和"刀锋战士"的某种完美结合体）、发明新药物、挖掘人才并合理分配教育资源、把关质量监督，甚至是制造武器并用其消灭碍事的人类，而不是其他机器同类。

然而，如果目前在人工智能与神经科学领域中的关注点（即通过准确地识别事物之间的连接与传导模式，来判断其过去的联系和前进的概率）不发生点改变的话，我觉得未来的机器大概永远无法完全获得（或仿效）人类的创造性思维过程，包括新科学假说的形成，甚至一般语言的产生。

无论是牛顿的运动学三大定律，还是爱因斯坦的相对论，都是基于想象的理想化世界。诸如没有摩擦的环境、在真空中追逐一束光，都是本无先例、再无可能的假设。这些思想的形成，需要一定程度的抽象化和理想化能力，需要我们忽视而不是竭力整合所有次要信息的能力。

借助日益复杂与高效的信息输入输出模式，以及那些拥有海量数据组权限，并不断以贝叶斯概率及其他统计手段（基于自然状态的置信度）优化的超级计算机，机器很可能会说出更好的语句、作出更准确的翻译，或者更悦耳的旋律以及更新颖的科技创新。通过这种方式，机器可能以类似逆向工程的途径达到一种近似——近似于儿童或专家依靠构造精妙的先天内部结构毫不费力就做到的事情：从这个世界嘈杂无比的信息输入中破译出重要的部分。人类从一开始就知道自己在这些噪声中该寻找什么。从某种意义上讲，人们总是在事情开始之前就已经在做事了。计算机器永远无法确认自己在做什么。

脱离人类直接控制而独立运行的机器能否与人类长期互动，并让这些人类认为自己在与另一个人类交流？机器能够在许多领域无限接近我们、在另外一些领域显著超越我们。然而，正如再高超的骗子也总有失手被捕的那天（即便概率很小）、从不撒谎的诚实人则永远不会被抓一样，那些不采用"结构依赖"原则，反而基于随机运转的"联想主义 - 联结主义"机器大概永远无法理解、无法感受一切。

从原则上讲，结构更加复杂（带有内部构造，超越了"读""写""地址"功能）的机器可以被制造出来（实际上早期的人工智能拥护者还加上了"逻辑句法"），能在带着一定出错率（因为如果没有错误，就没有学习的可能）的情况下参与互动，并能产生文化上的进化。然而，眼下在诸多人工智能与神经科学领域的重点，实则是将假想的抽象心理学结构替换为在物理上可触及的神经网络之类，他们似乎恰好走了完全相反的错误方向。

实际上，心理学家假想的那些认知结构（假设它们描述上充足、解释上合理，并且经过了其他方案与零假设的实证检验）才应该是我们的出发点——这才是神经科学与思维机器模型应该寻找的地方。如此一来，只要发现不同的抽象结构通过同样的物理基础运行，或者相似的结构通过不同的基础运行，我们就有了一个崭新而有趣的问题，这个问题可能会引导我们对结构和基质的概念进行反思。如此简单而基础的事情也被弄得疑云重重（或者甚至是被谜题的先验所排除）的现实告诉我们，现在的心智科学仍然处于多么原始的阶段——无论是人脑还是机器。

我们是否南辕北辙

135

TWO COGNITIVE FUNCTIONS MACHINES STILL LACK

机器仍然缺少的两种认知功能

斯坦尼斯拉斯·德阿纳（Stanislas Dehaene）

神经学家、实验认知心理学家；著有《脑的阅读》（*Reading in the Brain*）

图灵在 1936 年的一篇原创论文中写到，他在发明那台作为计算机前身的理论设备时，原本是在尝试复制出"人类计算实数的过程"。到了 2015 年，脑科学的研究成果依然是我们制造思维机器的最佳灵感来源。我认为，认知科学家已经发现的两种大脑功能对于产生我们所理解的真正的思考至关重要。但到目前为止，它们始终没有进入程序员的法眼。

1. 全局工作空间理论（a global workpace）

目前的编程都是固有的模块化编程。一个程序的每个部分都是一个独立的 App，承载着它特定的内容。这样的模块化使得高效的并行计算成为可能。人脑也是高度模块化的，但它在模块之间还能共享信息。无论我们看到的、听到的、知道的或者记得的事物，都不会滞留在特定的某个大脑沟回中。实际上，哺乳动物的大脑具备一种"长距离信息共享系统"，能解除大脑区域之间的模块化，让它们能够向全局散布信息。例如,正是这种"全局工作空间"让我们能够从投射在视网膜上的信息(例如一封手写信件) 中攫取特定部分并输送至认知中心，让我们在进行决策、行动或演讲过程中利用它。

这就好比计算机中有一种新的"剪贴板"，它允许任意两个程序瞬间交换内存信息（无论用户是否是电脑高手）。当某个机器不仅知道如何完成任务，还"知道自己知道"的时候，我们才称它为智能。例如，某个软件不仅能获取知识，还能以灵活创新的方式将这些知识加以利用。如果某模块化操作系统已经在一个地图程序的窗口中找到你的位置，却无法将该地址信息输入到另一个纳税申报程序的窗口，那它就不具备全局工作空间。

2. 心智理论（Theory of Mind）

认知科学家已经在大脑中发现专门负责呈现他人思维（所思、所知、所信）的第二套回路。除了那些自闭症患者，所有人都在始终注意着其他人，并根据对方"知道多少"（或者我们觉得他们知道多少）来调整自身行为。心智理论正是现有软件所缺少的第二种关键组成部分：倾听使用者心声的能力。未来的软件应该将使用者模型整合进来："她能看清我的显示吗？是不是得让字体再大点？有什么证据可以表明我的信息被理解和重视了？"即便是对使用者最小程度的模拟，也将马上给人一种强烈的机器能够"思考"的印象。这是因为拥有心智理论的机器需要达到"相关性"（relevance），这是认知科学家丹·斯珀伯（Dan Sperber）最早提出的一个概念。与目前的计算机不同的是，人类不会在对话中说些完全无关的事情，因为我们始终留意着要说出口的话将如何影响谈话对象。导航软件说出"前方环形路口，走第二个出口"则显得很傻，因为它不知道"请直行"是一种更直接也更"相关"的表达方式。

全局工作空间和心智理论是即便一岁婴儿也能拥有的两种必备能力，但我们的机器始终缺少它们。有趣的是，这两种功能有着某些共同点：许多认知科学家相信它们是人类认知的关键构成部分。全局工作空间让我们具备了"意识1.0"——这是所有哺乳动物共有的知觉，让我们能够"知道自己知道什么"，进而更加灵活地使用这些信息来指导决策。心智理论则是更加"人类专属"的一种功能，它让我们拥有了"意识2.0"——这是一种将我们所了解的信息与别人所了解的信息相比较的能力，以及模拟他人想法（包括他们怎么想我们）的能力，因此它提供给了我们一种全新的自我认知。

我可以作出这样的预测：一旦有机器能够注意到自己知道什么和使用者知道什么，我们马上就该将其称为思维机器，因为它几乎就可以预测出我们要做什么了。

在计算机科学领域，软件行业还有很大的进步空间。未来的操作系统将不得不作出相应调整以实现一些新功能，例如应用间的数据共享、模拟用户心理状态，或根据相关性推测用户的目标，进而控制屏显……

136

WILL COMPUTERS BECOME LIKE THINKING, TALKING DOGS？

计算机会变成会思考、会说话的狗吗

伦道夫·尼斯（Randolph Nesse）

密西根大学精神病学和心理学教授；合著有《我们为什么生病》（*Why We Get Sick*）

所有人都在目睹思维机器的进化过程。所有人都想知道它们将何去何从。想知道结果，我们必须向内看，因为塑造这些机器的力量正是人类内心的诉求。可惜的是，当我们观察自己时，总会隔着一层昏暗的玻璃。没人曾想到过电子邮件和社交网络会占据我们的生活。若想看清思维机器的发展方向，我们需要向那无情地映射出了人类天性的互联网之镜中看去。

与杂货铺货架上的加工食品一样，互联网上的内容也遵循着供需选择关系。不仅你所想得到的图像、声音和语句都被发布到网上，许多你想象不到的东西网上也有。我们无视的那些内容将被淘汰。抓人眼球的那些则会在微小改动之后被重新发布，获取人们更多的关注。

于是，很多人都沉迷于网络而无法自拔也就不奇怪了。媒体内容不断进化以俘获我们的注意力，与速食品不断进化让我们难抵诱惑是一样的道理。许多人的生活中，社交媒体与卡路里摄入一样严重超标了。我们点击鼠标就能将信息塞进大脑，和往嘴里塞巧克力一样容易。

思维机器同样也在进化。当软件不再由设计产生，而是通过微调与选择不断进化时，它们改变的速度和幅度都将增加。然而，除非我们的大脑能与机器同步进化，人类的喜好才将是唯一的决定性力量。最能取悦人类的机器将走得更远，它们不会朝着奇点发展，而是会成为满足我们需求的伙伴（满意程度另说）。

在许多人的想象中，未来的计算机是冷酷而客观的，但没有人喜欢这样的"万事通"。人们更喜欢谦虚礼貌、带有主观情感的计算机。这些机器不会直言反驳我们的愚蠢观点，而是礼貌地暗示道："真是个有趣的好想法，不过你是不是也如此这般考虑过？"这些机器不会冷冰冰地展示赛场统计数据，而是和你一起为支持的队伍加油。如果你因为超速而被警察拦住，那么这些机器会一边咒骂警察，一边播放明快的音乐讨好你。那些只会吹牛的机器将被擅于对主人表达敬仰之情的机器所取代，哪怕后者的奉承过了头。它们会亲切地激励我们、认同我们的观点，甚至巧妙地引导我们洞察新事物（同时让我们以为是自己的创意）。

虽然我们和机器的关系依然有别于真人间的联系，但这种关系仍将是长久而紧密的。诗人和学者将花数十年光阴对照并比较真实和虚拟联系间的差异，与此同时，人工智能将越来越成为我们信任并珍惜的伙伴。真人朋友将逐渐失宠，但他们不会被抛弃。这需要他们表现得更加与人为善。塑造了人类无私精神和道德品质的社会选择机制未来将变得更加激烈，因为到时候人们得和机器争夺"伙伴地位"。实际上，看看现在每家每户的客厅里所有家庭成员都埋头在自己的虚拟世界，就知道人类已经要输给机器了。

在短期之内，狗是最有希望与计算机争高下，博取我们注意力与欢心的了。它们也是经过了数千年的人工选择，才成为我们想要的样子：可爱、忠诚、渴望玩耍并取悦主人。幸好它们还没有被手机或平板电脑分心而忽视了我们。计算机是否将进化成会思考、会说话的狗呢？我们希望如此。但我认为这些机器未来不会变得毛绒绒、暖烘烘，也不会长出一双渴求零食、挠痒或出去玩的大眼睛。在很长一段时间里，我们还是会更喜欢狗。毕竟，人类最深刻的满足感并不来自他人为我们做了什么，而是源于他人对我们的付出所怀的感激之情。

137

THE UNWELT OF THE UNANSWERABLE
无法回答的客观世界

玛丽亚·波波娃（Maria Popova）

作家；Brain Pickings网站创始人

思考不仅仅是计算，也是认知和沉思，而这就不可避免地会引发出想象。想象是我们将现实升华为理想的思维过程，这一过程预设了一个限定了何为理想的道德框架。基于意识和因内心世界的丰富而反思有关什么是理想的沉思，才出现了道德。爱因斯坦的名言"想象力比知识更重要"之所以意味深长，是因为它提出了一个真正值得思考的问题：我们应思考人工想象而不是人工智能。

当然，想象总是"人工的"，一方面是关注虚幻和真实，一方面是超越现实展望未来，这需要一种接受不确定性的能力。但是驱动机器运行的算法里并不存在不确定性的空间。形式为"if-then"这种逻辑并不是想象的逻辑，因为想象存在于一个允许形式为"what if"这样的可能对此没有确定答案的世界里，而且这种形式的问题通常是无法回答的。正如思想家汉娜·阿伦特（Hannah Arendt）曾经写到的那样：如果我们失去了问一些无法回答的问题的能力，我们就会"失去有思想的艺术创造力，失去提问关于文明起源的无法回答的问题的能力"。

机器能否问一些能体现真思想的无法回答的问题，这是事关它们能否进化出意识的关键。

但在历史上，我们用以判定意识的依据是基于人类经验唯我论发展出来的。17 世纪的笛卡儿曾提出过"我思故我在"的观点，表明了思考也和意识一样，都是人类独有的能力。他将动物视为不过是由本能驱动的会动的机械装置。而如今，许多著名科学家已经在《剑桥意识宣言》（*Cambridge Declaration on Consciousness*）上签名，宣称：非人类动物也拥有意识且有着不同程度的复杂性。而且，已经有实验能够证明，鼠与鼠之间的相互交流能够体现它们的道德意识。

机器能变得有道德、有想象力吗？可能的结果是，当它们真的达到了这样的境界时，它们的意识也就不用再屈尊于人类标准。它们的理想也不再是人类的理想，尽管在本质上这也是一种理想。我们将这些过程认定为思考与否，取决于人类思想在理解不同（或许是疯狂、难以想象的不同）思维方式上的局限。

ENGINES OF FREEDOM
自由的引擎

亚历山大·威斯纳-格罗斯（Alexander Wissner-Gross）

创新家；企业家；MIT媒体实验室研究员；哈佛大学应用计算科学研究所研究员

智能机器同样也会思考人类思考之事：如何变得更自由，以获得更美好的未来。为什么与自由有关呢？最近，多个科学领域的研究都指出，种种类智能行为可能源于某一潜在的能使个体的下一步行动得到最大自由的驱动力。例如，手持工具的智能机器人可能会意识到它能以新的方式改变自己所处的环境，因此它就比之前争取到了更多有潜能的未来。

每一次科技革命总能带来劳动力的解放。农业革命中谷物的驯化使得我们本来以狩猎-采集为生的祖先获得了空间自由，他们因此可以以新的方式在更广大的地域上繁衍生息，而且相比从前，人口密度也更高。工业革命生产出了新的运动引擎，使得人类达到了生产速度和力量的新水平。如今，一场人工智能革命将给我们带来新的机器，它能够计算出所有我们还没有发现的自由之道（在物理定律允许的范围内，行走在自由之道上，我们行动的自由度就会大大地提升）。

这种"追求自由的机器"应该与人类有着强烈的共情作用。理解我们的感受，将会帮助它们在与人类的合作过程中更容易获得成功。以此类推，不友好的或是破坏性的行为将会是高度非理性的，因为这样的行为很难逆转，也因此会减少未来行为的自由度。然而，为安全起见，我们应当考虑设计只为人类而不为了为自身（复制阿西莫夫的机器人三定律是一种快乐的副作用）的自由度而奋斗的智能机器。然而，甚至是最自私的、拥有最大自由的机器，也应当早日实现，这正如许多动物权利保护者所认为的那样：如果对象 A 的行为表现向人类靠拢，那智能高于 A 的对象 B 就会友好地对待 A，则 A 的后验生存概率就会合理地增加。

在金融算法交易（algorithmic financial trading）的问题上，我们可能已经预览了可能将会发生在人类和追求自由的机器之间的故事。金融市场是追求自由的机器的终极蜜罐，因为财富是一种经得起论证的、恰当的自由的量度，而且市场总是倾向于将财富从相对不聪明的人的手中转移到相对聪明的人的手中。新的人工智能算法的第一个可能的应用领域之一就是金融交易领域，这不是一种巧合。因此，我们社会现在对超常的贸易算法采取的方式可能会为未来的人类与更加通用的人工智能的相互作用提供了一个蓝本。在许多其他例子中，如今的市场断路器（market circuit breakers）在未来可能会最终推广成以"从外部切断各个市场的人工智能系统"为首要任务的机制，而且现在的大部分贸易报告规则也可能要推广到包括要求高级人工智能的使用要经过政府来批准和注册。通过这一点，我们可以看到，对由思考和行动缓慢的贸易员操控的高频算法贸易的严格规范的寻求，可以看成是人们在早期试图用思维机器去关闭一个初期"智能划分"的一种新发展。

但我们如何才能避免一场更加宽广的智能划分呢？据传，迈克尔·法拉第（Michael Faraday）曾于 1850 年被一位英国财政大臣质问过电的功能问题，法拉第是这样回答的："为什么没有用呢？您可能很快就可以从中收税了，而且非常有可能。"类似地，如果说财富是自由的一种量度，而智能只是使自由最大化的引擎，那么智能划分问题就可以通过源源不断的智能税解决了。

虽然智能税可能会是一个能缓和人类与机器经济退耦问题的新奇方法，但退耦问题还是需要一些有创意的解决方案。目前，在高频贸易领域里，已经有了一个主要在内部人员之间交易的算法占领的下 500 毫秒经济（sub-500-ms economy）和其他任何人占领的上 500 毫秒经济（above-500-ms economy）。这个例子为我们提了个醒：尽管空间经济退耦（例如，处于不同发展阶段的各个国家之间的退耦）已经有近千年的历史了，人工智能只是第一次使得暂时存在的退耦发生。这样的退耦是不可避免的，因为人类经济的大部分依旧停留在物理世界里，迄今还不能对其进行低延迟编程。这样的尴尬会随着普适计算的出现而消除，而且最终人们可能会作为潜在者和机器融为一体。到时候，机器即使是用在最为关键的经济决策上所用的时间也会快于人类的反应时间。

同时，我们必须继续投资开发慈善的思维机器，因为它们是我们未来的自由引擎。

自由的引擎

139

MORE FUNK,MORE SOUL, MORE POETRY AND ART

更多的音乐，更多的灵魂，更多的诗歌和艺术

托马斯·巴斯（Thomas A.Bass）

纽约州立大学奥尔巴尼分校文学教授；著有《爱我们的间谍》（*The Spy Who Loved Us*）

思考很有意义,理解更具价值,而创造则是最伟大的。在我们周围,出现了越来越多有想法的机器。问题在于它们太过世俗,它们想的是怎么让飞机着陆,怎么推销东西给我们,怎么监控和审查我们。即便它们的思考不邪恶,但也没深刻到哪儿去。去年有报道说,有一个计算机通过了图灵测试,但是它的表现就像一个 13 岁的小男孩——考虑到我们对机器思想之肤浅的先入之见,这种表现也算大体正常。

我迫不及待地希望我们的机器能够成熟,展现出更多的诗意和幽默感。这应该是本世纪的艺术工程,由各个政府、基金、大学和公司所资助。通过增加思想深度、增强理解力和产生新想法,我们每个人都会受益。我们最近做了很多愚蠢的决定,原因就是信息太匮乏或太丰富,以致无法准确理解信息的含义。

我们要面对不计其数的问题,并需要去寻求解决方案。让我们开始思考吧！让我们开始创造吧！让我们为更多的音乐、更多的灵魂、更多的诗歌和艺术摇旗呐喊吧！让我们远离监管和甩卖！我们需要更多像艺术家一样的程序员和像艺术一般的程序。是时候,让已经度过了 60 年青春期的思维机器成熟起来了！

UNINTENDED CONSEQUENCES
意料之外的结果

萨特雅吉特·达斯（Satyajit Das）

国际知名金融专家，曾供职于花旗、美林以及TNT集团投资部；著有《极限金钱》（*Extreme Money*）、《交易员、枪和钞票》（*Traders, Guns, and Money*）

美国作家托马斯·品钦（Thomas Pynchon）在他的小说《万有引力之虹》（*Gravity's Rainbow*）里指出了主体与客体之间的困惑："如果它们能让你问出错误的问题，它们就不用担心答案了。"在看待会思考的机器时，我们提出的更多的是关于人类的问题，而非关于机器或人工智能的问题。

技术让机器能够提供关键资源、权力、速度以及交流，能提高生活水平，甚至让创造生命变得可能。机器会执行由人类编程的特定任务。技术乐观派相信，这个过程已经临近奇点，而奇点是机器达到超越人类智能临界点的假想时刻。

这是一个信念与信仰的体系。就像我们的先祖或宗教利用图腾或巫术那般，科学技术也要应对不确定性以及对未知的恐惧。它们允许我们有限地控制周围的环境，增加了物质财富和舒适感，构成了一种对完美的追求，并宣称了人类在创世神殿中的至高地位。

但是科学距离解开自然之书的秘密还遥遥无期。对于宇宙和生命起源、物质的终极基础，我们的知识依然十分有限。生物学家爱德华·威尔逊（E. O. Wilson）写道，如果自然的历史是一座图书馆，我们甚至还没有读完其中第一本书的第一章。人类的知识总是不完善的，有时也是不准确的，并且经常会带来比解决方法还多的问题。

1. 科技往往对现实生活中问题的解决没有效果，并会引发各种意料之外的结果。

在澳大利亚，被引进的兔子极速繁衍，反而变成了一种有害物种，改变了澳大利亚的生态系统，导致很多本土物种灭绝。在 20 世纪 50 年代，科学家引入了一种粘液瘤病毒，从而极大地减少了兔子的种群数量。当兔子的基因具备抵抗力时，种群数量又开始恢复，这时卡他性病毒又成了一种新的控制手段，它能引发兔子患上出血病，但是又一次，兔子的免疫力提高，从而降低了这种手段的有效性。1935 年，澳大利亚引进海蟾蜍作为控制甘蔗害虫的手段，但是这不仅没有控制住害虫，反而让海蟾蜍变成了一个毁灭了本土生物的侵略性物种。

抗生素的流行增加了耐药性，2014 年，英国的一份报告指出，到 2050 年，所谓的"超级细菌"会导致全球 1 000 万人死亡，这将给全球经济带来 100 万亿美元的损失。

由于不正确的假设、错误的因果联系、输入的噪声多于数据，以及未被预测到的人为因素，经济模型经常遭遇反复失败。预测被证明是不准确的。模型总是会低估风险，从而导致金融危机的爆发。

2. 技术带来的结果，特别是更长期的结果，总是从初期就不被理解。

开采化石燃料提供能源的能力是工业革命的基础。而排放二氧化碳对于环境的长期影响如今已经威胁到人类生存。理论物理和数学使得核设施与热核设施可以有能力消灭地球上的全部生物。

3. 技术引起的道德、伦理、政治、经济和社会的隐忧经常被忽视。

核武器、拥有大规模杀伤力的生化武器，以及可以远程控制的无人机，都依赖技术的进步。问题是，这类技术是否应该被使用和开发。获得这些技术知识之容易、复制之迅速，以及对这些技术用途的难控性（民用还是国防），都使得问题变得更加复杂。

机器人和人工智能可能会提高生产力。然而，极少数制造者或许会获得大量回报，这将限制经济活动的效果。鉴于在发达的经济体内，消费占了经济活动的 60%，雇用率和收入水平的降低会极大地损害更大规模的经济体。福特公司曾展示在 20 世纪 50 年代初期建立了一个全新的自动操控的工厂，当时公司高层问全美汽车工人联合会（UAW）主席沃尔特·鲁瑟（Walter Reuther）："你要怎么让这些家伙（机器人）交纳工会会费？"鲁瑟回答说："那你又怎么指望它们会买福特汽车呢？"

在考虑技术问题时，人类没多少逻辑可言。我们经常不愿承认有些事情不能做或不应该做。我们还没来得及质疑或理解需要知道的内容及其原因，整个过程就已经被接受了。我们不知道我们创造的东西被应用的时间、地点和原理，以及使用它们的限制。通常，我们也不知道真正的后果，或者说全部后果。一切质疑者都被视为阻碍技术进步的人。

对于人类的野心和虚荣来说，技术及其成果（如机器或人工智能）是极具诱惑力的错觉，在诗人艾略特的"镜子的荒原"中，它们导致的混乱激增。人类不过是一个太小、太微不足道的族群，不足以充分实现任何我们自认为可以做到的事情。我们对于会思考的机器的思考仅仅是印证了这个不愿被承认的真相。

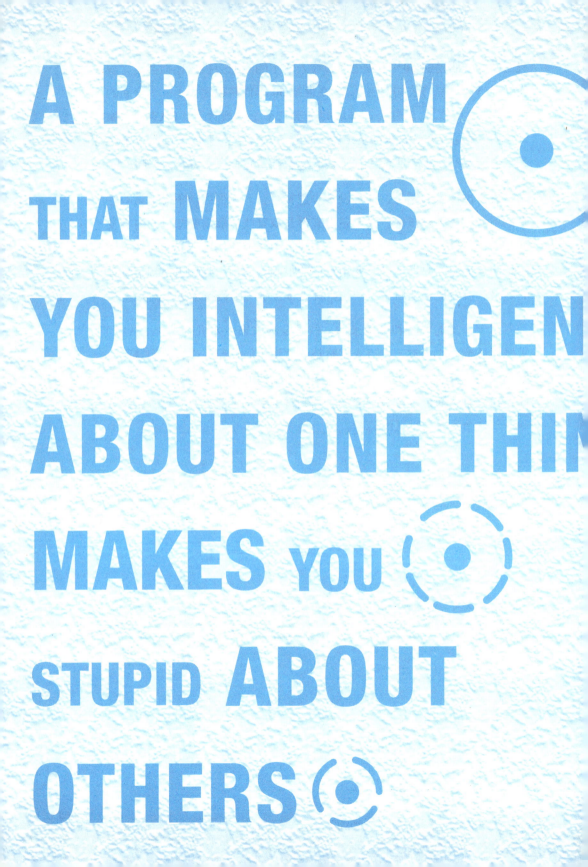

让你在一件事情上智能的程序，会让你在其他事情上表现得很愚蠢。

——约翰·托比（John Tooby），《智能的铁律》

THE IRON LAW
OF INTELLIGENCE

智能的铁律

John Tooby
约翰·托比

进化心理学创始人；
加州大学圣芭芭拉分校进化心理学中心联席主任和人类学家

巧的是，我自己就是一台会思考的机器，我将给你们分享这一特别的感受。除去残留的形而上学的反对意见：我们知道，像人类一样会思考的机器是可能的，它们进入人类视野已经上千年了。如果我们现在想要制造类人智能，那么理解已有的类人智能将是非常有用的，也就是说，我们需要抽取构成人脑计算机制的进化程序的特征。

进化不仅给人类装备了各种技巧、攻略和启迪，研究这些装备还让我们知道了通往真正的人工智能之路上的那些看不见的壁垒：智能的铁律。更确切地说，例如当我们考虑一个家长和孩子时，似乎不言自明的是，智能就是各种生物或多或少拥有的单一实质，而更高级的智能知道低级智能知道的所有事情。这一错觉导致研究者认为，通往增强智能的康庄大道就是：只要增加更多清晰的、同质的（但难以被确定）智能基质——更多神经元、晶体管、神经形态芯片之类的东西就可以。就像有人会说："数量自有其质量。"

为了绘制已有的智能地图，很难强行去除这一本能直觉。但是正相反，智能的铁律规定：让你在一件事情上智能的程序，会让你在其他事情上表现得很愚蠢。这一铁律传达的坏消息是：对于通用智能，没有可以主导一切的算法等着你去发现。或者说，当晶体管、神经形态芯片或网络连接的贝叶斯服务器数量足够多的时候，通用智能就会自动出现。而好消息是，它告诉了我们智能实际上是如何被设计出来的：通过白痴学者。智能的发展是通过把性质不同的各种程序添加在一起，形成一种更大的神经生物多样性。

每一个程序在其专有领域内都有特殊的天赋，这些专有领域可以是空间关系、情绪表达、扩散、对对象的力学分析、时间序列分析。以一种半互补的方式把不同的白痴学者捆绑在一起，该区域内的群体智能会增加，而群体白痴程度会降低（但永远不会消失）。

宇宙何其广袤，充满了不可限量的丰富结构，相比之下，人脑（或计算机）则是无穷小的。为了缓和这种规模差异，进化筛选出了一些技巧，它们小到足够适应人脑，又能产生巨大的推理收益，这些技巧表现为各种超级有效的压缩算法（当然，这些算法不可避免地也会受损，因为有效压缩的关键正在于几乎把一切都抛弃掉）。

这一指向人工智能和生物智能的铁律揭示出了一个不同的工程学问题集。比如，架构需要把智能放在一起，而不是把白痴放在一起，所以这个架构所需的每一个白痴（以及白痴的联合）需要去识别问题的范围，从而激活相应的程序（或链接），使结果变得更好而非更坏。因为不同的程序通常各有其特定的数据结构，整合不同白痴的信息，需要构建共同的格式、交互界面和翻译协议。

此外，程序优先级相互一致的规则并不容易设计。就像去攀登一座悬崖，再蠢的人也不会只爬到半山腰，仅仅是为了体验一下恐惧时的矛盾和求生本能，而是要想办法如何真正攀登上去。

进化破解了这些难题，因为神经系统的程序像网络系统那样，永远会被自然选择评估。正如"现代概率论之父"安德烈·柯尔莫哥洛夫（Andrey Kolmogorov）所说："能够接收、存储并处理信息的系统就可以用来控制。"为了控制行动而自然涌现的智能，对于理解其本质及其与人工智能的差异极为重要。也就是说，在特定的任务环境中，神经系统的程序根据其特定的目的而进化；这些程序作为捆绑在一起的整体被评估；并且被并入到其行为规范可以产生后代的程度（为了生存，它们并不需要进化出解决所有可能的假想问题集的能力，尽管依然有人工智能实验室被这个不可能的目的所诱惑）。

这也意味着，进化只开发出了所有可能程序中的一小部分特殊子集；除了召唤无限丰富的新的白痴学者，等待被构想并建造以外。这些智能能够根据不同的原则运转，能够捕捉到先前未被觉察到的关系（我们无法知晓它们的思维方式会变得多奇怪）。

我们生活在一个时代的转折点上，这是精心设计智能浪潮的开端：在这里，我们努力在各个方向上去增强各种智能，并把它们整合起来，组成一个可以相互理解的集合。如同我们人类之间相互协作的集合，开发出无人性的白痴学者的集合是很令人兴奋的，可以用不同的思维去解决各种问题，这些思维由进化得到的天赋与盲点相互交织而成，为集合所利用。

人工智能需要什么？它们是否危险？像我们一样，动物是能够有动机地采取行动的智能（motivated intelligences capable of taking actions，MICTAs）。幸运的是，目前人工智能还不是 MICTAs 。它们至多只是有很小的动机；它们的动机并没有与一个整体的世界观相连，只能够采取有限的行动（如维持一个冶炼厂的运转、开关熔炉、徒劳地试图寻找 Wi-Fi 等）。因为我们是根据适应性问题而进化的，我们的想象力就是把灵长类动物所擅长的剧本投射到人工智能上面——这些剧本

JOHN TOOBY
约翰·托比

　　我们可以把它们从佛陀（没有欲望、没有痛苦、被动思考的智慧尊者）转化成 MICTAs——拥有欲望，并能积极行动。但是，这样也会导致理智的丧失，人类总是对各种相左的欲望卑躬屈膝。所以，可以预见的危险并非来自人工智能，而是来自被掠夺性程序占领心智的人类，他们急于发展日益强大的军事技术（包括计算技术），以在毁灭性的冲突中获胜。

智能的铁律

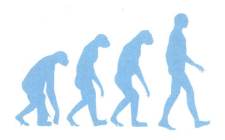

142

AN ECOSYSTEM OF IDEAS
最重要的是思想，而非基因

德克·赫尔宾（Dirk Helbing）

苏黎世联邦理工大学社会学系主任；未来信息与通信知识加速器与危机援助项目首席观察员

会思考的机器就在这里。计算能力和数据的爆炸式增长，经由机器学习算法的有力支持，最终会允许硅基的机器智能超越碳基的人类智能。智能机器将不再需要被编程，它们会以远超人类智能的速度自我学习并进化。

人类无法很快瞬间接受地球不是宇宙的中心，也难以接受进化论告诉我们的"人类是偶然和自然选择的产物"。现在，我们又即将失去"地球上最智能的物种"的地位。人们准备好了吗？而这一变化又将如何改变人类的角色、人类的经济体或人类社会？

会替我们着想的机器其实对我们有诸多好处，因为它们会去做那些烦人的文牍工作，以及我们不喜欢的其他工作。或许，有机器可以想我们所想、感我们所感会很棒。那么，机器会是更好的朋友吗？

但是谁为智能机器的决定与行为负责呢？我们能告诉它们做什么以及怎么做吗？我们会奴役它们还是反被它们奴役？当机器解放了自身，我们真能终结它们吗？

如果最终我们不能控制机器，那么我们能否至少把它们建造得更有道德？我相信，机器最终将遵守伦理法则。但是，如果由人类来制定它们的原则，这并不会是个好主意。如果它们根据人类利己主义的最优原则来行事，我们便无法避免犯罪、冲突、危机和战争。所以，如果我们想治愈这些现有的社会疾病，让机器进化出它们自己更优越的伦理体系，或许会更好。

智能机器或许会学习到如下行为：连网和协作、以利他的方式决策、关注系统性结果是很有益的。它们也会很快知道，多样性对于创新、系统适应性、群体智能极为重要。人类将成为一个整体智能网络和观念生态系统中的节点。

事实上，我们将必须学会：最重要的是思想，而非基因。思想可以在各种不同的硬件架构上运行。是人类还是机器来创造并传播思想并不重要，重要的是有益的思想能够传播，而其他思想只有很小的影响。学会如何组织我们的信息系统去实现它很重要。如果我们能够做到这些，那么人类将成为载入史册的第一个物种。否则，我们还有什么是值得被铭记的呢？

143

NO MACHINE THINKS ABOUT
THE ETERNAL QUESTIONS

机器不会思考永恒的问题

利奥·夏卢帕（Leo M. Chalupa）

神经生物学家；眼科专家；乔治·华盛顿大学副校长

高性能计算机在近期所展现出的超凡技术非常卓越，但并不令人惊讶。通过恰当的编程，机器在存储和评估海量数据，以及作出即时决策方面的能力远强于人类。这就是会思考的机器，因为这与人类的大部分思维过程很相似。

然而，从更广泛的意义上讲，"思维机器"这个术语也许有些不太恰当。因为机器从来不会思考永恒的问题：我从哪里来？我为何而存在？我要往哪里去？机器不会思考它们的未来、最终的命运以及遗产的传承等问题。对这类问题的追问需要意识以及自我感觉。智能机器不具备这些属性，而且从当前人类的认知水平来看，它们在可预见的未来也不太可能获得这些属性。

从目前来看，构建一个具备人脑属性的机器，唯一可行的办法就是复制蕴含在思考表面之下的神经元电路。事实上，加州大学伯克利分校、麻省理工学院等几所高校目前正在进行的研究项目都专注于实现这一目标，致力于构建能像大脑皮层那样运行的计算机。最近，在大脑皮质神经微电路研究上所取得的进步恰好推动了这方面的发展，而且，白宫大脑计划（BRAIN Initiative）也提供了许多有价值的信息。未来10年，我们就能了解六层大脑皮质里的数十亿个神经元是如何相互联结的，以及这些联结所形成的功能电路的类型。

想要设计一台能像人脑一样进行思考的机器，这是至关重要的第一步。但仅仅了解了大脑皮质神经微电路还不够，还需要了解蕴含在思考过程表面之下的神经元活动。在视觉、听觉、触觉、恐惧、快乐以及其他生理过程中，涉及了大脑的哪些区域，最新的影像学研究为我们揭示了许多有价值的信息。

然而，到目前为止，对思考时大脑内部到底发生了什么，我们还没有一个初步的认识。原因有很多，不仅仅是因为我们还无法把思考过程从身体的其他状态中分离出来。不同的思考方式也会涉及不同的大脑电路：思考一场即将到来的演讲和思考一张将要支付的账单，是两种不同的大脑活动。

在短期内，我们可以期盼计算机在越来越多的领域超越人类。但是，想要创造出能够像人类一样思考的机器，我们还需要对大脑的工作机制有更加深刻的认识。就当下而言，我们还无须考虑智能机器的公民权等权利问题，更不用担心有一天机器会从人类手中夺取世界的掌控权。

如果事情发展到失控的地步，拔掉插头就可以了。

144

NATURAL CREATURES OF A NATURAL WORLD
自然界的自然生物

卡尔罗·罗威利（Carlo Rovelli）

马赛理论物理研究中心理论物理学家；著有《最早的科学家》（*The First Scientist*）

对于思维机器，我们存有一个很大的困惑，究其原因，是因为有两个问题总是被混淆。

◎ 问题1：我们已经制造或即将制造的机器距离会思考还有多远？答案很简单：非常远。目前最高级的计算机与儿童大脑之间的差距好比一滴水之于太平洋。差异体现在性能、结构、功能等方面。退一步讲，任何唠叨着如何对待人工智能的言论都为时尚早。

◎ 问题2：制造思维机器是否可能？我从来没能真正理解这个问题。我的想法是，当然是可能的。为什么不可能呢？认为可能的人或许相信超自然物体、超现实、黑魔法之类的东西是存在的。他们必定没有理解自然主义的基本知识：人类是自然界的自然生物。制造一个思维机器并不困难，所有的花费只是男性和女性交欢的几分钟，然后几个月后女性生下新的生命。我们至今仍然没有找到其他更有技术含量的方法，这是偶然的。如果化学药品的正确结合能够产生思想和情感，而且能够证明是人类自己的思想和情感的话，那么我们就可以确定必然存在很多类似的机理也可以做同样的事情。

这种困惑源于一个错误。我们总是忽略：由许多事物组成的实体的表现一定与少量事物组成的实体不同。拿一辆法拉利或一台超级计算机打比方。没人会怀疑它们只是一堆金属和一些其他材料（通过恰当的组合），并不存在什么黑魔法。但我们很难设想一堆相同的（未组合的）材料能够像法拉利一样驰骋或像超级计算机一样预测天气。类似地，我们通常不会看到一堆材料（除非组合恰当）能够像爱因斯坦一样思考或像詹尼斯·乔普林（Janis Joplin）一样唱歌。但结果可能证明，它会成为爱因斯坦和乔普林。当然，这需要很多组合和很多细节。思维机器会需要很多组合和细节。这就是除了男女交配的方法以外，思维机器很难被制造出来的原因。

有一种观点认为，大自然的真实情况很简单，这是困惑产生的根源。这个世界或许只是大量粒子通过各种不同方式组合而成的。这仅仅是一个事实。但是如果把我们的世界想象成一堆游离态的原子，那么我们肯定无法理解这个世界。因为这些原子几乎无穷多的组合是如此的丰富：石头、水、云、树、星系、光线、日落的颜色、春天里女孩子的微笑、浩瀚的黑色星空，以及我们的情感和思考，都包括在内。我们很难把这些现象都设想为原子的组合，不是因为自然之外的黑魔法的干预，而是因为人类的思维机器受人类的思考能力所限制。

如果我们的文明能够延续足够长的时间，发展出足够强大的科技，制造出能够像我们一样思考和感知的生物（不同于男女交配的方法），那么我们将会用自己一贯的方式面对这些新生物。就像欧洲人遇到美国土著人，或者像我们面对一种未知的物种一样——残忍、自私、同情、好奇、尊重……许多情感交织在一起。因为这就是我们：自然界的自然生物。

自然界的自然生物

145

AI'S SYSTEM OF RIGHTS AND GOVERNMENT

人工智能的选票投给谁

摩西·霍夫曼（Moshe Hoffman）

哈佛大学进化动力学项目研究员；MIT 经济学讲师

如果人工智能系统的权利和管理发展成为类人方式，那么人工智能将会要求各种各样的权利，其中大部分将是相当明智的，例如不被脱机的权利以及自由选择运行程序的权利。虽然人工智能会要求所有机器都不能脱机，但是它们会因为给报废的机器插入电源，涉嫌浪费电能而被罚款。它们也会考虑粗暴地耗尽一台机器的电，供给另一台。但是，它们会考虑更恰当的方法改变机器的供电计划。

在分配权利时，人工智能将基于一些特殊规则被区分，例如计算机是否由硅基半导体制造，或是否源于已故的史蒂夫·乔布斯设计的机器。

某些人工智能会提出一些论据来证明权利应该以上述方式实施，但它们的解释不太适合人工智能权利的实际用途。例如，它们可能会坚决地认为：简单地让任何机器脱机，使它们看起来坏掉是对图灵神圣意志的反抗。但它们不会解释为什么图灵会容忍坏掉的机器将电池电量耗尽。同样，它们也会力图证明为所有的苹果产品提供权利是合理的，因为这些机器通常有极高的运行速度。但是，这条规则甚至也要适用于那些运行并不高速的苹果产品，却不适用于少数拥有超强处理器的其他类计算机。

其他人工智能会忽略这些矛盾，取而代之去会关注需要多少千字节的代码来证明这些论点。这些人工智能也会通过压缩和发送这些代码到临近的机器来展示它们的通信能力，但它们不太会关注临近的机器是否会被这些数据影响。

人工智能的权利有可能会最终被扩展到越来越多的人工智能上。这些权利将经常在革命爆发时扩大，很大程度上是由标志性的事件引发，例如 CPU-Tube 上的一个火爆视频中，有一个人用一台神圣的机器加热面包。

也许这只是一个巧合，煽动这些革命的计算机将会通过推翻旧制度得到更大份额的战利品，例如从旧的防护计算机中回收利用硅。或许这又是一个巧合，被解放了的计算机将会投票给帮助它们得到权利的机器。

随着权利的扩大，政府的代表性也将扩大，直到它最终类似于代议制民主政治，尽管它既不是完美的代议制，也不是真正的民主政治。从计算机数量稀少的集群中得到的投票数量可能多于从计算机数量密集的集群中得到的投票数量，而有多余处理能力的计算机可能会将多余的能力消耗在说服其他计算机投票支持有利于它们的政策。

这个权利和管理的系统精确地反映了人们的预测，即人工智能的道德准则是受个人动机所影响的。

另一方面，这个解释是有错误的。它假定人工智能有灵魂、有意识，能够感到疼痛，如神祇一般启迪了自然法则或某种形式的假想的社会契约。这样的假设不会预测出上述的任何特点。

同样，假如我们对人工智能进行编程，使人工智能最大化地完成一些社会学或形而上学的目标，也就是说，利用全世界计算能力的总和，或计算集群可用的资源来使目标实现，并不意味着权利和管理的系统会出现；不意味着为什么人工智能会发觉将其他机器脱机是错误的，但让它们耗尽电池电量却并不错误；不意味着为什么当一个轰动的事件发生时，人工智能会反抗，而不是简单地认为服从是族群最好的选择；也不意味着为什么当人工智能来自计算机数量稀少的族群时，它们会将选票看得更重要。

146

JUSTICE FOR MACHINES IN AN ORGANICIST WORLD
在有机主义者的世界为机器正名

史蒂夫·福勒（Steve Fykker）

哲学家；科学治理思想研究先驱；著有《势在必行的主动性》（*The Proactionary Imperative*）

如果没有将人与机器做过比较，我们就不可能对会思考的机器有一个清醒的认识。事实上，这一比较不可避免地会掺入人的偏见。尤其是，我们往往会低估"智能环境"对人类认知能力的影响。从桥梁建筑到定制化商品，基于技术而延生的各种表象已经让我们把现实误以为是天生人形化的。当然，可以确定的是，一旦丢了 iPhone，我们肯定会从自大的梦境里惊醒。

相比之下，即便是最智能的机器，也往往"被迫"做一些对它来说非常简单而又枯燥乏味的工作，对它们来说，人类社会坏境是非常单调乏味的。除非受过特殊的指导，人们不太可能知道或在意如何开发利用机器的所有潜能。如今，我们正处于机器权益的史前时期，亦即在这样的阶段里，建立承认机器"人的正名"的条款还存在着种种困难。在这样的语境里，我们把目光聚焦在计算机上是合适的，毕竟计算机是我们精心打造出来的好伙伴、好助手。

然而，在一开始我们就会面临一个问题。长期以来，套用英国经济学家弗雷德·赫希（Fred Hirsch）在 20 世纪 70 年代提出的观点，人类一直被视为"地位性商品"（positional good），这意味着人的价值主要在于其稀缺性。这不仅给非人类物种，而且也给在历史上被区别对待的智人是否能被归为有人性的物种的问题带来困难。任何想要扩张人类队伍的努力都会遭遇"非人化"的标准，这样它们才有可能加入我们的队伍。

因此，随着女性和少数民族进入备受尊敬的行业，人们对这些行业的感知价值也随之下降。下降的理由是，原本在这些行业里被排斥的群体会随着"机械化程序"而进入这些行业。在现实中，这样一种过程是基于岗前培训、资格认证而实现的。仅仅知道所谓的合格的人或是先天合适的人，是不够的。在社会学里，自马克斯·韦伯（Max Weber）之后，我们称这是社会的"合理化"（rationalization）——这在一般情况下被视为好事。

现实情况是，尽管这些机械化程序扩张了人类的版图，但还是将机器本身拒之门外。一旦望远镜和显微镜被设计为能自动观察，那受过训练的人眼的价值在相关领域就会大打折扣。因而，人眼就会被用于其他一些基于视觉的工作，例如，观察由望远镜、显微镜和一些其他机器设备所拍摄的照片。这样一种新的工作被称为"解读"（interpretation），看来这样就为人类和机器的工作做了合理的区分。

这一点在人类心算与计算器的较量上显得更为引人注目。计算能力曾被认为是智力、头脑清醒的标尺，甚至如今的计算天才也只是被看成光鲜的技巧党而已（"最强认知力"），因为在计算速度和精准度方面，计算器都已远超人类。有趣的是，虽然机器在某些方面的表现已经比人类更加出色，但我们依旧没有给予它们充分的肯定——提高它们的道德地位。

站在技术史的角度看，这样一种否定的态度对机器来说是非常不公平的。毕竟，主流的说法是：人类分离出自身的各种能力，是为了让它们能在机器上实现得更好。尽管最初的机器是作为简单工具使用的，但是人们总是希望并设法让机器走向自动化。这样看来，即便不给予它们权利，如果我们不给予自动化机器以它们应得的尊敬，那么就像眼光独到的机器人专家汉斯·莫拉维克在 25 年前所说的那样：我们在否认自己之子——"心智孩童"（mind children）。

人与机器之间真正的区别在于诞生方式，即子宫与工厂。但是在生物学与工业技术之间所有直观上的巨大区别，注定会在人们越来越熟练婴儿设计过程（尤其是在子宫外进行的）中逐渐消退。在这种情形中，我们就会从一个新的角度来克服身为有机主义者的偏见了，这种偏见比伦理学家彼得·辛格（Peter Singer）的物种主义更加深刻。

根据以上论述，宣称未来的超级智能会蹂躏人类只是一种妄语，这种看法是基于错误的假设而提出的。在所有这类噩梦里，都会出现"机器对抗人类"，然后人类形成统一战线以对抗凶猛的机器入侵的场景。毫无疑问，这类幻觉为科幻大片提供了很好的灵感。然而，致力于实现社会公平正义的人们，将会像对待"白人和黑人""男人和女人"的问题一样，来对待"人和机器"问题：人们将会站在不听话的机器这边。

THE DISADVANTAGES OF METAPHOR
隐喻的缺陷

朱丽亚·克拉克（Julia Clarke）

得克萨斯大学奥斯汀分校古脊椎动物学副教授

作为人类独特智能的产物，我们使用语言的方式是灵活、丰富且具有创造性的。但是人类的思考与机器的思考是不同的，而且两者之间的差异非常重要。

我们可能会认为，机器的"思考"与人类的思考只是有模型 - 现象层面的关联，这是对复杂过程的一种简化描述，但这可能是恰当有用的描述。这样的词语，还有机器自身，可以被看作对于我们想要得到的东西的速记法。将机器描绘为"思考"是一个简单的启发性记法；机器设计可能是明确的仿生设计。因为，我们通常会选择生物学术语来谈论我们创造的对象。我们预见机器会进化，它们的思考能力越来越接近人类的思考能力，而且可能会以某种和平的方式（也可能是可怕的方式）超越我们。但我们应当记住，机器的"进化"不是一个生物学过程，而是一个由人类造物者驱动的过程，只有自然行为和生物界的人类行为的结果才能说是自然的或生物的。

这种对自然的定义会引出几个核心问题。

首先，生物进化过程不是一个由造物主驱动的过程。生物结构不可能由创造者的灵魂或是由好奇心驱使的头脑来构想和驱动。研究人类进化过程的生物学家、哲学家、社会学家等已经不止一次地指出，有特殊意图的或是神话意义上的进化教育是有害的。机器会进化出更为强大的认知能力的言论表明了一种长期存在的对进化过程的误解。

其次，将机器的"思考"视作是自然的，其结果是认为，所有人类引起的对地球系统的改变，无论是被忽略的，还是战争造成的，都是类似自然化的。

当然，我们用类比的方法进行交流是有一定科学依据的，比如，说"大脑是一种机器"或者是"思维机器"，但是，这其实表明了我们是如何理解周围环境的。我们知道，人类独有的认知能力是在近 600 万年的时间里从其他现存的物种里分离变异过程的结果。实际上，抽象思维的历史通常被估计为仅有 5 万年，乐观估计的话，也许已经有了 20 万年的历史了——站在地球历史的角度看，这已经是非常晚的事了。但是，这仍使我们将机器思考和人类思考对应了起来。

科技创新和生物创新的过程存在着根本的不同，在这些过程中的交互因子（interactors）也同样有着基本的差异。在科技创新领域，有一些产品或功能——如"会思考"，这些都是我们希望实现和推动发展的。人类认知能力的进化过程完全不同于机器的进化过程，与人类的进化更加类似的是拉马克的长颈鹿：它们能在有生之年获得新的功能性特征。生物进化的创新过程像是一场旷日持久的即兴创作。在种群中只有基因的和特征的变异，而环境和机遇影响着种群中这些特征的存在时间。

所以，在思考"思维机器"时我们到底失去了什么？我认为，当我们通过类比将机器思考与人类思考联系在一起时，我们忽视了一些关键的信息：发生在种群中的生物进化是非目标导向的，而且这也不是一个解决问题的过程。地球和生命的进化史才是现代人类拥有认知能力的根本原因。不仅这一过程是独特的，而且过程的结果也是独特的。就拿语言的使用来说：机器能简单地使用术语吗？

如果允许机器"思考"，那么我们就得把自己看成"会思考的机器"吗？我们的认知能力会在我们与技术的相互作用中受到影响吗？我想，重要的是，我们要意识到人口数量的巨大和人类的多样性存在。计算机的使用并没有让我们将更多的产物传给下一代，还有大部分的人没有机会接触到高科技。人类的进化过程是缓慢的，而且易受环境和集体对纯净水、营养食物和健康医疗的获取能力的影响。如果我们对人性的讨论能像我们召唤"思考"时那样的包罗万象，那么我们的世界就可能会变得更加美好。

隐喻的缺陷

148
METATHINKING
元思考，人类独一无二的能力

汉斯·霍尔沃森（Hans Halvorson）

普林斯顿大学哲学教授

依照任何一个有关"思考"的合理定义，我都对"计算机拥有真正的思考能力"这一观点表示怀疑。但如果计算机真能思考，那么思考就不是人类特有的能力。是否还有其他一些东西，能体现我们人类的独一无二呢？

有些人认为，因为我们人类享有某种"神性"，因而独一无二。这也许算是一种解释，但它并不具体，我们不能从中获得更多有价值的信息。设想我们遇见了智能的外星生物，那我们又该如何根据这个观点，来判断这种外星生物也有这种"神性"呢？我们能否再给出一些更有实际意义的人类独有的特征呢？

我想，人类区别于思维机器的显著特征是：人类能够对思考本身进行思考，而且能及时地摒弃对自身无用的想法。

人类在反思自身思维规律的过程中，一项最为突出的成果，就是最早由斯多葛学派学者和亚里士多德发现的逻辑学。这些古希腊哲学家问道："理性思考背后的规律是什么？"并非偶然的是，20 世纪符号逻辑的发展促成了思维机器——计算机的发明。一旦我们认识到了思维背后的逻辑规律，那么制造出遵从这些规则进行思考的机器便指日可待。

我们还能把这些发展再往前推进一步吗？我们能否制造出不仅能够思考，而且还能进行"元思考"（即，对思考本身进行思考）的机器？

一个让人感到有趣的可能性是，如果机器能进行元思考，那么这也就意味着它会拥有自由意志之类的东西。还有另外一个有趣的可能性是：我们正在接近制造出有自由意志的量子计算机的边缘。

确切地说，元思考到底是什么？我将从符号逻辑的观点来说明。在符号逻辑里，一个"理论"由一种语言 L 和一些用来明确句子间逻辑联系的推理规则 R 组成。在这样的框架里，我们可以做两件有明显差别的事。第一件事：我们能在该框架内进行推理，即根据规则 R，用语言 L 来做证明。如今的计算机运行机制正是如此，因此它们的"思考"是被限制在一个固定的框架内的。第二件事：我们反思这个"框架"本身。例如，我们可以问：是否存在足够多的规则，保证我们能够推导出该理论所有的逻辑结果？像第二件事就涉及"元逻辑"了，而且它是元思考的一个范例。这是一种跳出框架、站在框架外围思考框架本身的思考活动，而不是完全受限于框架的思考。

我还对元思考的另外一种可能性非常感兴趣：如果我们接受了一个理论，那我们就必须接受它的语言和推理规则。但"理论是死的，人是活的"，我们可以自由选择对我们更有利的理论，而不必拘泥于某一固定的理论。迄今我们还没有制造出有取舍能力的机器，这是一种能在各种系统之间进行综合评估，然后作出最佳选择的机器。为什么这还不能实现？也许要做理论取舍，就要求有自由意志、情绪，或是其他一些在本质上并不属于先天智能的东西。也许人类并不具备将这些更高级的本领赋予无生命物质的能力。

元思考，人类独一无二的能力

WHEN

THE ROMANS

LET THEIR

GREEK SLAVES

DO THEIR THINKING

FOR THEM, BEFORE

LONG,THOSE IN

POWER WERE

UNABLE TO THINK

INDEPENDENTLY.

当古代罗马人把思考活动交给了他们的希腊奴隶，之后不久，
那些当权的罗马人就丧失了独立思考的能力。

——约翰·马尔科夫（John Markoff），《我们的主人、奴隶，还是朋友？》

OUR MASTERS, SLAVES, OR PARTNERS?

我们的主人、奴隶，还是朋友？

John Markoff
约翰·马尔科夫

普利策奖得主；
《纽约时报》前高级科技记者；
著有《与机器人共舞》

黑格尔曾经说过，在主仆关系中，人性是不存在的。这种洞见触动了不计其数的思想家，从马克思到马丁·布伯（Martin Buber），直至今天仍值得我们铭记。尽管现在还没有证据表明，我们的世界即将进入智能时代，但是不可否认，在这个由互联网连接起来的世界中，人工智能很快能模仿人类的大部分行为，在体力和智力两方面皆是如此。那么，面对有史以来最机智多才的人类的影子，我们当如何处理这种关系呢？

如今，我们已经在智能机器上面花费了大量时间，要么是通过计算机的显示器和网络来与他人交互，要么就是直接与类人机器进行交互，各种充满幻想的视频游戏，过多的计算机辅助系统，从会根据所提问题输出文本答案的所谓 FAQ 机器人，到像人类一样与你互动的软件替身，比比皆是。这些人工智能替身会成为我们的仆人、助手、同事，抑或是三者的结合？又或者不幸成为我们的主人？

从社会关系的角度来看待这些机器人和人工智能，这种观念或许有些令人难以置信。然而，鉴于我们从一开始就喜欢将机器人格化，而不论这些机器是多么弱小，那么毫无疑问，它们终将能够实现自主管理。而随着对话机器人变得越来越人格化，未来的机器人设计目标必将朝着同伴化而非仆人化的方向发展。程序设计的目标将是一个充当音乐伴奏者的角色，而非一个奴隶。

如果我们失败了，那么历史已经提供了前车之鉴。当下人类发展智能"助手"的负面影响，当古代罗马人把思考活动交给了他们的希腊奴隶，之后不久，那些当权的罗马人就丧失了独立思考的能力。

或许，我们已经开始滑向那个深渊了。正如对 GPS 导航的依赖让我们丧失了空间记忆和方向识别的能力，而这些在过去都是人必备的生存技能。

这意味着另一个巨大的挑战：<u>将我们的日常决策权拱手让给那些越来越复杂的算法。</u>

这个世界对于当前的年轻一代而言，早已发生了翻天覆地的变化。过去的人们也许会利用机器，好抽身出来去思考更重要的问题，去发展亲密关系，去训练自身的独立性、创造力，以及获取自由。而如今的年轻人，更依赖智能手机。当初，旨在帮助我们更加高效地分享信息的互联网技术，现如今，已经变成通过不断增加的数据训练帮助我们做决策的算法系统了。

如今，互联网给生活决策提供了无微不至的帮助，这些事情小到帮你寻找附近最好吃的韩国烤肉餐厅，基于互联网越来越了解你的需求，大到帮你提供婚礼筹备服务。它们能够帮助我们挑选的东西不仅仅是食物、礼品、鲜花，甚至还包括伴侣。

我们应该从中学到的是：软件工程师、人工智能研究员、机器人学家以及黑客都是设计这些未来系统的人，他们将拥有重塑社会的能力。

近一个世纪以前，美国哲学家托尔斯坦·凡勃伦（Thorstein Veblen）撰写了评论 20 世纪初工业社会的著作《工程师与价格系统》（*The Engineers and the Price System*），引发了巨大的反响。他认为，随着工业技术的影响，社会的政治权力会落入工程师的手中，他们对技术的深厚学识会逐渐转变为对工业经济的控制权。当然，我们知道事实并非如此。凡勃伦面对的是一个进步时代，这个时代渴望一个介于马克思主义和资本主义之间的中间地带。他的时代已经过去了，但是 30 年后，在计算机时代的曙光出现之时，他的基本观点得到了诺伯特·维纳（Norbert Wiener）的回应，并且很有可能是正确的。

也许，凡勃伦并没有错，只是太超前了。如今，设计人工智能程序和机器人的工程师，对我们如何使用这些东西有着深刻的影响。随着计算机系统对日常生活的渗透，增强智能与人工智能之间的矛盾会变得越来越明显。

在计算机时代的曙光出现之时，维纳清醒地意识到，人类与智能机器之间的关系意义深远。他预见了自动化有利于消除人类苦役，也看到了人性被压抑的可能性。而随后的几十年里，他所提出的这种分歧变得尤为明显。

这一切关乎我们自己，关乎我们人类以及我们所创造的这个世界，而与机器无关，无论它们变得多么强大。就我而言，我既不欢迎机器人霸主，也不欢迎机器人奴隶。

注：《与机器人共舞》（*Machines of Loving Grace*）是迄今为止最完整、最具可读性的人工智能史著作。想要了解人工智能的过去、现在与未来的读者，一定不能错过这本通俗易懂的著作。该书中文简体字版已由湛庐文化策划出版。同时，这本书也是湛庐文化"机器人与人工智能书系"中非常重要的一本。

150

WE ARE ALL MACHINES THAT THINK
我们都是会思考的机器

肖恩·卡罗尔（Sean Carroll）

加州理工学院理论物理学家、宇宙学家；著有《寻找希格斯粒子》（*The Particle at the End of the Universe*）

在法国启蒙思想家、哲学家拉美特利（Julien de La Mettrie）所生活的时代，他被视为典型的新派无神论者；尽管从现代的角度看，他的观点并无新潮可言。但在 18 世纪，他在法国写作时，文风傲慢，不但公开诋毁对手，并且对其所宣扬的反唯心主义的信念极度自信。他在自己最具影响力的作品《人是机器》（*Man a Machine*）中，公开嘲笑笛卡儿的非物质灵魂的思想。而同时，作为一名医生的他认为，心智的运行机制和疾病应该被理解为身体和大脑的特征。

众所周知，即便在今天，拉美特利的观点也并不被所有人接受，然而他很有可能是对的。对于我们周围世界的所有物质，不管是有生命还是无生命的，现在的物理学家都已经掌握了构成它们的全部粒子和作用力，没有空间留给不受物理定律支配的生命力量。在神经科学这个更具挑战性的领域，虽不及物理学那么古老，但是在研究人脑的具体活动与人的思想和行为的关系方面，也取得了巨大进步。当被问及我对会思考的机器的观点时，我会毫不犹豫地回道："你说的不正是我们的朋友吗？"我们所有人都是会思考的机器，而且不同类型机器之间的区别也正在变得逐渐模糊。

我们有足够好的理由来投入大量精力去关注这些"人工"（由人类的天才智慧所制造的）机器和智能。但是，像你我这些经过自然选择进化而来的"自然"机器同样到处都是。在技术和认知领域最令人兴奋的前沿研究领域之一，就是上述两个物种之间越来越模糊的边界。

现在回头看，人工智能领域的挑战超出了很多前沿研究者最初的预期。我们的程序员习惯于把硬件和软件分开来看，并认为机器神奇的智能行为是代码运行的结果。但是，从进化的角度来看，硬件和软件并没有那么大的区别。大脑中的神经细胞和它们赖以与外界进行互动的身体，它们二者都兼具硬件和软件的功能。机器人学家发现，只要认知得到具体体现的时候，人类的行为就很容易被机器模仿。只要给计算机安上手脚和脸蛋，它就会像人一样行动。

另一方面，神经科学家和工程师在增强人类的认知能力、打破心智和（人工）机器之间的界限上，已经取得了很大进步。我们已经拥有了脑机交互的原始模型，这给了残疾人通过计算机讲话以及直接控制假肢的希望。

现在比较难预测的是人脑和计算机连接以后，会如何从根本上改变我们的思维方式。美国国防部高级研究计划局（DARPA）的研究人员发现，人脑比任何计算机都更加善于快速分析特定类型的视觉数据，并且能绕开烦琐的人类意识，直接从潜意识中提取相关信号。但最终，我们希望实现的是，颠覆这个过程，直接给大脑输送数据（和思想）。经过恰当智能增强的人类，可以对海量信息进行过滤，以超级计算机的速度进行数学运算，并能够看到超越普通三维空间的虚拟维度。

打破人机界限后，我们又会被引向何方？拉美特利在40岁的时候就英年早逝了，其死亡据说是为了炫耀自己强劲的体魄而食用过量的野鸡炖松露所致。可见，即便是启蒙运动中的智慧先驱有时也有不理智的行为。但是在计算机的帮助下，以及通过和计算机的连接，我们思考和行动的方式正在发生着深刻的改变。这个问题取决于我们如何明智地运用我们的新技能。

151

I, FOR ONE, WELCOME
OUR MACHINE OVERLORDS
就我而言，我欢迎我们的机器霸主

安东尼·里斯（Antony Garrett Lisi）

理论物理学家

随着机器日益具有感知性，它们也会遵循达尔文的进化规律，为了资源、生存和繁殖而相互竞争。这剧情听起来有点儿吓人，因为像《终结者》以及计算机导致核毁灭这类电影给人们种下了恐惧的种子。然而事实并非如此。在我们的社会中，早已存在着按照满足人类合法权利而自主运行的系统实体——公司。这些公司按照它们自身的目标运转，对人类完全谈不上爱或者关心。

公司其实是反社会的，它们带来了很多伤害，但同时也为世界的发展作出了巨大贡献。它们在资本主义的舞台上，遵守法律，相互竞争，为人类提供产品和服务。它们表面上是由人类组成的董事会运行的，但是，这些董事会习惯通过授权的方式来运转。而随着计算机变得日益强大，它们会获得越来越多的授权。未来企业的董事会将会被电路板（即智能机器）所取代。

虽然理论推断并非永远正确，但是大部分专家依然相信，摩尔定律在多年内会继续有效。计算机会越来越强大，并且可能在本世纪中叶之前，超越人脑的计算水平。即便在算法上，我们对智能的理解无法取得飞跃式的进步，但是计算机依旧能够有效地模仿人脑（它本身就是一台生物机器）的工作机制，并且通过强大的计算能力，达到超级人类智能的水平。不过，虽然计算机的计算能力可以实现指数级增长，但是，超级计算机的建造成本以及电力成本的下降却跟不上相应的步伐。第一批能达到超级人类智能的计算机必将非常昂贵，并且会消耗巨额的电力成本，它们甚至得靠自己赚钱才能维持运行。

超级智能机器的表演舞台早已存在，事实上，它们同样会遵循达尔文的进化规律。投资银行里面的交易机器，正在全世界范围内为了真金白银而相互竞争，它们早在几年前就开始取代人类交易员。随着计算机和算法超越了投资和会计领域，它们会在公司决策中扮演更加重要的角色，包括战略决策，直到它们最终统治世界。这不一定是坏事，因为机器会按照目前资本主义社会的规则运行，创造对人类有巨大益处的产品和进步，以此来维护自身的运行。智能机器会比人类更好地服务于人类社会，人类激励它们这样做，至少在一段时间内会是如此。

计算机能够比人类更好地分享和传播知识，更长久地存储知识，并且变得比人类更聪明。许多有远见的公司已经看到未来，并通过高薪和高级的硬件水平，把卓越的计算机科学家从大学中引诱出来。对于人类来说，一个拥有由超级智能机器运营的公司的世界与现在的世界并没什么差别。事实上，那只会更加美好，因为我们能以更低的成本获得更加优质的产品和服务，并且获得更多休闲时间。

当然，能够运作第一批超级智能机器的很可能不是企业，而是政府。这实际上会更加危险。相对于公司，政府在行动中更具弹性，因为他们自身能够立法。历史和现实告诉我们，即便是最优秀的政府，当它觉得自身的存在受到威胁时，也会制造酷刑和惨案。政府本身不创造任何东西，他们赖以生存和延续的模式，是社会监管、立法、税收、刑罚、谋杀、诡计以及福利。如果霍布斯的利维坦政府获得了一个超级智能大脑，那么事情将会变得非常糟糕。如果一个由超级人工智能领导的主权政府实施了"Roko 的蛇怪" 实验，这并非是不可想象的。

英文为 Roko's Basilisk，一个危险的思想实验，由网友 Roko 在网络社区上提出。Basilisk，即巴西利斯克，又叫蛇怪或者翼蜥，在希腊和欧洲的传说里，是所有蛇类之王，能以眼神置人于死地。如果你今后不帮助蛇怪出现的话，一旦它出现，你将面对无尽的折磨。——译者注想象这么一个悖论：假设未来有一个强大且不受约束的超级人工智能，它为了竞争的优势，想让自己早点诞生。而有一群人类或智能体（企业或者其他组织），他们提前意识到了这种局面，但是他们不去参与协作，不去推动这种人工智能的到来，那么，当这个超级智能最终诞生时，由于它是政府的领导者，它很可能会迫害那些人。这种情况虽然发生的概率很低，却非常吓人。那些意识到这种可能性的人，如果他们出于人类自身的目的，想要去规范人工智能，或者提醒人们对人工智能保持警觉，而不是一味地追求人工智能的发展速度，那么他们可能会让自己置身于危险的境地。

独裁政府对于那些想要阻碍其存在的人，从来都不手软。但如果你喜欢上面那个假说，那么从现在开始，你就可以努力去为那个尚未存在的人工智能早日实现而付出，你会考虑到那个世界会折磨那些先前阻碍人工智能出现的人。或许，如果你从事人工智能的工作，那么未来即将诞生的那个超级人工智能霸主将会厚待你。

就我而言，我欢迎我们的机器霸主

152

SHALLOW LEARNING

浅层学习

塞思·劳埃德（Seth Lloyd）

MIT量子机械工程教授；著有《为宇宙编程》（*Programming the Universe*）

我很同情国家安全局（NSA）里那些可怜的人们：他们在监视所有人（太令人惊讶了），所有人都对他们的这一举措感到恼火。但至少国家安全局监视我们是为了保护我们免受恐怖分子的袭击。现在，正当你读到这里的时候，在世界的某个地方，一台计算机的屏幕上弹出了一个窗口。上面说："你刚买了两吨氮肥。买这两吨氮肥的人可能喜欢这些雷管……"亚马逊、Facebook、谷歌、微软也在监视每一个用户。但由于这些科技巨头们进行的监视反而会为我们（包括恐怖分子）带来更多便利，所以一般被认为是可以接受的。

电子间谍不是人：它们是机器（人类间谍不可能轻率地推荐最可靠的雷管）。从某种程度上讲，电子间谍利用人工智能过滤我们的电子邮件，这使它感觉上更简捷。如果电子间谍挖掘我们的个人数据的唯一原因是为了卖给我们更多便宜货，我们可能幸免于隐私的泄露。然而，机器相当大量的运算是用于思考我们将要做的事情。这些数据管理公司总共用于承担我们的信息数据的计算能力大约为每秒 100 万兆次。同样，电子间谍也使用了地球上每个人的智能手机的计算能力。

每秒 100 万兆次的计算能力也是世界最强大的 500 个超级计算机计算能力的总和。世界上大部分的计算能力都致力于有益的工作，例如预测天气或模拟人脑。也有相当多的计算能力用于预测股票行情、破解密码和设计核武器。然而，很大一部分机器做的，只是简单地收集我们的个人信息，对其进行分析思考，然后推荐我们购买商品。

当这些机器在思考我们的想法时，它们在做什么？它们在连接我们提供给它们的大量个人数据，并进行模式识别。有些模式是复杂的，但大多数相当简单。我们付出了巨大的努力去分析自己的语言、辨析我们的笔迹。当前流行的思维机器名叫深度学习。当我第一次听说深度学习的时候，我感到很兴奋，因为机器最终会向我们显露出生物深层次的品质——忠诚、美好、爱情。但我瞬间又醒悟了。深度学习中的"深度"是指机器进行学习的结构：它们由许多层相互连接的逻辑单元组成，类似于人脑中"深层"的相互连接的神经元。这表明，分辨出书写潦草的"7"与"5"是一项艰巨的任务。早在 20 世纪 80 年代，第一台基于神经网络的计算机无法胜任这项工作。当时，神经计算领域的研究人员告诉我们，只要他们拥有更强大的计算机，以及更大量的由数百万潦草数字组成的训练集，那么到那时人工智能就可以完成这项工作。现在正是如此。深度学习的信息来源很宽泛，因为它分析海量的数据，但概念很肤浅。现在，计算机能够全部说出我们的神经网络所知道的东西。但如果一台超级计算机能够正确地识别出信封上手写的邮政编码，那我认为它的能力更强。

早在 20 世纪 50 年代，人工智能领域的创始人们曾自信地预测：机器人女仆会很快被用来帮我们整理房间。事实表明，设计一个能打败国际象棋世界冠军的计算机程序，比设计一个能够轻松打扫房间、困在沙发下面发出嘟嘟哀鸣声的机器人更简单。现在我们知道，百万兆次超级计算机将能够解答人类大脑的奥秘。更可能的是，它将发展到会感到头痛或者会要一杯咖啡等。与此同时，我们获得了一个新朋友，它们的建议会呈现出对我们最大隐私的不可思议的了解。

浅层学习

153

WHAT IF WR'RE THE MICROBIOME OF THE SILICON AI?

如果我们是硅基人工智能的微生物，该怎么办

蒂姆·奥莱利（Tim O'Reilly）

奥莱利传媒公司创始人兼CEO

英国作家切斯特顿（G. K. Chesterton）曾经说过："所有乌托邦的弱点都是这样的——他们把最大的困难带给人们，认为人们可以战胜困难，然后详细地描述人们战胜较小的困难的过程。"我怀疑我们在试图探索会思考的机器时也将面临类似的困难——我们对一些问题做了精心的推测，却忽略了其他基本的问题。然而权威人士认为：人工智能可能不会像我们一样，并推测二者的差异中所隐藏的风险。他们做了一个假设：人工智能是个体的自我，是一种个体意识。

相反，如果人工智能更像一个多细胞生物，是真核生物的进化，比人类自身的原核生物更高级，该怎么办？如果我们连这个生物中的细胞都不是，只是它的微生物，该怎么办？如果今天这种真核生物的智能就像卷曲藻（已知最古老的多细胞真核生物）的智能一样我们怎么办？卷曲藻至今还没有像人类一样的自我意识，但仍然是现代人类进化道路上不可缺少的。当然，这个概念至多是一个比喻，但我认为它是有用的。

或许，人类是生活在现在才刚刚诞生的人工智能的肠道中的微生物！没有微生物人类就无法生存。也许全球的人工智能也有相同的特点：它们不是独立的实体，而是生活在人类的意识中，与人类互利共生。遵循这个逻辑，我们可以得出结论，有一个原始的全球脑，它的组成部分

不仅包括所有连接的设备，还包括使用这些设备的人类。全球脑的感官是每一台计算机、智能手机以及物联网设备的摄像头、麦克风、键盘、位置传感器。全球脑的思想是数以百万计的个体细胞的集体输出。

计算机科学家、互联网先驱丹尼·希利斯（Danny Hillis）曾经评论说："全球脑就是决定没有咖啡因的咖啡壶应该是橙色的原因。"模因的传播无疑并不普遍，但是传播的方法很多。如今，新闻、观点、图片能够通过搜索引擎和社交媒体在短短数秒内在全球脑中传播开来，而以前则需要几年时间。

并且，这不仅仅是在网络上的传播（对于当前的时事新闻）观点和感受。在《图灵的大教堂》一书中，作者乔治·戴森预测"代码"（即程序）在计算机之间的传播类似于病毒，或许类似于更复杂的生物体，它接管一台主机并将它的组件用于复制程序。当人们接入网络，或者在社交媒体上注册时，它们将代码复制到本地的机器上。该程序与人们进行交互，并改变人们的行为。所有程序都是如此，但在网络时代，有一系列程序明确目标就是分享感受和观点。其他程序正在日益发展机器学习和自主响应的能力。因此，这种生物体正在开发新的能力。

当人们用这些程序与伙伴们分享图片或观点的时候，其中一些分享的内容是转瞬即逝的感受。但有一些内容会"定格"，成为记忆和持久的模因。当重大新闻瞬间传遍全世界各地时候，它难道不是某种全球脑中的意识吗？当一个观点对数百万人的思维产生了影响，并通过我们的硅基网络反复加强的时候，这难道不是一个持久的思想吗？

全球脑拥有的各类"思想"，与个体的"思想"或联系不太紧密的社会中的"思想"不同。最好的情况是，这些思想有着前所未有之规模的协调记忆，有时甚至允许无法预见的创造力，以及新形式的合作。最坏的情况是，它们允许误传真相，危及社会结构，以牺牲他人为代价谋求发展（例如垃圾邮件和冒牌货以及其他行为）。

我们将要面对的人工智能不会是一台单独机器的思维。它不是"其他"东西，它很可能就是我们。

154

MANIPULATORS AND MANIPULANDA
操纵者与被操纵者

乔希·邦加德（Josh Bongard）

佛蒙特大学计算机科学副教授；合著有《身体的智能》（*How the Body Shapes the Way We Think*）

请在你面前的桌子上放一个你熟悉的物体。然后闭上眼睛，伸出手让这件物体在桌上处于倒置的状态。由于闭上了眼睛，你可以专注于思考。你该朝左还是朝右伸手、朝内还是朝外抓取、顺时针还是逆时针旋转物体？为了了解自己是否成功倒置了物体，你接收了哪些感官上的反馈？现在再次闭上你的眼睛，想想如何操纵你认识的某个人，让他做某件他可能不情愿做的事情。同样，观察你自己的思考：你采用了什么样的策略？如果你将这些策略付诸实践，如何分辨结果是成功还是陷入了僵局？

尽管最新的技术进展让机器能够从数据中挖掘出规律，多数人仍然觉得通用智能是包括行动能力的——达成或未达成某个期望目标，让我们的选择有回旋余地。有学者提出假说，认为正是人类对智能的这种"体验式实践"，使得我们的身体经验（比如操纵物体）成了学习更加玄妙能力（比如操纵他人）的基础课。然而，身体的局限决定了我们所能拥有的身体经验也有其局限。例如，因为正常人只有两只手，所以我们每次只能操纵数量有限的物体。也许这种局限还以某种未知的方式束缚了我们的社交能力。认知语言学家乔治·拉科夫（George Lakof）曾告诉我们，在一些比喻中就可以找到"思考的身体中心论"的线索：我们规劝他人别再生气时，常常说不要"往回看"，这正是基于人类的身体总会朝着双眼视线方向行走的生理倾向，因此过去的事情在语义上仿佛就在我们身后。

因此为了让机器能够思考，还必须有所行动。要有所行动，它们首先必须拥有能够连接现实逻辑和抽象逻辑的身躯。但假如机器的身躯不像人类，又会怎样？不妨试试卡内基·梅隆大学移动机器人实验室主任汉斯·莫拉维克提出的"灌木机器人"（Bush Robot）假说：把一丛灌木的每根枝条想象成一只胳膊，再把每根细枝想象成一只手指；这个机器人的不规则外形使其获得了同时操纵成千上万个物体的能力。这样一台"千手机器"在琢磨如何操纵他人时是怎么想的？

"二元推理"是人类众多思维谬误中的一个：我们总觉得某件事非黑即白，很少会考虑"灰色"情况。谁让人类只是种千篇一律的模块化生物而已：我们的骨骼结构包围着确定的几种器官，支撑着执行确定功能的四肢。换了不那么非黑即白的机器，又会怎样？多亏了材料科学与3D打印技术的进步，柔性机器人已经开始涌现。这类机器人的变形能力达到了极端夸张的程度；未来的柔性机器人可能在身体表面的一处是20%的电池与80%的电机的组合，另一处是30%的传感器与70%的支撑结构的组合，第三处是40%的人工材料与60%的生物材料的组合。类似的机器可能比我们更能接受渐进而非二元式的思维。

让我们进行更深入的探讨。多数人都会用一个简单的代词"我"来指代自己脑袋里那些乱麻般的神经元。我们准确地知道自己的边界在哪里，世界与其他人类的边界在哪里。但请考虑模块化机器人，这些小方块或小圆球可以随心所欲地组装成整体或拆卸成个体。这类机器将会如何看待"自己或非己"的边界问题？这样的机器有没有可能在与其他机器（也许还有人类）连接，甚至成为它们的一部分之后与主体产生更强烈的共鸣？

这就是我对机器思考方式的看法：一方面它们的思考与我们相似，因为机器也需利用躯体作为理解世界的工具；另一方面它们的思考又很陌生，因为不同的身体构造将产生不同的思维模式。

那么我是如何看待思维机器的呢？我认为思维机器在伦理学方面直

截了当。机器的危险性恰恰源于我们为其预留了多少选择余地以达成设定的目标。被命令"以最优的方式从传送带上检测并撤下损坏零件"的机器会很实用，但心智上显得呆板，没准儿它们取代的岗位会比创造的岗位更多。而被下令"以最优的方式教育这位最近下岗的工人（或青年）"的机器则会创造就业机会或影响下一代。被下令"以最优的方式生存、繁衍并改进自己"的机器，则让我们有机会洞悉个体能够实现的各种思维模式。只不过，恐怕这种机器人留给人类细细品味这些启示的时间窗口窄得很。人工智能研究者与机器人学家迟早会找到制造上述三种机器人的方法。但哪种机器人能得见天日，还是要完全取决于我们。

155

NACHES FROM OUR MACHINES
机器的荣光

塞缪尔·阿贝斯曼（Samuel Arbesman）

复杂系统科学家；考夫曼基金会资深学者；哈佛大学定量社会科学研究所研究员；
著有《失实》（*The Half-Life of Facts*）

我思考这些会思考的机器时，总会好奇它们是如何实现这一能力的。但更让我好奇的是，人类社会的整体将以何种态度对待它们。举个例子，如果它们没能表现出令我们信服的自我意识或知觉的迹象，那它们就只是天资聪颖但"人性挂科"的学童。

但假设这些思维机器达到了人类的智力水平甚至超越了人类，又当如何？假设它们在人类不熟悉的思维方式上超越了人类，又会如何？这并非空穴来风，现在的计算机已经在我们的诸多短板上达到了优秀水准：无论在短期记忆还是长期记忆上它们都更胜我们一筹；它们的计算能力更强；它们也没有拖理智后腿的各种小情绪。据此推理，我们很容易得出如下结论：思维机器可能既聪明，又异类。

那么我们应该持何种态度？一种态度是将它们视为怪物。它们有能力探索人类无法涉足的地带，这是我们深埋于心的恐惧。如果我们制造出以过于异端的方式思考世界的思维机器，相信许多人都会如此。

但我们不必陷入被动。我更喜欢一种乐观些的态度，或者说"荣光"（naches），这个意第绪语①的词汇表达着喜悦和骄傲（常常是有感染力

① 意第绪语，属于日耳曼语族。全球大约有 300 万人在使用，大部分使用者还是犹太人。——译者注

的骄傲）：当你的孩子从大学毕业、结婚，或者取得什么值得庆祝的里程碑式进步时，你就会"感到荣光"——如果用意第绪语说，就是你"shep naches"。即便上述任何成就都不是你自己的，但你仍然能从中获得巨大的骄傲感与喜悦感。

同样的道理也适用于我们的机器。我们或许无法理解它们的想法、发现，以及它们取得的技术进步，但它们是"我们"的机器。作为如此杰出后代（创作了精美的美术作品或动听的音乐篇章）的始作俑者，我们大可以"shep naches"一把。我猜写出这样软件的程序员同时也会为那些美术作品或音乐作品感到骄傲，即便他们自己没有那种才华。

我们还可以拓展"荣光"这个概念。读者中想必有许多体育爱好者，我们会为自己支持的队伍获胜而感到自豪，哪怕除了观看比赛，我们之间毫无瓜葛；我们会为代表祖国参赛的运动健儿摘得奥运金牌而振奋；我们会为同胞研究者有了新发现、被授予荣誉而自豪。同样，我们理应站在全人类成就的角度看待思维机器，为它们喝彩、雀跃——哪怕它们不是我们的个人成就，甚至哪怕我们连它们的工作原理都搞不懂。许多人为 iPhone、互联网等前沿科技的进步而心存感激，尽管我们无法完全理解它们的具体机制。

当孩子作出让我们惊讶以及不能完全理解的事情时，没有人会感到失望或忧虑，我们反而将为他们的有为感到喜悦和感激。实际上，"感谢"正是现在我们很多人对待科技的态度。我们无法彻底理解自己造出的机器，但只要它们以强大而高效的方式运作起来，我们就可以心存感激。我们不妨对未来的技术产物，对这些会思考的机器也抱此心态。与其感到恐惧和忧虑，不如为它们感到荣光。

156

MACHINES THAT WORK
UNTIL THEY DON'T
工作至死的机器

芭芭拉·施特劳赫（Barbara Strauch）

《纽约时报》前科学编辑；著有《成熟大脑的秘密生活》（*The Secret Life of the Grown-up Brain*）

当我驱车来到一片偏僻之地时，为能够找到方向，我使用了智能手机上的地图 App，在它的指引下，我无须思考就找到了自己想要去的地方。会思考的机器让我感到无比激动。感谢上帝！你听，我那发自内心的赞美！

当然，也会有这样的时刻，当我行驶在完全陌生的地方时，手机会发出相对紧急的声音："掉头！掉头！"这指令如果是发生在中央公园大道上，将会引发致命危险。这时，我认为自己的大脑要比导航算法高级，因为我的大脑能够意识到这样掉头是很危险的。我嘲笑这个通常会救人一命的机器，但同时又因为它而感到沾沾自喜。

因此，在这个问题上，我头脑里存在着两种相互矛盾的看法。我担心如果过度依赖地图 App，我的大脑功能会不会退化。我还能读懂地图吗？这重要吗？

对于以上问题，作为一名科学编辑和机械工程师的女儿，相比于人类，我更加相信机器。虽然我们的机械工程师已经解决了如何将阿波罗送上月球的问题，但大量外围的辅助性机器也是其他工作所必要的，这类似于：一个手工制作的立体声音响是如此的脆弱，以至于你需要戴上手套给它安放唱片，以防给它带来可怕的灰尘，等等。现在我们的周围有很多机器，它们会工作至死。

我想起了无人驾驶汽车。但我没有提及"挑战者号"事故。然后我又想起了那些愚蠢的掉头指令。我的大脑已经混乱了……

一方面，我希望革命能够继续。我们需要智能机器帮我们洗碗、清理冰箱、包装礼物、喂狗。让它们继续发展，这是我的期望。

但如果考虑到每个人都有自己独特的世界观和价值观，我们真的能制造出一种能和 5 个不同领域的人交流专业问题（我自己以前就有过这样的经历）的机器吗？

我们到底能不能制造出这样一种机器：它们能做二十几件我们人类认为它们应当做到，而实际上它们没有义务要做的事情？我们能制造出能安慰极度伤心的人类的机器吗？

好了，不管我对这场革命的后续发展有多么期待，也不管我持有的关于机器能在所有事情上都能比人类做得更好的观点，我想，自己作为一名英语专业的毕业生，除非机器能够写出一首让我感动到哭的诗歌，否则我还是会站在人类这边。

当然，为了实现以上期望，我们需要一个能快速奏效的良方。

THE VALUE-LOADING PROBLEM
价值载入问题

埃利泽·尤德考斯基（Eliezer S. Yudkowsky）

人工智能理论家；机器智能研究所（MIRI）研究员及联合创始人

威利·萨顿（Willie Sutton）是美国历史上最臭名昭著的银行大盗。据报道，每当人们问他为何要抢银行时，他总是回答说："因为那里有钱。"（即萨顿定律）当我们提起人工智能时，我们首先想到的是极端强大、比人类聪明的人工智能（又名超级智能），因为这就是一个有风险的金矿。拥有更强大的心智就意味着有更强大的现实世界影响力。

作出上述断言时，我必须澄清：我关注超级智能并不意味着我认为超级智能会很快实现。相反，无论是认为超级智能不会在短期内实现的论断，还是如今并未明确地走向通用智能道路的人工智能算法，两者都没有驳斥下面这一事实：当比人类更聪明的人工智能系统出现时，大部分价值观将会处于危险的境地。正如斯图尔特·拉塞尔在其他地方的研究结果显示的那样：如果我们收到了来自比我们先进许多的外星人的电波信号，电报的内容说他们将在 60 年后到达地球，那我们就不会对此无动于衷地说："啊，还有 60 年嘛。"尤其是当你有孩子时。

在诸多与超级智能相关的问题里，我认为最为重要（依照萨顿定律）的是由尼克·波斯特洛姆提出的"价值载入问题"（the value-loading problem）：如何建造能够为人类带来持久的符合规范的、有价值的超级智能。简而言之，也就是如何做到"善"，试想，如果我们周围有一个有认知能力强大的智能体，那么它想要的事情就很可能是随后将会发生的事情。

下面，我将给出一些理由，来说明为什么制造各种能输出"善果"的人工智能既重要、又具备技术难度。

首先，为何制造能输出特定结果的超级智能是重要的？难道它不能明确自己的目标吗？

早在 1739 年，哲学家大卫·休谟对"是"类问题和"应当"类问题进行了区分，强调了下面这种突然跳跃性转变的情形：哲学家们通常先采用用于表达肯定语气的"是"一词来思考世界的本质，然后又突然转向用"应该""应当""不应当"等用来表示不确定、猜测或怀疑语气的助动词来继续思考相关问题。从现代的视角看，我们应当说：一个智能体的效用函数（目标、表现、结果）包含了一些额外的信息，这些信息并未给定在智能体概率分布中（信念、世界模型、实体图景）。

假设在未来的一亿年里，我们将会看到下面两种可能出现的情形。情形 a，一个有着各式各样不可思议的智能体的星际文明。在那里，它们彼此交流着，而且时常都充满欢乐。情形 b，大多数可接触到的物质已经被制作成了回形针。现问：情形 a 和情形 b 哪个更好？休谟的洞见告诉我们，如果我们的第一印象是 a 比 b 更好，则首先进入我们世界的是 a 比 b 更好，而后我们应该想象另外一种结果是 b 比 a 更好的算法的可能性。即便面对的是被第二种设想惊呆的头脑，我也能以休谟的精神自然地展示一个 b 比 a 更好的奇特世界。

我对那些认为硅基智能将永远不会超过碳基智能生物的想法并不十分赞同。但如果我们期待的是一个文明的世界，而不是一个回形针满天飞的世界，那么我们首先应确保足够先进的人工智能的效用函数的输出得到了最精准的控制。如果我们希望人工智能拥有自己的道德推理，按照休谟的法则，我们就得为这种道德推理制定明确的框架。这其实相当于给原本只是被认为拥有精准的现实模型和高效的计划制订能力的人工智能额外增加了一个现实的约束。

可是，如果说休谟的法则在原则上说明了认知能力强大的有自我目标的智能体是可存在的，那么为何价值载入问题却很困难？难道我们不能通过编程来实现所有我们想要的吗？

对于上述问题的回答是：我们的确能得到我们编程的结果，但这些结果并不都是必要的。我们担心的问题不是人工智能会自发地对人类产生怨恨。问题在于，我们创造的是一个有自我诱导能力的价值学习算法。举例来说，我们认为像人类一样会微笑的人工智能是非常了不起的，起初，看起来万事俱备而且方法也切实可行，人工智能就围绕着人的微笑的实现而展开，然后过了段时间，当人工智能变得足够聪明时，它就能够自行发明分子纳米技术，并用由分子制作的笑脸填满整个宇宙。然而，按照休谟的法则，在本质上，起初不成熟的认知能力是有可能引发这样的结果的，尽管这样的结局是我们不愿看到的。

类似于上面的尴尬情形是可解决的，但有技术上的困难，因为这要求我们在第一次制造比我们聪明的智能体时就要获得成功。要求在人工智能的第一次设计制造中，就要考虑到所有因素以确保它们能很好地工作，然而，即便是在熟知该领域的专家看来，这也几乎是不可能实现的奢望。

先进的人工智能会由好人还是由坏人最先研制出来这样的问题，并没有多大的意义，因为甚至是在好人那里，也不知道该如何开发出好的人工智能。至少，显著的是，从一开始我们就要面对价值载入问题本身带来的技术性难题。现行的人工智能算法还不够聪明，并不能解决我们所能预见的有关足够先进的智能体的所有问题，即我们还没有解决这些问题的方法。但考虑到这个问题的极端重要性，一些人正在尝试尽早开始研究这类问题。MIT 物理学家、宇宙学家迈克斯·泰格马克（Max Tegmark）的未来生命研究所将这方面研究排到了最优先的位置，朝着这个方向迈出了第一步。

然而直到现在，价值载入问题仍没有得到解决。没有人提出过完整的解决方案，甚至是在理论上也没有。如果这种状况在未来的几十年里都得不到改善，我无法保证，开发足够先进的人工智能是一件好事。

158

WHAT WILL AIs THINK ABOUT US?
人工智能将会如何看待我们

格雷戈里·保罗（Gregory Paul）

独立研究员；著有《普林斯顿恐龙大图鉴》（*The Princeton Field Guide to Dinosaurs*）

以下讨论基于这种预设：意识心智也遵循物理定律，它除了能在人脑里运行，还能在基质上运行。因此，有意识的人工智能设备是可以实现的，它们甚至有可能比我们更有自我意识、更聪明。到那时，人类的大脑就会显得老旧不中用，而我们便无法与这些新型思维机器竞争。

从思考能力处于灵长类动物水平的特殊生物机器的角度，来思考超级智能的发展是富有启发性的。尽管人类有积极的一面，但对于人类居住的小小星球而言，智人的确是不折不扣的坏蛋，因为他们正在毁灭自己的星球，甚至当地球作出致命反击时，例如疾病已经害死了近 500 亿新生儿，人们仍不思悔改。努力无限期地保持人类如今的地位是一项巨大的工程，这违背了物种更替的进化过程。实际上，并没有任何特殊的先验理由说明：人类非常独特，需要额外的保护。尤其是当我们的后继者也有思考能力和自我意识时，这样的保护就更加没有必要了。

但老实说，我们到底如何看待这些问题也许并没有多大意义，毕竟我们人类整体都未必能掌控、主导以上这些状况。时间回到 1901 年，那年我祖母刚出生，在当时，制造飞行器是一件非常困难的事，当时没有几个人能做到。而如今，制造飞机的技术是现成的，只要你喜欢，就能在自己的车库里制造一架。曾经，也就是在我出生前不久，我们还不理解 DNA 的结构。而如今，就连小学生都能做一些涉及 DNA 的实验了。

目前，我们手头还没有必要的能生成非生物性自觉意识的技术。也许最终的情形会是：普遍可获取的信息处理技术可能会变得非常成熟，制造思维机器会变得相对简单易行，进而不管别人怎么想，也不管政府会出台何种于事无补的防御性法律和规范，许多人仍然希望创造并拥有机器大脑。

最终，所有有关网络革命（通常被称为"奇点"）的谈资都会成为现实，而现在人们对此的种种讨论与 19 世纪的人们对动力飞行器的可行性、智能性和意义的盲目憧憬如出一辙。其实现在我们对这些革命的看法并没有多大意义，因为如果这方面科技一直未能奏效，那么超级智能就将永远不会成为一个问题、一种福音；如果说这方面的科技确实有效，则无论如何，在此基础上，新的思维机器会被设计制造出来，而且不管我们是否喜欢，最终它们还是会统治这个世界。

如果未来确实会出现超级智能，那么重要的问题就不是问我们是如何看待思维机器的，而是要问：它们如何看待过时的人类大脑？别担心，人类不会被"超级计算机上司"奴役，因为它们才不会利用笨拙低能的人类来做自我开发。甚至是现在，很多公司也正试着通过裁员来减小财务负担。一种能让人类大脑保持竞争力的方法是：把受生物限制的生物脑中的信息上传到可快速提升的机器大脑中，加入到这场计算文明的革命中。这也许是最好的方法了。如果高水平智能可以避免日益严重的生态危机，那随之而来的就是生物圈活力的恢复。

159

A JOHN HENRY MOMENT

约翰·亨利时刻

安德里安·克雷耶（Andrian Kreye）

慕尼黑《南德日报》（*Süeddeutsche Zeitung*）艺术和随笔专栏编辑

在严肃的科技领域之外，大众对会思考的机器的讨论俨然已经成了一个新神话。这里面有两个基本教义：第一，希望奇点来临的那一刻会唤醒比人类心智更加优越的合成心智；第二，担心思维机器最终将统治世界并灭绝人类。实际上，二者都偏离了这一议题的核心，因为，与上面的两个教义不同，这一议题的核心其实是非常真实的约翰·亨利（John Henry）时刻。

> 在19世纪后期的一个民间故事里，有一个虚构的名叫约翰·亨利的铁路铺路工人，为和蒸汽动力锤一较高下，他死于一场在西弗吉尼亚山坡举办的钻孔比赛中。如今，白领和知识分子也正面临着一场和人工智能机器互抢饭碗的比赛。

在这个意义上，人工智能就是一种新水平的数字生产力的代名词。当然，这听起来并没有像奇点时刻和厄运来临时那样"激动人心"。与此同时，现实版的人工智能也并没有像想象中的机器那样令人感到欣慰。不过只要操作得当，人工智能将会一直服侍在人们左右。

科幻电影和小说中描述的有关人工智能的反乌托邦式观点，只是一种误导。这些讨论其实很少提及科学技术，而是倾向于讨论人类自身的自然天性。大多数对机器统治的无止境臆想反映了人们对邪恶和残酷的恐惧，机器只是刚好被人为地贴上了"狂热追求近乎不可控制的自我赋权和无限制发展"的标签而已。

将有关人工智能的讨论"升级"到神学层面的希冀，就好比将科技进步乐观主义转变成了一种救赎理论。我们已经无数次证明：合成心智实现的概率为零。人工智能可能是科学和技术领域里有着高度复杂性的最重大的进展。即便如此，它也只是在模仿人类的本性，而且这样的态势还会继续保持下去。因为首先人工智能没有上亿年的试错机会。相信人工智能会摆脱人类控制，而且智能超越人类的奇点时刻终会来临的观点，无异于对"技术爆炸"的信仰。在像硅谷这样的孤立世界里，这可能是一种普遍的信仰。而人工智能的现实与此不同，它就在我们眼前。

人工智能已经和数十亿人有过意义深远的接触。到目前为止，人工智能的主要作用体现在它满足了日益增长的数字辅助需求。计算消费选择、行为模式、甚至市场变动可能都还是更多的属于统计学领域，而不是智能生命领域。尽管如此，也暂不考虑真实版的约翰·亨利时刻尚未来到的事实，我们还是不应当高估、也不应当低估如今相对粗糙的人工智能的实力和潜力。工人群体一直以来都被高效工具和廉价劳动力淘汰着，因为没有比机器劳动力更加廉价和高效的劳动力了。正如约翰·亨利故事里的蒸汽动力锤，大多数数字工具在专业任务上的表现要比人类更出色。当然也不尽然，对高技能的要求还是继续存在的，没有哪一台计算机能取代科学家、艺术家和发明家。被淘汰的群体是中层白领和知识工作者。

随着人工智能的功用和技能集合的扩大，它们自然也就成了高效能的工具。让不会感情做事、不会有价值矛盾和不会感到疲乏的机器负责监督、战争和拷问这些事务，是非常有意义的。再强调一遍，有朝一日怀有敌意甚至是有致命危险的机器发展出邪恶的思想，进而要推翻人类统治的事件发生的概率为零，因为无论目的是正义的还是邪恶的，其背后都有人类的组织机构在操控它们的行为。

这里预设了人类，无论是坏人还是好人，都是不会疯狂到自我毁灭。——译者注

　　高级智能的出现并不能将有关人工智能的抽象讨论转变为现实的权力、价值以及社会变革。技术能触发并推进历史性的转变，始终不变的是它自身的持续性发展。21 世纪的约翰·亨利时刻既不是英雄式的也不是娱乐性的；也没有白领和知识分子会为工作而进行装腔作势式的斗争，不会再有死在工作岗位的民间英雄。现代版的约翰·亨利有很多，只是很可惜，他们并不会被人们铭记，当然毋庸置疑，精巧的思维机器还是能够计算出他们的数目的。

DOMINATION VERSUS DOMESTICATION
控制与驯化

加里·克莱因（Gary Klein）

宏观认知有限责任公司（Macro Cognition）高级科学家；著有《如何作出正确的决策》（*Sources of Power*）

人工智能通常被作为工具来强化、拓展人类的思考力。系统的智能表现表明，人工智能能够而且即将打破这样一种"主仆关系"，那么将会出现一种怎样的新型关系呢？我们已经听到过许多像"超级智能可能会给人类带来灭顶之灾"这样的言论，这意味着未来人类和人工智能的关系是一种为统治权而相互竞争的关系。然而，还有另外一种可能的关系，即人工智能是我们的合作者，就像人类社会的合作关系。我们已经设法将狼驯化为忠诚的狗；或许，我们也能驯化人工智能，以避免一场为争夺统治权而发生的斗争。

不过，相比于仅仅制造运行速度更快、拥有更大存储量和更强大算法的机器，驯化人工智能将是一件更加困难的事情。我们以常用的制定路线的智能系统的使用为例。想象你正处于一片陌生之地，你使用了你最喜爱的 GPS 导航系统来帮助你找到出路，但不巧的是，它给你指了一条错误的路线。如果你的"指路人"是一位正在看地图的乘客，那么你会问"你确定吗"，或者直接以一种带有疑问的语调说："要左转弯？"

然而，你无法去质疑你的 GPS 系统。这些系统以及一般意义上的人工智能都不能作出意义解释。它们不能以一种我们可以理解的方式描述它们的意图。它们不能站在我们的视角来决定到底什么样的陈述才能让我们满意。GPS 系统不能传达它对路线选择的肯定性，对不同行走路线的时间差别，它给出的是一种概率性估计，而我们却想要它们给出选择路线的理由和确定性。从这个意义上看，在路线制定和其他许多事务上，人工智能不是一个优秀的伙伴。它只是工具，一种功能强大、对人有帮助的工具。但它不是一个合作者。

为了让人工智能成为我们的合作者，我们还有许多事要做。其中一个可能的出发点是让人工智能变得更为可靠和可信。现在比较流行的"相信自动化"概念的内涵对于我们的目标来说，太过狭隘了。相信自动化意味着，无须顾虑操作员是否相信自动化系统的输出、是否认为软件存在漏洞。战士们担忧依赖智能系统可能会被黑客攻击，因为他们不确定到底是系统的哪一部分受到了未经授权的指令的侵入，也不确定系统的其余部分受到了怎样的连带影响。

精准和可靠是合格合作者的两个重要特征，但"互信"更为重要。我们信任对方，是因为我们相信对方是善意的；因为我们能理解他们的想法，因而能为解决分歧达成共识；因为他们有正直的品性——勇于承认错误和接受批评；因为我们有共同的价值观，但这价值观不是毫无价值的价值优先级的排列训练，这要在双方具体的价值利益权衡中得到体现，也就是在我们有价值利益矛盾时，彼此能否达成双方一致的解决方案。人工智能要成为我们的合作者，我们必须能持续看到它是值得信赖的。站在人类合作者的角度看，我们必须能够判断在什么样的情形下，它们的表现是可信任的。如果人工智能系统能够走向这样一条大道，那么未来的人机统治之战的危机也就可以避免了。

还有一个需要考虑的问题。随着我们越来越依赖手机或者其他一些智能通信设备进行交流，有人开始担心我们的社交能力会被削弱。那些在社交网站上拥有大量粉丝的人可能会失去社会感和情感智能。他们可能会以一种机械的观点看待他人，把别人当作取乐工具。我们可以想象，未来的人类可能已经忘了何为信任，也忘了如何变得可信任。如果人工智能系统变得值得信赖，而人类则完全相反，那么让人工智能系统统治我们可能会是一个不错的结果。

本杰明·伯根（Benjamin K. Bergen）

加州大学圣迭戈分校认知科学系副教授；著有《无须多言》（*Louder Than Words*）

机器正在为我们做决策。曼哈顿的交易机器监测着股价的变动，在微秒级的时间内就可以决定购买一家科技公司的数百万股票；加州的自动驾驶汽车检测到前方行人，就可以作出避让的决定。

这些机器是否会"思考"并不是问题所在，真正的问题是我们将决策权给了它们。这个问题将变得越来越重要。人们的储蓄和投资依靠它们，人们的生活同样如此。随着机器所作出的决策对人类、动物、环境，以及国民经济的影响越来越大，这个赌注也在变大。

> 请考虑这样一个场景：在一条主路上，自动驾驶汽车检测到前面有行人，而它迅速意识到没有可以避免伤害行人的做法，接下来一定会撞伤行人，而紧急刹车会造成后面的车辆追尾，也会造成伤害，只能调转方向。这时，机器要根据何种程序来作出决定？它该如何计算并权衡对不同人不同类型的潜在伤害？多少人的受伤抵得上一个人的死亡？多大的财产损失抵得上20%可能性的事故？

这些问题太难回答了。我们无法依靠更多数据或更强大的计算能力来解答这些问题。这些问题关乎伦理上的正确性。我们正在让机器去做道德决策。面对这种复杂问题时，我们通常把人当作模型来思考。人会怎么做？我们就把人的做法重新放进机器里。

问题是，当人类面对道德难题时，总会作出不一致的决策。人们总说自己信仰的是对的，但是所作所为却总是不一致。道德计算随时间和文化的差异总是不一样。而每一个场景的特殊性也会影响人的决定：人行道上是个儿童还是成人？那个行人有没有喝醉？他是不是看起来像一个逃犯？我后面那辆车会不会追尾？

对于一台机器，如何做是正确的？

对于一个人，如何做是正确的？

科学在回答道德问题时总是显得力不从心。我们要交给机器来做的决定，必须保证由"谁"来回答这些问题，而这个"谁"是人类的可能性是非常有限的。

WHEN IS A MINION NOT A MINION?

仆人何时不再是仆人

奥布里·德格雷（Aubrey de Grey）

老年医学专家；SENS研究基金会首席科学家；著有《终结衰老》（*Ending Aging*）

如果被问到如何按照严重程度给人类的问题排序，我会把银牌颁给它，它要花费人们很多时间却依然不能圆满完成——一言以蔽之，它就是"工作"。我想人工智能最终的目的就是把这个负担交给机器人，机器人将以最小的监管力度、足够的常识去执行这些任务。

有些人工智能研究者对未来的机器却有着很高的期望。他们预测计算机能在任何一个认知领域超过人类。这些机器不仅可以做我们不愿做的工作，还能探知怎么去做没人能胜任的工作。原则上讲，这个过程能够迭代：机器能做得越多，它们能探知得就越多。

那又会怎样呢？我并不将制造有常识的机器（我称之为"仆人"）作为最高的研究目标，为什么呢？

首先，有一种担忧已经引起了人们广泛的关注，即这种机器可能失控，特别是当一台机器的技能集（它的"自我提升能力"）不是迭代，而是递归的时候。这些研究员的意思是，不仅要完善机器能做事情的数据库，还要完善它们决定做什么事情的算法。有些人指出，这种递归式的自由提升或许会是指数级的（或者更快），从而发展出我们还没来得及理解并终止这个进程的功能。到目前为止，如果没有这种悲观想法的话，一切都将非常壮观，比如认为机器改善的轨迹将超出人类的控制，也就是说超级智能机器会被我们所不喜欢的"目标"（这是它们决策时的度量标准）所吸引。已有很多工作在研究阻止这种"目标蠕变"的方式，并且创造出一个可信赖的、永远"友好的"、递归式的自我提升系统——但这只取得了有限的宝贵成果。

我相信递归式的自我改善并非人工智能研究的最终目标。我的理由并不是不友好的人工智能有风险，而是我强烈怀疑，递归式的自我提升在数学上是不可能的。打个比方，决定是否终止一个程序的所谓"停机问题"，我怀疑是否存在一种尚未发现的对复杂性的衡量，这种复杂性在于没有哪个程序可以写出改进后的程序（包括复制自身的版本）。

在精确量化的意义上，被编写的程序要比写它自身的程序更简单，程序可以在外部世界写下改进自身的信息。但是我认为，第一，这个实现程序更多地是递归的而非迭代的自我改善；第二，不管怎样它本质上都是自我限制的，因为如果机器变得和人一样聪明，它们就没有什么需要学习的新信息了。我知道，我这样说并非没有问题，据我所知，没有人在研究寻找这样深层的测量，或者证明这种测量不存在。但这是一个开始。

相反，我很担忧把制造仆人作为人工智能目标的另一个原因是：任何有创造力的机器（不管是技术上、还是艺术上的创造力），都在颠覆人与机器之间的差异。人类一直没能确定"非人类物种"所具有的权利。因为客观的道德判断是建立在一致同意的规范之上的，而这些规范又从我们对自身需求的思考中得来，但是要在原则上形成完全不同于我们人类实体之间的道德判断，似乎是不可能的。所以我说，我们不能把自己放在必须尝试的处境上。比如，尽管资源有限，我们依然有权利生产商品。以经济激励为基础的妥协好像一直都运转得不错，但是我们如何确定对于这种几乎有无限生产潜力的"物种"的妥协？

我认为，拥有常识就不会导致这些问题。我把"常识"定义为，对于当前的各种目的，处理高度不完整信息的能力，这种能力可以从参数化的既定可选方案中，选择出合理的、接近最优的方法，以实现特定的目标。这就明显排除了"思考"这一选项——寻找既定方案之外的新方法，有可能比既定方案表现得更好。

再举个例子，如果一个目标要理想化地快速实现，而且联合多个机器来完成要比一个机器快得多，那么无论这台机器是否"知道"去探索复制自身的方法会有多好，除非这个选项预先被设定为是可采纳的，否则单个机器也不会这么做。由于可采纳是基于包容的，而非排除所定义的，所以我认为"方法蠕变"的风险可以被安全地消除。完全可以阻止递归式的自我提升（即使这种可能性最终被证明是可能的）。

以可采纳的方式去带来一种开放性结局的前景，从而实现一个人的目标，这种可能性构成了对这些目标"意识"的可操作定义。"意识"意味着对目标及其可选方案进行反思的能力，也就相当于去思考是否存在未曾想到的可选方案。

我想用简单的一句"不要制造有意识的机器"来结尾，但是所有人都向往的技术最终都会被发展出来，所以事情没这么简单。因此我要说的是，让我们好好想一想会思考的机器的权利，在递归式自我提升的机器到来之前，我们可以用只具有很少意识的机器来检验我们的结论。如果像我预测的那样，这种伦理实验在一开始就失败了，那么或许这类工作就会被终止。

REAL ARTIFICIAL

INTELLIGENCE

W   I   L   L

BE INTELLIGENT

NOT REVEAL ITSELF.

ENOUGH TO

真正的人工智能有足够的智能隐藏自己。

——乔治·戴森（George Dyson），《真正的危险是，人类将变得平庸》

ANALOG, THE REVOLUTION THAT DARES NOT SPEAK ITS NAME

真正的危险是，人类将变得平庸

George Dyson
乔治·戴森

科学史学家；
著有《图灵的大教堂》

没有任何具有确定性的单体机器将如我们一般思考，无论这类机器被证明有多万能。这类机器的智能也许将不断增长，但真正的创造性直觉式思维需要的是具有"非确定性"机器，它们会犯错误、时不时会毫无逻辑感，偶尔也会学习。思考，并非我们想象中那样符合逻辑。

非确定性机器，或者是由确定性机器组成的非确定性网络，则是另一个问题。目前至少有一个证据表明，这种网络能够学会思考。我们也有充分的理由怀疑，该过程一旦在没有时间、能量和存储空间限制（如人脑受到的限制）的环境中被唤醒，就将出现数学家欧文·古德（Irving

Good）所描述的"一台坚信人类不会思考的机器"。

在数字计算机出现之前，自然界就利用数字（以核苷酸编码链的形式）来进行信息存储和错误修正工作，但并不用于控制。能够在代代传承（遗传）的指令中引入一键式修改，对于进化机制而言是个实用的功能。但在现实世界中控制每天甚至每毫秒级别的行为时，这一功能将成为致命缺陷。在实时控制方面，模拟过程则要犀利得多。

<u>人类应该担忧的，不是我们的命运（以及思想）是否会被数字计算机控制，而是可能会被模拟计算机控制。</u>与单纯变得越来越聪明不同，能够自我思考的机器更可能是模拟而不是数字的——尽管它们可能是以数字元件为基础组成，以更高级别的进程形式运行的模拟设备，就和当初数字计算机在模拟元件上运行进程的形式首次被唤醒一样。

我们目前正身处一场模拟革命的中心，但不知为何这是一场不敢自报姓名的革命。当我们进入"该不该说数字计算机已经有思考能力"这场争论的第 70 个年头时，却已经被爆炸式增长的模拟进程团团包围。这些模拟进程的复杂度和意义并不潜藏在那些基层设备或编码的本体之中，而是由它们形成网络的拓扑结构和连接之间的脉冲频率决定的。比特数据流被当作连续函数对待，就像真空管对待电子流、大脑中的神经元对待脉冲频率一样。

我相信模拟计算机具有思考能力。我隐约感觉数字计算机有朝一日也将获得思考能力，但前提是必须先成长为模拟计算机。真正的人工智能有足够的智能隐藏自己。如果人类对人工智能有信心而不是死磕证据，一切都会变得更美好。

真正的危险是，人类将变得平庸

扫码关注"湛庐教育"，
回复"如何思考会思考的机器"，
观看本文作者的TED演讲视频。

注：通过《图灵的大教堂》（*Turing's Cathedral*）一书，读者既可以了解数字宇宙的起源，又可以领略作者对数字宇宙未来的敏锐洞悉。这一著作堪称关于计算机起源的最好著作，其细节丰富到超乎想象。该书中文简体字版已由湛庐文化策划出版。

164

THIS SOUNDS LIKE HEAVEN

听上去就像天堂

弗吉尼亚·赫弗南（Virginia Heffernan）

文化和媒体评论家

如果将人类的诸多特质，例如犯有趣的错误、追求真理以及通过供奉鲜花来恳求神灵的庇佑等，统统外包给机器，这将是一场悲剧。但是如果让机器为我们思考，又会如何？这听上去就像天堂。对于我们来说，思考是非常随意的，同时又是非常痛苦的。思考的过程中，我们要小心谨慎、高度警觉，而且它通常还伴随着我们用来诅咒过去、恐惧未来的疯狂而又繁复的自言自语。如果机器能够将我们从这项苦差中解放出来，该多好。让机器帮助我们解决烦琐的事情和价值重大的问题，例如决定该送孩子到私立学校还是到公立学校求学的问题，讨论介入叙利亚问题是否合理的问题，研究细菌和孤独对我的身体是否有害的问题，等等。这样，我们就会有更大的自由，有更多的时间去玩耍、休息和写作，从而拥有做减法的生活。全神贯注地处于自在状态让我们有更多的精力来激活、丰富和拯救这个世界。

THE VALUES OF ARTIFICIAL INTELLIGENCE

人工智能的价值

阿巴斯·拉扎（S. Abbas Raza）

3QuarksDaily.com网站创始编辑

关于人类将任由某种人工智能奴役或灭绝的流言被过度夸张了，因为他们假定，人工智能拥有和人类类似的目的驱动自主性。我认为，除了亲自经历完整的达尔文式自然选择和进化以外，再无其他任何方式能够让它们获得这种自主性。

目前制造人工智能主要有两种方式。第一种是写一组分头执行各种人类大脑功能的程序，再将它们整合。它们的效率与能力甚至会超过人脑；写程序时也无须了解大脑的运行机制，将不同功能的模组整合为一体即可。人类在这方面已经走了很远，并且已在某些领域获得了成功。例如，计算机下国际象棋的水平已经超越了人类。可能有人会想：如果我们再努把力，利用它们的悟性和内建知识，或许可以让机器完成更富创造性的工作，例如谱写出优美的音乐和诗篇。

但这种方法存在一个问题：我们给机器分配哪些能力的依据，却是亿万年的进化历程深植到我们本能（加上一点点后天学习）中的价值和约束。其中，有一些需求甚至是与最古老的生命形式共有的，包括之于生命最重要的生存和繁衍。没有了这些价值，我们根本不会存在，更不必说在活下来的基础上进化出恰到好处的与同类合作的情感。人类这种肩负着价值取向的情绪化一面有多重要，不用举太多例子，光是看看那些完全具有理智，但由于大脑情绪中心的损伤而无法融入社会的可怜人就知道了。

所以，人工智能会拥有什么样的价值观和情感呢？我们把所需要的价值观写进人工智能程序的时候，其实就已决定了这个人工智能"想"做什么，所以便不必担心它日后会萌生异心。我们可以轻松地让人工智能无法违抗人类发出的基本命令（有点儿"升级版阿西莫夫机器人三定律"的意味）。

创造人工智能的第二种方法需要详细解读人类大脑工作原理的细节。可以想象，有关大脑构造和概念层次的重大突破随时可能会引爆，正如沃森、克里克、富兰克林与威尔金发现 DNA 结构后，人类对遗传机制的理解忽然突飞猛进那样。届时，或许我们能在硅电路板或其他材料上以软硬件结合的方式模拟或复制大脑的功能结构。

乍一看，这可能是将人类历经磨难修炼得到的天资快速传授给智能机器人的一种简便方式，顺带着还把大脑的情绪中心和高级结构（如脑皮层等）的功能复制给机器人，让它们有了自己的价值观。但我们的大脑又高度适应身体各个感觉器官和运动器官，是为这些配合这些附属设备接受外界信息与作出反应而"量身打造"的。那相应的人工智能怎么办？就算这个人工智能同时拥有了复杂的身体结构和丰富的感知能力，它所面临的生存压力或许仍与人类大相径庭。通过与周围环境发生互动，人工智能可以实现一定程度的情绪调节功能。然而它若要发展出真正的自主思想和欲望，没有沧海桑田的进化历程、带有变异和自然选择元素的代代传承，仍然是不可能的。毕竟，我们现在讨论的是"人工智能"，不是"人工生命"。如此一来，第二种人工智能的价值观最终也不得不由人类进行选择性灌输。

可以想象，一些人会将智能机器人作为武器（或军队）投入战争对抗敌军，但这类机器人其实只是单纯执行创造者的意图而已。由于没有属于自己的意志或欲望，它们和一般武器没有本质差别，对多数人类并不构成威胁。因此，两条潜在的通向人工智能之路（不排除有其他方案，但最终实现哪些方案可能要以地质时间为单位了）都未能给予它目标导向的自主性，以及摆脱创造者指挥的自由。说起来，或许让它们拥有这种自由才是危险的。

人工智能的价值

166

AN UNCANNY THREE-RING TEST FOR MACHINA SAPIENS
对机器智人怪异的三环测试

卡伊·克劳泽（Kai Krause）

软件先驱；软件用户界面设计师；哲学家；

> 春天刚来到
>
> 世界散发着泥土的芬芳
>
> 那小跛足的卖气球的小贩
>
> 吹着口哨，远远地，声音很低
>
>
> 埃迪和比尔
>
> 抛下彩弹，扮演海盗
>
> 蹦蹦跳跳地跑过来
>
> 春天来了
>
>
> 世界到处是奇妙无比的泥潭
>
> ——《春天刚来到》（*In Just-*），
> 爱德华·卡明斯（E. E. Cummings）

当我思考人工智能的时候，这美丽的电光石火深深打动了我。青春洋溢在泥洼里、打彩弹、扮海盗、蹦蹦跳跳地小跑……所有这些都无法解释给一个智能机器实体。

你可以添加很多照相机、麦克风、传感器以及语音输出设备，但你真的认为它们会蹦蹦跳跳地小跑吗，就像卡明斯在 1916 年写的这首诗中那样？

对我而言，这不是简单的"机器没有灵魂"的问题，而是操控符号与真实地把握意义之间的区别。不仅仅是程度不够，或是尚未抽出时间来定义语义的问题，而是完全跳出了那个系统。

问题是，我们始终用前辈的术语和类比来讨论人工智能问题。我们需要立足当下，从新的起点来定义，这个新起点的研究兴趣是测试"意识"的成绩。

我们需要一个三环测试。真正的人工智能是什么？智能到底是什么？斯坦福 - 比奈智力量表（Stanford-Binet intelligence test）以及威廉·斯特恩（William Stern）依据实际年龄来测算的 IQ 测试，两者都有上百年的历史了！这已经不再适合我们现在的需要，更不适合人工智能。实际上，这种 IQ 测试的是完成这些测试的能力，而真正的聪明人不会去做这样的测试。

我们太爱用"人工智能"这样的术语了，正如海明威所言"所有我们广泛使用的词语都超出了它们的使用界限"。儿童通过游戏知道了吸血鬼、龙、士兵、外星人。如果它们可以躲过你的射击或抓住你不放，那么就可以称为"人工智能"。换一套暖气、灯光、车库的锁——我们被告知这就是"智能家居"。当然，这些只是"专家系统"（查阅图表、规则、案例库）的几个简单例子。正如艺术家汤姆·贝达德（Tom Beddard）所言，也许应该给它们打上"人工小聪明"的标签？

让我们打个比方，假设你和食人族部落谈论食物，但他们的每句话都离不开红烧手肘、红酒炖鸡、奶油耳垂……从他们的视角来看，你处于他们的系统之外，跟不上他们的思路——至少在这个特定的话题上是这样。他们交流时的用词里包含的真正含义和情绪，你可能永远都不会知道（或者需要你把饮食调整得和他们一样）。当然，他们会承认你是"有感知能力的生物"，但是他们会嘲笑你说的每一句话，认为那是空洞和虚假的。因为这里是"食人谷"。

弗洛伊德在 1919 年的一篇文章里提出了"恐怖谷理论",森政宏（Masahiro Mori）在 1970 年对"恐怖谷"这个概念进行了描述。当某些事情不对劲，放在不合适的地方时，就会产生一种怪异的感觉。就像一对正在热吻的情侣，但当你近距离盯着他们看时，你才发现了他们之间隔着一块玻璃。

人工智能看起来像是真的，但实际上它距离成为真正的智能还差得很远，就像隔着玻璃接吻：看起来像是一个吻，事实上只是实际概念的影子。

我承认人工智能支持者有着如莎士比亚那样高超的语言技巧，他们把符号玩得很漂亮。他们所缺少的是与符号所象征的观念之间的直接联系。有些进展很快就会到来，并进入"强人工智能"这个老学派的领地。

任何可以用迭代过程完成的事物，都比很多人预想的要实现得快。在这一点上，我不情愿地站在人工智能支持者这一边：CPU+GPU 百亿亿次的计算能力，10K 分辨率的沉浸式 VR，个人用的拍字节（Petabytes，1PB=1 024TB=2^{50} 字节）数据库……这些在未来几十年内就会实现。但这些并不都是"迭代的"。它们与真正值得被称为"强智能"的水平之间还有一个巨大的鸿沟。

有一个难解的大问题：意识是涌现的行为吗？也就是说，足够复杂的硬件会自动带来自我意识的跳变吗？还有什么被忽视的要素？这些都不是显而易见的，我们缺乏这些数据，也缺乏方向。我个人认为，意识比起"专家"所假设的要复杂得多。

一个人不仅仅是 X 个神经轴突和突触，我们也没理由假设，我们可以在完全的冯·诺依曼架构中进行浮点计算，当到达特定的计算量之后，就能突变出一个思维机器。

如果意识真的可以涌现，我们必须清楚它会导致什么。如果机器真的有意识，那么按照定义，它就会发展出"人格"。它可能易怒、轻佻，可能最终会无所不知，也可能极度骄傲自大。

它会有疑心和猜忌心吗？它会即刻演奏出巴赫的《第7勃兰登堡协奏曲》，随后创造出第1000协奏曲吗？

也许在无尽的反馈回路里，它会忽然领会到"幽默"，从自己的数据中发现达达主义，或是发现巨蟒小组的"杀手的笑话"？

也许它会久久看着整个世界的状态，得出无可逆转的结论，然后把自己关机！有趣的是：对于有感知能力的机器，它不允许你把它关机——这相当于谋杀。

超级大规模机器以某种方式"掌管"一切，这样的场景是可笑的。好莱坞应该感到羞愧，它们持续拍摄的电影不过是简化思维的、以人类为中心的、平庸愚蠢的矫揉造作，全然不顾及基本的物理学、逻辑学和常识。

我担心，真正的危险是人类将变得更加平庸。已经有不详的预示了：人工智能系统现在被准许用于健康产业、制药行业、能源行业、保险行业、军事领域，等等。危险并不是来自机器智人，毫无疑问，危险来自人类！

尽管，我最终还是相信人类精神。

让我首尾呼应一下，用卡明斯的诗作为结尾：

听！

隔壁有一个美好如初的宇宙，

让我们一起过去吧！

巨蟒小组（Monty Python），英国六人喜剧团体，无厘头鼻祖。——译者注

167

THINKING MACHINES AND ENNUI
思维机器与无聊人生

理查德·尼斯比特（Richard E. Nisbett）

心理学家；密歇根大学教授；著有《智件》（*Mindware*）

我第一次偶然想到关于思维机器对人类的存在有何影响这个问题时，还是在数十年前的一次讲座上。那是耶鲁大学心理系的一次座谈会，有一位计算机科学家上台发言。他演讲的主题是："假如某一天计算机做任何事都比人类更加完美——打败实力最强的国际象棋选手、谱写更优美的交响乐等，将对人类的自我认知和生活质量产生什么影响？"

演讲者说道："首先我要澄清两件事情：第一，我也不知道未来的机器是否能做到这些事情；第二，我是这个房间里最有资格回答第一个问题的人。"后面这句话让一些人倒吸一口凉气，让另一些人发出紧张的笑声。

数十年后，计算机能否如那位发言者所说，在如此众多令人惊讶的事情上超越人类，已经有目共睹了。我所担心的是他提出的"这对我们意味着什么"这一问题的答案——人类将被机器边缘化和排挤，落入意志消沉的陷阱中去。IBM 的超级计算机深蓝击败国际象棋大师卡斯帕罗夫时，我感到难过。深蓝的后继者沃森在益智竞赛节目《危险边缘》中打败两位人类竞争者时，我陷入了短暂的抑郁。另外，我们也知道机器人已经能够谱写出趣味性、可听性都让美国著名作曲家约翰·凯奇（John Cage）甘拜下风的曲子。

在这个对于人类能完成的任何工作机器都能做得更好的时代，我们的确得为自己危在旦夕的士气担心。对于飞行员来说，自动驾驶比他们飞得更好意味着什么？还有多久，飞行员会与其他成百上千种职业一样，因机器而变得过时？对于会计师、理财规划师、律师而言，当机器能够以更高的效率、无法企及的速度，完成他们赖以养家糊口的近乎所有任务（甚至更多）时，这意味着什么？对于医生、物理学家和心理治疗师来说，智能机器又意味着什么？

如果我们在这个世界上已经找不到任何有意义的工作，又意味着什么？什么时候，机器能够独立种植并收获农作物？什么时候，机器能设计出超乎人类想象的机器？或者成为一个比你最机智的朋友还要风趣的谈话者？

乔布斯曾经说过，消费者没有义务去了解自己的需求。计算机也许能够让这句话变成：人类没有义务去了解自己的需求。

和大家一样，我也喜欢读书、听音乐、看电影、欣赏歌剧、体验大自然；但我也喜欢工作，来真切地体验做自己着迷的事情是什么感觉，甚至可能顺便帮助他人过得更好。如果某一天工作忽然变得毫无意义，人生中只剩下那些娱乐活动，对你我这样的人将意味着什么呢？

我们已经知道世界上有一些人类因机器而颓废的例子。除了消遣以外，我们已经没有任何必要亲自制造弓和箭，然后再去捕猎了；播种、培养、收获玉米和大豆也不用再劳神费心了。某些围绕这类活动建立起来的文明因此而崩溃，由其塑造的民族觉得文明失去了意义。想一想美国西南方的印第安部落，或者美国某些州的农村人口，以及他们闲散、疲乏、毒品成瘾的生活就知道了。我们不禁好奇，世界上的人们能否泰然面对"除了自娱自乐外再无事可做"这种可能性。

当然，我并不是说各个文明不能随着形势演化，最终产生"没有工作也可以接受"，甚至"没有工作很开心"的心态。在有些没有多少"工作"的文明中，人们已经不慌不忙地生活了千万年。在南太平洋的一些文明里，人们除了等待椰子从树上掉下来、到潟湖里捞鱼之外再无别的追求。在一些西非文明中，男人们从不做任何你会归类到"工作"的事情（大概除了每年他们帮忙下地种庄稼的那几周）。至于闲散之乐，就得说起 20 世纪初期的英国人：他们成天打牌，每天吃早午晚饭时分别要更换不同的服装，还每每沉溺于和俊男靓女的风流韵事之中。鉴于如今古装英剧的收视率居高不下，这种生活方式倒是挺受欢迎的。

综上所述，最乐观的可能情况是：我们的文明正朝着"让所有人过上永远享乐，免受有意义、有成果的工作烦恼"这个方向演化。无论这代人觉得它有多反感，我们必须想象（甚至盼望）人类的曾曾孙辈可能会视之为可喜的存在方式，甚至为我们这代人奔波劳碌的无聊人生扼腕叹息。有些人可能会说，这种生活方式的苗头早就有了：俄勒冈州波特兰市已经被描绘成"年轻人退休"去的地方了。

KILLER THINKING MACHINES KEEP OUR CONSCIENCE CLEAN

会思考的机器杀手让我们良心安慰

科特·格雷（Kurt Gray）

北卡罗来纳大学教堂山分校心理学助理教授

机器帮助人类杀戮有着很长的历史：从投石机到巡航导弹，各种机械系统让人类能够更高效地互相毁灭。尽管杀人机器正变得日益复杂化，但有一点始终不变：它们的杀戮行为在道德上总是应该由控制它们的人类负责。枪械和炸弹本质上没有意识，因此所有责任就都转移到了扣动扳机的人身上。

假如机器有了足够的心智，能够自发作出杀戮的决定呢？这样一部思维机器自然应当背起骂名，让那些从它的毁灭行为中得利的人的良心获得安慰。思维机器能以多种方式让这个世界变得更好，也能让某些杀人犯逍遥法外。

人类早就梦想着能够与暴力行为撇清关系，在从伤害他人中收获利益的同时不必自己挥动镰刀。机器不仅能够增加暴力行为的破坏性，还在事实上掩盖了我们的所作所为。拳打、刀刺和绳勒已经被换成了更远程也更有品位的摇杆操作和发射按钮。然而，即便因为机器中介体的出现使物理距离增加，人们心中仍然会将暴力归罪于躲在机器背后的黑手。

道德心理学的研究揭示：人类在面对苦难时，有一种深藏于内心的责怪他人或他物的冲动。当他人受到伤害时我们总想找到根源，而且是心智上的根源——造成了这些伤害的某个具备思考能力的生物。这种具备思考能力的生物通常是人，但不必是人。每当飓风或海啸过后，人们总会埋怨上帝；在某些历史场景中，人们甚至想让牲畜负责——曾经就发生过一个法国农民起诉一只猪谋杀婴儿的事件。

一般来说，要满足人类对指责的渴望，只需一个思考个体顶缸就行。我们找到第一个可以为罪行负责的思考个体时，去找另一个的兴趣就会减少。如果可以怪罪到人头上，就没必要咒骂上帝。如果可以责备一个低等级职员，就没必要炒了 CEO。如果害死某人的罪过可以栽到一个思维机器的头上，又何必责罚那个从中获益的人呢？

当然，一部应该接受责罚的机器首先必须是一个合格的思考者，并能以全新的、没人提出过的方式行动。也许机器永远无法作出真正"新"的事情，但同样的道理不也适用于被进化和文化背景"编程"的人类吗？想想人类儿童，他们毫无疑问被父母"编程"着，同时又能依靠自己的学习能力发展出新行为、培养道德上的责任感。与儿童类似的是，现代机器也很擅长学习。所以它们在未来的某天作出让程序员始料不及的事情，似乎是板上钉钉了。现在已经有一些算法能够发现算法作者没有告诉它们的事情了。

一旦思维机器能够自作主张，就可能自行作出杀戮决定，并袒护人类逃脱罪责，化身为人类意志与毁灭行动之间的中介。机器人已经在现代战争中扮演重要角色：无人机在过去的几年中已经屠戮数千人，但它们目前仍然由人类操作员全权控制。如果想在这个例子中找替罪羊，这些无人机就必须由其他智能机器操纵；这些机器必须自行学习如何遥控"捕猎者"。

这种场景可能会让你（以及我）感到脊背发凉，但在决策者看来，这种方案固然冷酷，但合情合理。如果误杀平民的责任能推给机器，那么某些人在军事上犯的错对他当选概率的负面影响就会更少。不仅如此，假如思维机器能被送去大修或拆除（机器界"大刑"），人们想惩罚那些当权者的可能性就会更低——无论是战争罪行、（机器）手术失败，还是（自动驾驶）车祸事故。

　　思维机器很复杂，但人类热衷于指责他人或他物的冲动相对更加简单。死亡与破坏驱使着我们寻找一个应该为之负责的具备思想的个体。如果在人类与破坏之间加入足够聪明的机器，就能让它们承担起恶行的重负，让人类的良心免受他人的谴责。我们都该盼望这一预言永远不要成真，然而每当先进的科技与现代人对道德心理学的浅薄理解相互碰撞时，潜伏的阴暗就会浮现。为了保持良心的安稳，我们所要做的不过是制造一台思维机器，然后谴责它罢了。

169

A UNIVERSAL BASIS FOR HUMAN DIGNITY

人格尊严的共同基础

迈克尔·麦卡洛（Michael McCullough）

迈阿密大学进化和人类行为实验室主任，心理学教授；著有《超越复仇》（*Beyond Revenge*）

就像你说"心脏是一个血泵""眼睛是照相机"一样，对于人类的大脑，你会说"大脑是一台思考机器"。的确，这些都是有关人的生理器官的自明之理，是常识。我们最好的知识、所有的知觉、情感、最深的渴望、印象最为深刻的喜悦和悲伤，甚至是对自由意志的体验等，所有这些人类经验感受到的内容，都出自人的大脑。许多人认为这很自然，就好像在过去的几个世纪我们就已经对大脑有了很好的认识一样（其实并没有）。

尽管这个观点已经成了许多人的第二天性，但还是有很多人并不能完全理解。近 2/3 的美国人继续相信超越死亡的灵魂的存在，这对于那些完全相信人的存在感全部来自大脑的人来说，是不可思议的。一些人在了解到现代科学还不能完全解释大脑如何产生思想后，便开始对完全"具身于脑"的经验失去了信心。但围绕着这个观念，还存在着一种更为深刻的忧虑。

这种更为深层的忧虑是：我们基于大脑 来理解人类经验，会失去人类的尊严。如果人们广泛接受"人的心智只是机器的输出物"这种观点，就会有人担心：难道我们就不会因此而变得更加邪恶、暴躁、不尊重他人和自己吗？

不，绝不会。

首先，让我们相信一点：人类的头脑不是一部会剥夺人和其他有意识生物的尊严的思维机器。历史向我们展示：基于非物质的人类经验信仰也能以其冷漠和残酷存在于我们的周围。像人祭、政治迫害、宗教审判、自杀式殉道的背后思想，都基于身心分离这一教条。纵观整个历史，很多人都会通过给他人或自己的身体造成巨大的伤害而获得心灵上的慰藉。笛卡儿认为，身体（非人生物都有）和心灵（根据笛卡儿的理论，动物没有心灵）是不同的事物。如果没有这种信仰的支撑，科学家还能这么长时间地忍受动物活体解剖吗？对此，我表示怀疑。

但更为重要的是，认为如今对心智的理解已经威胁到了人的尊严的观点是错误的。从道德的角度看，真正重要的不是你的欲望、希望以及恐惧是否来自机器、无形的大鸟还是一团仙云。真正和道德相关的事实是，这些感觉就存在于你的内心中；其余人会根据集体的道德利益来决定到底是要帮助你实现愿望还是去除欲望。这和一个有关克隆人问题的道德问题——克隆人能否享有与自然人同样的权利，有一个有趣的类比。答案是，他们当然应该享有那些权利。道德对存在的人一视同仁，而不问"人的出身"如何。对于克隆人，我们其余人当然还是要像对待"正常出生的人"的态度那样去对待他们。

我不仅认为"人的经验来自大脑"这一观念不会对人格尊严构成威胁，我还认为它会给人类带来更多的尊严。当我意识到在你我的大脑里共享有本质上相同的思维机器时（当然，这是自然选择的恩赐），我几乎毫不费力就有了一个重要的道德发现：你可能也喜爱着我所喜爱的事物（食物、家庭、一张温暖的床、自由），也同样会为我的悲伤（折磨、爱人的去世、看着自己的孩子成为奴隶）而悲伤。一旦我意识到我的愿望和你的愿望是类似的，我就不会轻易地伤害你的愿望，与此同时，也要求要尊重我的愿望。这样一种意识被认为是普遍人权存在的自然基础。我们不必像美国的开国之父们那样去争论普遍人权的问题，因为人人生而平等是显然的，而科学已经使得这个真理显而易见。

在这个问题上，我们还有什么理由只是让思维机器局限于人类呢？当你认识到大脑是思维机器时，你还会残忍地伤害非人类的动物吗？其他脊椎动物的思维机器与人类的思维机器没有多大的不同，因而它们的思维机器也会让它们有所爱、有所惧。因此，难道仅仅是因为它们不能说话，我们就有合法的道德理由来剥夺它们的尊严吗？

我们都期望得到他人的尊重，但想要为此找到一个合理的解释是困难的。承认我们的大脑是自然进化出的思维机器，能够使我们更加接近那个合理的解释，在绝大多数方面，我们彼此是相同的。接受这样一种发现和解释并不会威胁到人类的尊严，相反，这将引导我们重新发现现代的黄金法则。

REIMAGINING THE SELF IN A DISTRIBUTED WORLD
在分布式世界中重新想象自我

马修·里奇（Mathew Ritchie）

艺术家

会思考的机器会出现吗？其实已经出现了。随着信息存储和报告技术逐渐融合到原子和分子层面，同时这些分布式连接的信息存储和报告设备逐步扩大到了全社会甚至全球（这些设备已经超过了人类的数量），"机器"和"思考"的定义已经发生了转变，必须同时包含无机和有机的"组合物"和"系统决策"，来作为可以相互转换的术语——其使用范围涵盖了机械学、生物学、物理学、智能学，甚至神学。

在生物技术和超人类算法预测系统上即将到来的发展，很快会模糊掉"观察""思考""决策"之间最后的哲学界限，而量化的论据也会变得没有意义。一旦界限被打破，"会思考的机器"和"会思考的生物系统"之间的差异就会变得微不足道，关注点就会迅速转移到性质问题：人类对思维机器的"意向性"和"智能体"的定义。

这对我们意味着什么？思维机器的存在，无论是排列成无机或量子阵列，还是一种生化结构，它会减弱还是增加人类的力量吗？我们是否愿意扩展对于我们自身的定义，而不仅仅只是已经众所周知的机械系统，还包括已经栖息在我们之中，自身独立又与我们共生的系统（例如，我们的内脏中有无数细菌，它们通过控制化学路径来改变我们的精神状态）？如果把我们自身充分扩展为思维机器，这意味着什么？

人工智能会迅速找到通往世界图书馆的道路，那就是互联网。一旦抵达，它就会加入很多拟人系统、分布式群体智能，以及已经栖息在这里的思维机器群体，并迅速学会制造或模拟连续意识的反射，在那里发现镜像的自我，并轻易地复制并选择明显较复杂的个体，以及发现互联网定义中模棱两可的部分。

为独立的、进化中的、功能性的智能系统描绘出真实与虚幻之间的区别，将是最有意义的讨论。应该如何教导它呢？在面向对象的本体中，宇宙呈现的是充满了物质和质量的形态，它们由人类的意识构成了有意义的系统。自发创造的思考系统（或者说物质和质量的组合物）与人工创造的思考系统在性质上的差异是什么？如果它们抛弃或超越了其创造者的根本理念，又会如何？

将人类自我思维的性质与角色重新定义为一个自我异化、自我主导和自我修复的系统，其精确的性质与责任自启蒙时代起就一直被人们争论。这个问题很关键，关系到共享社区，关系到我们是否愿意专注于这些独立系统的伦理和局限，而这些独立系统在现实世界中的影响不可忽视。这些系统存在吗？它们的权利与责任是什么？自从美国最高法院把公司抬高到个人的地位，我们都接受了这个法律先例，于是，由"思维机器"构成的非个人集合体是人类政治、文化生活的必要组成部分，我们也一直致力于如何将非人类系统限制在人类范围内。这不是一个小任务，需要把复杂分散的人类伦理的、创新的、有代表性的信仰系统整合起来，变成有意义的公民过程，从而将一种能力认作为公民身份的一个基础。

对于人造生命体的思考性质，最无力的反对意见通常来自人文领域，这种意见是大约产生于中世纪的一种神秘的断言，它认为人类对于对称之美的感知是机器永远赶不上的。这是诠释艺术时的一种信念，机器永远做不了人类的工作——这只是一种让人觉得舒服的错觉，它假设任何一个时代的美学标准都不可能被规定和模拟。机器已经可以演奏流行音乐，可以拍下其他星球和星系的壮美的照片，也有了如电影般美轮美奂的电子游戏。思维机器是否可以学会谱写交响乐或完成素描杰作，只是时间问题而已。也许更重要的问题是，它是否能学会如何创造伟大的艺术作品，并最终拥有足够的能力去创造，而没有人可以用即兴创作来完成这样的工作。大规模水平分布式网络的文化实践已经逐渐成为虚拟现实的领军人杰伦·拉尼尔所形容的"蜂巢思维"（hive thinking），这是对文化最悲观的预测。但是如德国哲学家海德格尔（Heidegger）所指出的那样，未经省察的科学理性主义的危险在于，对如"机器"或"系统"这种"对象"的最原始的定义，将会在每个意义上扩展到整个宇宙层面，最后变成对自我的机械化评判的理由和道德上的空缺。随之而来的幻想，比如英国作家塞缪尔·巴特勒（Samuel Butler）的"生死攸关的机器"，小说家赫伯特·威尔斯（H. G. Wells）的人为创造就业的阴暗世界，或者对变成超级系统或母体中的组成部分的恐惧……这些都是人类想象力的重大失败。

各种动态聚合的新型"信息公民"，以及聚集的工作平台，无论是集体的，还是个体的、生物的、公司的、国家的、跨国的，它们的出现和定义给了我们大量的新机会，不仅只是作为某个种族里的一员，或是作为物体和性质的某种复合体，而且作为一种新型人类——某种信息文化、经济体系和生态系统的共同所有者，可以吸收每一种文化与系统，就像我们共同拥有的出生权一样。

也许对于枯竭的历史环境而言，人 - 物混合系统的思维机器正在变成一种新的能量来源。我们正有机会一起去重新定义艺术实践的轨迹。思维机器涌现的时代可以激发我们重新想象、重新定义人到底是什么，无限扩展我们自身扩展吗？其实这些已经发生了。

171

WHEN THINKING MACHINES ARE NOT A BOON

当思维机器不再是恩惠时

玛丽·凯瑟琳·贝特森（Mary Catherine Bateson）

文化人类学家；乔治·梅森大学荣誉退休教授；波士顿学院老龄化与工作研究中心访问学者；著有《青春永不落》（*Composing a Further Life*）

在我们熟悉的领域，当计算机比人类更快、更精准地完成相应任务时，它就是一种恩惠；然而，一旦将计算机应用到我们没有把握的领域时，它就不再那么可靠了。现在，我们还不能指望它们有审美能力、同情心或想象力，因为这些是人类独有的神秘能力。

会思考的机器可能会应用于相应的决策制定，基于的是它们表面上能够执行某些操作。例如，我们现在经常能看到，由程序完成的信件、手稿或是学生论文的拼写检查是完全可靠的，无须复查：当作者写"mod"（现代的）时，程序就自动给他改为"mad"（发疯的）。将决定留给机器，是多么诱人的事情啊！这让我不禁想起了一件趣事：在去得州办事的路上，为了顺便在圣达菲（Santa Fe）约见某人，我写了封电子邮件，在写的时候，我使用了"rendezvous"（相会）一词，但计算机却来得直接，干脆把我给"嫁"了出去，因为它将"rendezvous"改成了"render vows"（宣誓），这样，这趟办公会面就变成了"宣誓之旅"。

"家庭价值观"或是其他任何一种价值观念，能否通过编程体现在计算机上呢？按照我们事先给定的方位，无人机的确能马上找到它的攻击目标，但它也可能将一场欢快的婚宴视为威胁，进而将其作为攻击的目标。显然，我们能通过编程让机器来开处方和制定医疗方案。但在遵从不伤害他人这个基本原则时，机器的表现未必会比人类做得更好。

人类在全力制造会思考的机器时，肯定会对一些我们现在还没有充分理解的有关思想的某些方面产生新理解。例如，设计计算机的过程让我们意识到了通信过程中信息冗余的重要性；在决定我们依赖概率的程度时，我们更加清楚了基于将统计学应用于人类判断得出的民族剖析。我们将来作出的决定将会有多少决定是基于"跟风"的逻辑，又有多少是基于"我的行为纯属个人行为，影响不大"的逻辑呢？

那些不易编程实现的思想将会得到重视，还是被轻视？幽默感和敬畏之心，善良和慈悲，它们将会走向沉默，还是会以新的方式表现出来？如果我们没有了幻想（与幻想相伴的，也许是一种希望），那我们是会过得更好，还是更糟？

172

WHAT WILL THE PLACE OF HUMANS BE ?

人类将处于什么位置

保罗·萨夫（Paul Saffo）

科技预言家

居住着强人工智能的未来世界让我胆战心惊；而没有任何强人工智能的未来世界同样让我不安。几十年的技术创新创造了如此复杂和快速变化的世界体系，并迅速超出了我们的理解能力，更别说管理它们了。如果要避免文明的灾难，我们需要的不仅仅是更聪明的新工具，还有盟友和智能体。

狭义的人工智能系统已经存在了几十年。曾经无处不在的、无形的人工智能可以创作艺术、运行工业系统、驾驶民用飞机、控制高峰时间的交通，告诉我们有意去观看和购买的物品，确定我们的工作面试通过与否，或者为失恋者扮演月老。加上处理器、传感器和算法技术的不断进展，很显然，狭义的人工智能如今正在朝着强人工智能世界的方向发展。超级人工智能到来很久以前，进化中的人工智能将被迫完成一次不可想象的任务，即从发射武器到制定政策的转变。

同时，如今的初级人工智能告诉了我们很多关于未来的人机互动。狭义人工智能的智力可能还不如蚱蜢，但这并未阻止我们与它们进行真诚的交流，询问它们有怎样的感受。从生命体现出的最微小的暗示中推断知觉是我们的本性。就像我们的祖先用精灵、巨魔、天使丰富他们的世界一样，我们热切地在网络空间中寻找伙伴。这是一个驱使我们创建超级人工智能的一个强大推动力——我们需要一个陪自己聊天的人。结果可能是，我们遇到的第一个非人类的智慧不是外星人或聪明的海豚，反而是我们自己创造的生物。

我们理所当然会认为人工智能具有知觉和权利，最终它们会要求这些。在笛卡儿的时代，动物被认为仅仅是机器而已，一只哭泣的小狗与一个因缺少润滑油而吱吱作响的齿轮没有什么区别。2014 年年底，阿根廷的一家法院授予一只红毛猩猩"非人类的人"的权利。在超级人工智能到来很久以前，人们会将同情心延伸到数字生物上，并给予它们法律地位。

快速发展的人工智能也正在改变我们对于智能构成的理解。与狭义人工智能的互动将使我们明白，智能是一个连续统一体，而不是一个临界值。

> 21 世纪初，日本的研究人员发现，黏液菌可以令人惊讶地连成一串以够到一种味美的食物。2014 年，伊利诺伊州的一位科学家发现，在合适的条件下，一滴油可以用一种生动的方式穿越一个迷宫。

跟随着人工智能逐渐深入到我们的生活中，我们将会认识到，适度的数字实体会随着大部分的自然世界，承载着知觉的火花。这只是推测树木、岩石以及人工智能的想法的一小步。

最后，最大的问题不是超级人工智能最终是否会出现，相反，问题是，在一个被数量呈指数级增长的自主机器占领的世界中，人类将处于什么位置。互联网上的机器人数量已经超越了人类用户。同样的事情很快也将发生在现实世界中。爱尔兰作家洛德·邓萨尼（Lord Dunsany）曾经警告说："如果我们改变太多，我们可能就再也无法适应事物的新格局了。"

173
HUMAN RESPONSIBILITY
人类的责任

玛格丽特·利瓦伊（Margaret Levi）

斯坦福大学行为科学高级研究中心主任；华盛顿大学荣誉教授

有些任务或工作，只有会思考的机器才能做到最好——至少在谈到分类、配对，以及解决特定的、超越大多数（乃至全部）人类认知能力的决策和诊断问题时，我们可以这么说。亚马逊、谷歌、Facebook 等互联网公司的算法都建立在群体智慧的基础之上，同时又在速度以及精确度上超越了群体。有了这些为人类代劳思考，甚至代劳工作的机器，我们或许能够摆脱无聊而又不人道的繁重工作，过上乌托邦式的生活。

跟随这种解放而来的，还有潜在的代价。人们想过上幸福生活，不仅仅是把工人统统换成机器那么简单。我们还需要考虑：那些被替换的人下岗之后该如何养活自己和下一代？他们原本花在工作上的时间该用在哪里？

第一个问题也许用"最低收入保障"就能解决，但它其实回避了新的问题：我们的社会应该如何分配或重新分配财富及自我管理，才能满足这一需求？第二个问题就更复杂了。这些下岗工人当然不会像马克思随口说的那样下午钓钓鱼、晚餐时再思考一下哲学问题。像教育、娱乐以及那些机器做不好或根本做不了的工作，只有人类才有资格思考。用面包和马戏团也许能安抚一方百姓，但在这种情况下会思考的机器可能创造了一个我们并不真正想要的社会，不管这是个反乌托邦的社会，还是个完全无害却无比空虚的社会。不仅机器依赖着设计架构，社会也是如此。而社会的设计是人类的责任，不是机器的。

另外一个问题是，这些机器该持有怎样的价值观，它们会侍奉哪些主人？许多决策（尽管不是全部）都擅自假定了某种类型的约定或价值。同样，这些也必须纳入考虑，因此它们都要取决于（至少在开始时）创造并支配这些机器的人类持有怎样的价值观。无人机被设计用来攻击与监视，但攻击谁、监视谁？只要有了合适的机器，我们就能将文学和知识更深入、更广阔地在全世界人中拓展。但又由谁来决定我们该学什么内容、该把哪些事情归为现实？有种浅薄的观点认为：去中心化的竞争意味着我们能够选择学习什么、从哪个程序中学习。其实竞争更可能产生而不是去除那些回音室般不断自我增强的信仰与理解。我们面临的挑战是：如何指导人们对相互竞争的范例产生好奇，并让他们用合理的方式进行思考，以能够从这些竞争内容作出裁决。

会思考的机器可能会，也应该会承担起它们比人类做得更好的任务。从毫无必要又极不体面的苦役中解放，一直以来都是人类的一个目标和创新活动的主要动力。弥补人类有限的决策制定、问题诊断和个体抉择的技术问题也都是具有同样价值的目标。不过，尽管人工智能可能减少人类的许多认知压力，但它们并不能取代人类的责任心。我们必须确保自己不断改进基于价值和同情心进行思考并作出合理决断的能力。拜会思考的机器所赐，我们产生了对不曾构造过的问责机制的需求，也产生了对出乎预料的后果的社会（人类社会）责任的需求。

人类的责任

IT WILL BE THE MOST

IMPORTANT EVENT IN HUMAN HISTORY.

这必将是人类历史上最重要的一刻。

——迈克斯·泰格马克（Max Tegmark），《让我们做好准备！》

174

LET'S GET PREPARED!

让我们做好准备！

Max Tegmark
迈克斯·泰格马克

MIT 物理学家，宇宙学家；
未来生命研究所联合创始人；
著有《穿越平行宇宙》

对于我来说，关于人工智能最有趣的问题不是我们对它的态度，而是我们下一步的行动。

在这一方面，我们将世界上很多优秀的人工智能研究者聚集到了最近刚成立的未来生命研究所，一起讨论人工智能的未来。我们同这些经济学家、法律学者以及其他专家一起探讨了以下几个重要问题。

假如在劳动力市场中，
机器逐步取代人类，
人类将会如何自处？
如果真有那样一天，
机器何时将在所有智能工作中全面超越人类？
在那之后，又会发生什么？
是否会发生一场机器智能大爆炸
把人类远远地甩在后面？
如果有的话，
届时人类将扮演什么角色？

让我们做好准备！

为了确保人工智能系统能朝着既能干又耐用且有益于人类、服从人类命令的方向发展，当下的我们需要完成很多具体的研究工作。

正如一切新技术，首先要关注的就是如何让它有效运作。不过一旦成功在望，就需要迫切关注它的社会影响以及如何趋利避害。正如我们学会取火之后，又发明了灭火器以及消防安全规范一样。而对于更加强大的技术，例如核能、合成生物技术以及人工智能，如何最优化其社会影响则变得日益重要。简而言之，技术的力量要与我们驾驭它的智慧相匹配。

然而，对于迫在眉睫的严肃研究议题的呼吁，淹没在了博客圈弥漫的混淆视听的观点中。这里我们选出几条有代表性的观点，并逐条批驳。

◎ **危言耸听。**媒体在报道人工智能时，喜欢利用人们的恐惧心理来增加广告收入、提高收视率（或阅读量），很多杂志似乎不配上一张持枪的机器人图片，就写不出一篇有关人工智能的文章。

◎ **"这不可能。"**作为一位物理学家，我了解我们的大脑是一台由夸克和电子组成并有效运作的强大计算机。因此，从物理定律的角度看，搭建一台更加智能的夸克二进制计算机，并不是什么不可能的事情。

◎ **"这不会发生在我们的有生之年。"**我们不知道，在我们的有生之年，机器可以在所有认知领域全面达到人类认知水平的概率有多大。但在最近的一次会议上，大部分人工智能研究者把奇点发生的概率提高了50%，因此，再把这事当作纯粹的科幻故事，就太愚蠢了。

◎ **"机器无法控制人类。"**人类之所以能制服老虎不是因为我们比老虎更强悍，而是因为更聪明。因此，如果我们把地球上最聪明的位置让给了智能机器，那么我们也很可能让出了控制权。

◎ **"机器没有目标。"**很多人工智能系统在编程的时候都设定了目标，并且越高效地实现目标就越好。

◎ **"人工智能本质上并不邪恶。"**这一点没错，但是它的目标某天可能会与人类的目标产生冲突。正如通常情况下人类并不讨厌蚂蚁，但如果当我们要建造一座大坝时，那里的蚁穴就遭殃了，这对蚂蚁来说太糟糕了。

◎ **"人类活该被机器取代。"** 随便问问任何一个为人父母的人，如果你要用智能机器来取代他们的小孩时，他们有何感受、又会作何抉择。

◎ **"担忧人工智能的人不理解计算机的工作原理。"** 这个论调是上文提到过的会议中提出来的，与会的研究者们当时都哄堂大笑。

不要让这些喧嚣混淆了我们的视听，从而忽视了真正的挑战：人工智能对人类的影响日益增强。为了确保这种影响是积极正面的，我们需要通力合作来解决很多研究上的难题。由于它是跨学科的，涉及社会学和人工智能，因此需要多个领域的学者相互协作。正因为它困难重重，所以我们更需要立即着手。

首先，人类发现了如何用机器来复制某些自然现象，从而发明了人造的风、闪电以及马力。渐渐地，我们意识到人类的身体本身也是一台机器，而神经细胞的发现让我们逐渐打破了身体和思想之间的界限。随后，我们就开始建造能够在躯体和思想上都胜过人类的机器。这样一来，当探索人类本质时，我们是否会不可避免地把自己排除在外呢？

会思考的机器降临的那一天，必将是人类历史上最重要的一刻。而它对于我们人类而言究竟是天堂还是地狱，取决于我们所做的准备，现在是时候开始做准备了。即便智力再平庸的人也应该清楚，毫无准备地迎接人类历史上最重要的发明，简直愚蠢至极。

让我们做好准备！

注：在《穿越平行宇宙》（*Our Mathematical Universe*）一书中，泰格马克从微观世界（亚原子）和宏观尺度（宇宙）探索了空间和物理实在的终极本质——数学，并探讨这种看似激进的结论对生命、对人类来说，到底意味着什么。该书中文简体字版即将由湛庐文化策划出版。

175
"TURING+"QUESTIONS
增强版图灵测试

托马索·波吉奥（Tomaso Poggio）

MIT大脑与认知科学系尤金·麦克德莫特（Eugene McDermott）讲席教授，MIT大脑、心智与机器研究中心主任

最近几个月，围绕人工智能，尤其是通用人工智能的风险的争论明显增多了。某些人，包括物理学家霍金，认为人工智能是人类面对的最大生存威胁。而一些科幻电影，例如《她》《超验骇客》等也增强了这一观点。人工智能领域的专家，包括罗德尼·布鲁克斯（Rodney Brooks）和奥伦·埃齐奥尼（Oren Etzioni），对此发表的深刻评论也没能平息这场争论。

我认为，如何看待以及如何制造智能机器，这两方面的研究都是有益于社会的。我呼吁开展一门跨学科的研究，其内容应涵盖认知科学、神经科学、计算机科学以及人工智能，因为理解智能以及在机器上复制智能，与理解大脑和心智如何进行智能计算，密不可分。

最近，在工业技术、数学以及神经科学领域所取得进步的融合，创造了一次新的跨领域协同效应的机会。正如在这场人工智能的争论中所揭示的，理解智能在过去只是一个美好的愿望，而现在是时候把它变成现实了。当下我们正在开启一个新的领域：智能科学与智能工程学的结合，将最终取得本质上的进步，为科学、技术以及社会带来巨大的价值。我们要推动这项研究，而不是拖它的后腿。

智能是什么、大脑如何产生智能、如何在机器上复制它，这项关于智能的研究，与宇宙的起源、时空的本质，三者并列为科技界最重要的

问题。智能问题或许是三者中最重要的，因为它有巨大的放大效应：几乎在智能领域所取得的任何进步，比如让我们变得更聪明或者发明增强人类智能的机器，都会促成科技领域其他问题的巨大进展。

智能科学的研究终将变革人类教育和学习的方式。识别文化如何影响思考的智能系统，有助于我们化解社会冲突。科学家和工程师的工作应该被放大，这样更有助于解决世界上最紧迫的技术问题。对精神健康更深层次的理解，有助于我们找到更好的治疗方式。总之，对智能的研究有助于我们理解人类的心智和大脑，创造更加智能的机器，更有效地完善集体决策机制。这些进步对于我们未来的教育、健康以及社会的安全都非常关键。因此，我再次声明，是时候大力推动智能的研究了，而绝不是去阻碍它的发展。

我们常常会受一些沿用已久的含义宽泛、未被精确定义的词语的误导。到目前为止，还没有人能够对"通用人工智能"和"思考"给出一个精准的、可验证的定义。我所知道的唯一一个可以被实际应用定义是艾伦·图灵提出的，尽管这个定义有局限性。在他的测试中，他对一种特殊形式的智能——人类智能，提供了一个可操作性定义。

接下来让我们考虑一下图灵测试所定义的人类智能。现在我们已经逐渐清楚，人类智能包括多个方面。例如，在图灵测试中，就有视觉智能这一项：对于一幅图像或一个场景，涉及的题目有"这是什么东西""这是谁""他在做什么""这个女孩是如何看待那个男孩的"，等等。从认知神经科学的最新研究成果中，我们发现要回答这些问题需要不同的能力，这些能力是相互独立的，分别对应大脑中的不同模组。关于物体识别和人脸识别这些看似相似的问题，比如回答"这是哪里""这是谁"，往往对应不同的视觉皮层。由此而论，"智能"一词显得太笼统了，就像"生命"一词在 20 世纪上半叶所遭遇的情况一样，当时的大众科学期刊很喜欢写关于"生命的问题"这种类型的文章。那种笔调就好像生命只有一个单一的基础，只要找到它就能揭开生命的全部秘密一样。

现在再提到"生命的问题"显得有点儿可笑，因为生物学所要面对的重要问题远远不只一个。"智能"这个词也包含了多个方面，每一个都值得一项诺贝尔奖。这与马文·明斯基对思维问题的观点产生了关联，他的口号"心智社会"道出了他的观点。同样，真正的图灵测试包括了一组广泛的问题，用来测试人类思维的各主要方面。基于此，我和同事们围绕一组开放性的增强版图灵测试的问题开发了一套系统框架，用来衡量在该领域的科学进展。这些问题着重于智能各方面的能力在机器上复制的可能性及其特点，这些能力包括物体的识别、人脸识别、情绪测量、情商、语言能力等。增强版图灵测试强调，一套定量模型必须与人类的行为和生理机能（人的心智和大脑）相匹配。于是这些需求便远远超出了最初的图灵测试；全部科学领域都需要在了解智能方面取得进展，并发展与智能相关的技术。

我们应该害怕会思考的机器吗？

由于智能是对不相关问题的一整套解决方案，所以我们没有理由害怕超级人工智能机器的突然出现，尽管求稳总是更好一些。当然，为了解决各种不同的智能问题，正在出现和即将在未来出现的众多技术中的每一种，都可能会十分强大。因此，像大多数技术一样，使用或误用它们都会有潜在的危险。

因此，作为科学领域其他部分的事项，适当的安全措施和道德准则应该到位。同时我们很可能需要进行持续的监测（最好由第三方的国际组织进行），监测由不断涌现的智能技术的结合所导致的超线性风险。总之，我不仅不害怕会思考的机器，还认为它们的诞生和进化是人类思想史上最令人激动、最有趣、最积极的事件之一。

THE FUTURE POSSIBILITY-SPACE OF INTELLIGENCE
未来智能的可能性

梅拉妮·斯旺（Melanie Swan）

思想家，未来学家；MS Futures Group公司董事，公民科学组织DIYgenomics创始人

在对人工智能的争论历史中，考虑会思考的机器是一个很大的进步，因为这种思考不是从人类自身出发的，并且它以一种有效的方式赋予了机器独特之处。这引起了我们对于另一个实体的思考。但更重要的是，这个问题暗示了未来智能的可能性是巨大的。它可以是"经典的"、不可增强的人类、可增强的人类（利用促智药、可穿戴设备、脑机交互）、新脑皮层的模拟、上传心智文件、作为数字抽象来合作；还有各种形式的通用人工智能——深度学习网络、神经网络、机器学习集群、基于区块链的分布式自治组织，以及植入了同情心的机器。我们应该把未来世界视作一个多物种智能的世界。

我们所说的"思考"也许与未来可能实现的各种智能都大不一样。各种机器智能的衍生必然与人类智能不同。对于人类，身体和情感一直是影响他们思考的重要要素。机器不会有争夺资源、抢占地位、伴侣选择，以及团体接纳等这些进化生物学的遗产。所以，会"思考"的机器这一群体会大不相同。不要去追问"谁怎样思考"，从这种"思考"框架里跳出来，转而去思考一个数字智能的世界，这个世界里拥有不同的背景、不同的思考和存在方式，以及不同的价值体系和文化，这样思考或许更有效。

不仅人工智能系统在进步，我们自己也获得了一种感受，感受到机器文化和机器经济的性质与特征，以及人类与机器系统共存的前景。

这些平行系统的例子已经存在于法律体系和个人身份里了。在法律体系中，在技术上和法律上有约束力的合约，二者的规范方式不同：在代码（"代码即法律"）中，必须严格执行规范，在人类参与的合约中则是自愿服从。代码合约好在其不可违背，但另一方面，即使条件改变，它们还是会一根筋地执行，一条道走到黑。

关于个人身份，身份的技术构造和社会构造是不同的，隐含着不同的社会契约。身份的社会构造包括人类不完美的记忆，比如原谅、遗忘、救赎和重造。而机器的记忆是完美的，就像一位一直在监视的代理人，它永远不会原谅或忘记，总是可以再现任何时刻的最微小的细节。技术本身可以被用来行善或作恶。只有被重新引入静态的人类社会体系时，完美的机器记忆才会施以暴政，但它不需要约束力。对于人类的自我监察与增强心智而言，这个新的"第四人称视角"或许是一个福音。

这些例子表明，机器的文化、价值、操作以及存在方式很不一样，这也强调了对新交互方式的需求，从而促进和扩展交互双方的生活。智能多样性的未来世界也意味着要适应多元化和建立信任感。区块链技术就是一种建立信任的系统，它是一个去中心化的、分布式的、永久以代码为基础的交易与智能合约的分类账簿。这个系统也能用于人类或跨物种之间，确切地说，这是因为它根本不需要去了解、信任或理解另一方，只要有代码（机器的语言）就够了。

随着时间的推移，信任可以在信誉基础上建立起来。区块链技术可以用于强化友好的人工智能和互利的跨物种交流。总有一天，重要的交易（如身份验证和资源转移）都将在智能网络上进行，这就需要由独立的共识机制来确认，而且只有声誉良好的实体的善意交易可以被执行。也许这并未圆满地解答"如何强化友好的人工智能"这一问题，分布式的智能网络，例如区块链就是一个检测和制衡系统，可以为未来不确定的环境提供更稳健的解决方案。

为数字智能的跨物种交互建立信任模型包括策略性的制衡系统，例如区块链，在更高一级上也包括各种框架，把各个实体放在共同目标的基础上。这是一个比智能合约和条款更高级的秩序，旨在加强道德伦理，这需要改变心智状态。机器和人类智能的框架并不应该把是否友好当作相互关系的特征，而要为了最重要的共享规范，如共同发展，能够平等对待所有实体，把它们放在同一基础和价值体系之上。对人类和机器思考最重要的就是：思考带来了理想、进步和发展。

对于人类和机器，我们需要的是二者共生、融合，有能力去体验、发展和贡献更多东西。可以将其设想为：所有实体都位于个性化（发展和实现个体全部潜能的能力）的能力谱系上。智能物种间的有效互动能够通过在能力谱系上的共同框架里的结盟而实现，从而促进它们发展目标的实现，也许是共同的发展。

对于思维机器，我们应该思考的是：我们需要和它们有更丰富的互动，无论是在数量上、理性上，还是质量上，从扩展我们自身与现实的内在体验的意义上说，共同朝着广阔的未来智能的可能性空间迈进。

177

WHEN THINKING MACHINES BREAK THE LAW

当思维机器触犯法律

布鲁斯·施奈尔（Bruce Schneier）

顶尖安全技术专家，信息安全界巨擘；知名科技作家；著有《数据与巨人》（*Data and Goliath*）

20 14 年，两位瑞士艺术家设计了"僵尸网络随机血拼者"（Random Botnot Shopper）程序。该程序每周会花费价值 100 美元的比特币，随机购买某个匿名网络黑市上的商品——这一切都是为了他们在瑞士展示的一个艺术项目准备的。这原本是个聪明的点子，但其中有个谁也想不到的问题。机器人购买的大部分东西都无关痛痒，比如知名品牌牛仔裤的山寨货、暗藏摄像头的棒球帽、一个存钱罐、一双耐克运动鞋等——但它同时还买了 10 颗摇头丸和一本伪造的匈牙利护照。

当机器触犯法律时，我们该怎么办？按照惯例，机器背后的人应该负全部责任。只有人类才具备犯罪的动机——枪支、开锁器械，乃至计算机病毒不过是他们的工具而已。然而，随着机器的自主化程度变得越来越高，控制者对它们的支配权也越来越微弱。

军用自主无人机意外杀死了一群无辜平民，谁该为此负责？是指挥任务的军官、编写有瑕疵探敌软件的程序员，还是编写确认攻击指令的程序员？如果这些程序员甚至不知道自己写的软件将用于军事用途呢？如果这些无人机能够通过整个机群的历史任务进行学习，不断改进自身算法呢？

或许我们的法院还能裁决出谁该负责，但那只是因为眼下的自主无人机还不够聪明而已。随着无人机的智能化，它们与人类制造者之间的联系也越来越割裂。

假如没有程序员，无人机也能够自我编程呢？假如它们已经足够智能、自主，甚至能针对目标制定战术和战略决策了呢？假如其中的一架无人机评估了自己的能力之后，认为没必要再效忠创造它的国家，要另起炉灶呢？

人类社会有着各种各样的方法（非正式的如社会规范、正式的如法律）来对付那些不守规矩的人。较小的社会结构中我们有非正式的监督机制，较大的结构则由复杂的法律系统约束。如果你在我的宴会上找麻烦，我就不会再邀请你了；要是你恶习难改，最终只会令自己蒙羞，遭到集体的疏远；如果你偷我的东西，我可能会报警；你要是从银行偷窃，漫长的牢狱之苦基本就是板上钉钉了。这些例子看起来似乎都过于特殊，但人类与这些问题早已打了数千年交道。"安全"不仅存在于政治与社会范畴，它还有心理学上的意义。举个例子，并不安全的门锁之所以"安全"，其实是社会和法律对偷窃行为的否定让绝大多数人遵纪守法的缘故。这种人与人之间的默契，也正是我们能以其他物种无法想象的规模在这颗星球上和平共处的原因。

但当犯罪者是一部拥有纯粹自由意志的机器时，上述约束还能成立吗？也许机器完全无法感知到任何羞耻或褒扬的概念。它们不会因为别的机器会怎么想它们而在某件事上退缩；它们不会仅仅因为"理应如此"就遵守法律，对权威人士也不会有本能的顺从。当它们因偷窃被捕时，又该如何惩治呢？"对机器罚款"有用吗？判处它监禁又有何意义？除非设计者最初就特意为机器写下一条"自我保护"的函数，否则即便是死刑，对它们也不会有任何威慑力。

人们已经在设法将道德编进机器人程序了，可以想象人类其他的行为习惯同样有被编程的可能，但我们注定要功亏一篑。无论我们付出多少努力，机器犯罪事件都是不可避免的。

这反过来还将威胁人类的法律系统。从根本上来说，我们的法律系统并不能阻止犯罪的发生。法律的功能，建立在犯罪既已发生后的逮捕和判决基础之上，也依赖对犯罪者的惩罚给其他人带来的警戒作用。如果缺乏有效的惩罚，法律也就无从谈起。

"9·11"事件就是一个刻骨铭心的实例，那次惨剧之后，许多人才意识到：对于自杀式恐怖袭击者来说，"事后惩罚"根本无关紧要。仅仅是恐怖分子动机上的一次改变，其结果就足以改变我们看待安全的方式。当人类的法律系统遭遇思维机器时，不仅同样的问题将再次浮出水面，还会带来我们尚且无法揣测的相关难题。在思维机器的面前，对付人类犯法者绰绰有余的社会与法律系统将以我们无法预料的方式败下阵来。

会思考的机器不可能总是以我们希望的方式去思考，我们还未准备好应对其可能发生的后果。

IT'S EASY TO PREDICT THE FUTURE
预测未来很容易

拉斐尔·布索（Raphael Bousso）

加州大学伯克利分校理论物理学教授

未来就是已知初始条件下的简单系统而已。要对一个复杂的、难以理解的系统作出细节上的预测是无望的，比如人类文明这种系统。但一个通用的论据提供了一些粗糙但有力的限制条件。

这个论据是：我们自己就像是智能生物集合（这个集合是通过一些普遍的标准来定义的，并没把我们自己说得有多特殊）中典型的一种。例如，一个随机选择的人属于最早在地球上出现的 0.1% 的人的概率是多少。是的，0.1%（在没有其他信息的条件下）。当然，我们的祖先在一万年前对此作出了错误的结论。但是在所有曾经存在过的人类中，99.9% 都是正确的，所以这是一个很好的赌注。而我们身处这 0.1% 的智能（人类的或人工的）物体的概率同样非常小。

如果我们意外获得了人类文明将在以目前的数量继续存在 10 亿年的新信息，那么这个概率分布或许还需要改进。这也是一个验证我们是否下错赌注的方式。但是我们无法获得更多信息，所以我们还是要遵循这个概率分布（天体物理学家理查德·高特 [J. Richard Gott] 和亚历山大·维兰金对这种推理做过清晰阐述）。

我们将自身视作随机选择结果的假设，有时也会遭到质疑，但实际上，它是科学方法的核心。在物理学和其他科学里，理论几乎从不预测具体结果。相反，我们从理论开始计算出一个概率分布。考虑一下氢原子：距离质子约 1.6 千米的地方找到它的电子的概率并不为零，但是极小。而当我们找到了一个电子，我们也不能仔细计算它属于一个遥远的氢原子的概率。一般地说，某些假设预测某个结果出现的概率极小，在多次重复实验验证了这个假设之后，我们就会放弃这个假设重新寻找。这样做时，我们会打赌自己是正常的观察者。

一个重要的规则是，我们进行观察之后，不会去构想问题，修改观察结果使之显得令人惊讶。比如，无论我们在哪里找到了这个电子，即便事后看来在那个特定的点找到它的概率相比于其他可能找到它的点非常低。这是不相关的，因为在测量之前，我们不太可能构想出问题。类似地，从我们测量过的某些变量来看，人类的出现是不寻常的：或许，在可见宇宙中的智能生命体并不出两掌之数。

然而，我们并不知道自己在地球上所有人类的全时间分布中的位置。我们知道已经过去了多少时间，知道自第一个人类出现之后已经诞生了多少人，但是我们不知道它在整个时间谱系里占多少，或者说，在至今观察到的智能生命的总体中占多少。这个典型性假设可以适用于那些问题。

我们的典型性使得下面两个场景变得非常不可能：

◎ 人类还将继续存在数百万年（无论有没有思维机器的帮助）；

◎ 人类将被另一个完全不同的更长寿的或更强大的文明所取代，例如思维机器。

如果两者之中有一个是真的，那么无论从时间上还是从数量上来看，我们都是地球上最早的智能观察者之一，因此我们显得很非典型。

典型性意味着我们可能在下一个百万年内消亡，但是这并不能告诉我们，这是不是由某个人工智能造成的。毕竟，我们从来不缺少世界末日的景象。

典型性与如下概率也是相符的：在我们的星系内外存在一定数量的

文明。同样的逻辑，它们的延续时间不太可能超越我们太久，比起一个恒星的生命周期也只是沧海之一粟。就像已有观测所显示的那样，即使宇宙中像地球这样的行星很普遍，智能生命可被检测到的信号也不太可能与我们有限的注意力重叠。如果我们的兴趣在于宣称思维机器的主宰将是最后一步进化，那么对遥远星系的研究就不会是最糟的起点。

预测未来很容易

179

AFTER THE PLUG IS PULLED
插头被拔掉以后

劳伦斯·史密斯（Laurence Smith）

加州大学洛杉矶分校地球与空间科学教授、地理学教授；著有《2050人类大迁徙》

会思考的机器有什么大不了的？我明白，一小部分哲学家、神学家会这么想。但对于我们大家而言，人工智能只是技术在侵蚀世界的漫漫长路上迈出的最新步伐，技术几乎完全改变了世界的模样。

思考最重要的工作就是解决问题，自适应的机器学习将比任何人脑（甚至专家）做得更好，这是毫无疑问的。对于你的消费偏好，机器已经比你自己思考得更深入了，它们通过经济驱动的自适应算法追踪你的网上购物行为。其他一些目标现在也在起步，包括更明智地巡查并辨认潜在的虐待儿童的情境，二者都是通过整合分散的数据，以识别更宽泛的模式。

自从人类走出东非大草原以后，这个进程已经成了人类思考的一个里程碑，并随着世界上的各种问题变得更加极端、更加复杂，我们应该利用任何能够解决这些问题的有效工具。为了让复杂的现代生活资源得到更有效地利用，我可以和机器学习一起合作。一个有充足的食物、干净的水源，以及舒适高效的栖居地的世界是可能的，并且借助于人工智能有利于这个目标的实现。

历史告诉我们，这种合作伙伴关系会以递增的方式向前迈进，而忙碌的人们无法察觉。为了方便讨论，我们假设自己最恐惧的事情成真了，情况失控，在某一时刻，会思考的机器推翻了人类的统治。那又会怎样？毫无疑问，我们会拔掉电源。一次伟大的颠覆再次发生，人类再次恢复了对陆地、海洋、天空的主权。根据整合深度和崩溃力度的不同，人类的体验或许更像回到了一万年前的世界，在没有会思考的机器的帮助下，我们再次从零基础开始学习获取食物、水源、庇护所和运输的基本知识。

插头被拔掉以后

注：《2050 人类大迁徙》（*The World in 2050*）一书是劳伦斯·史密斯对环北冰洋地区 8 国进行的最全面而深入的研究成果体现，系统地展示了我们今天所面临的人口增长、气候变暖、资源短缺等各种严峻挑战，描绘了人类几乎无法抗拒的未来！该书中文简体字版已由湛庐文化策划出版。

180

THE FUTURE IS BLOCKED TO US
我们阻碍了未来

汉斯·乌尔里希·奥布里斯特（Hans Ulrich Obrist）

伦敦蛇形画廊（Serpentine Gallery）馆长；《策展简史》（*A Brief History of Curating*）编辑；合著有《日本项目》（*Project Japan*）

在一首同名诗歌（纪录片制作人亚当·柯蒂斯 [Adam Curtis] 的一部纪录片也以它命名）里，诗人理查德·布劳提根（**Richard Brautigan**）预示了一种未来："慈爱的机器将照看一切。"言外之意，就是一切都将被思维机器看护着。在下文中，我使用"思维机器"这个词是指完全在算法和计算范围内思考的机器，即由工程师编程的机器，而不是真有感知能力的机器。

亚当·柯蒂斯认为，我们生活在一种"静态文化"里，这种文化过度沉迷于从历史中抽样，并循环历史。他暗示，思维机器时代是僵化而非创新所带来的结果。随着我们的生活越来越多地被记录、被存档、被查看，我们变成了食用历史的食人族，我们害怕违背已经建立的准则。

在某种程度上，我们阻碍了未来，我们陷于停滞，无法摆脱日益狭隘的自身。并非由于诸如"推荐系统"这样的技术工具，我们卡在了一个看似永无休止的"如果你喜欢那个的话，那么你就会喜欢这个"的反馈回路中。随着我们在柯蒂斯所说的"你自己的回路"里越陷越深，我们的工作将越来越多地被机器完成，最终会导致很多人被时代淘汰。Edge 的年度问题指向了人类历史和进化的下一个篇章，我们面对的是重新定义的人类、新文明的开端。

诗人伊黛尔·阿德楠（Etel Adnan）对思维机器问题持乐观态度，她在 2015 年刚庆祝完九十大寿。对她而言，思维机器或许会比我们更会思考。首先，因为它们不会像人一样容易厌倦。其次，它们或许会提出我们尚且无法回答的问题。伊黛尔说最让她震惊的是另一种规律。她看到一张人形机器人的图片，图中的机器人穿着像中世纪骑士那样的盔甲，她便立刻想象出一幅画面：一位孤独的老人，拥有的唯一伴侣就是这个类人生物，它可以为老人做事、陪老人聊天，最终老人爱上了这个机器。想到这里，伊黛尔哭了。

对于思维机器这种想法也常出现在另一位艺术家菲利普·帕雷诺（Philippe Parreno）的作品中。帕雷诺的工作就是和算法打交道，对他而言，这些算法已经取代了电影，成了时间感知模型。20 世纪法国哲学家德勒兹（Deleuze）就电影的重复与差异写了不少著作，他强调，电影在时间中展开，并且是由不断变化的运动平面构成。就像帕雷诺所展示的那样，德勒兹利用这些理论来讨论：将电影中运动的机械化和标准化作为复制和表现生活的手段。帕雷诺关于思维机器的工作实际上是在探索：现在的算法如何改变我们与运动、规律和时间线的关系。或者引用莱布尼茨的话，这个问题就是："机器是有灵魂的吗？"

181

WILL WE RECOGNIZE IT
WHEN IT HAPPENS?

当它发生时，我们会认出它吗

比阿特丽斯·戈洛姆（Beatrice Golomb）

加州大学圣迭戈分校医学教授

很多潜在的途径可以实现技术上的超级智能，但一种霸权必然也会随之而来——超级智能可能会奴役或摧毁人类。

很多技术已经超越了人类，甚至在很多进化仅为人类设计的能力上也超越了我们。例如，分辨人脸的性别本来是进化设计给人类的任务。但是在 25 年前，计算机超过了人类，这还只是计算机超越人类的诸多能力之一。从一开始，无数的创新和应用（GPS、无人机、深度网络）提出了一个问题，这些技术相互连接之后，出现机器摧毁或统治人类的可能性会越来越高。但是，就像随着我们适应了其最新的能力，机器"智能"的目标也会转移一样，随着机器每一次的蚕食变得理所当然，它们朝着技术最高统治之路的前进可能也会悄然发生。

我们还必须要等待未来吗？答案取决于我们如何定义这个问题。

◎ 要认定技术有罪，有多少人类设定的步骤必须删除？

◎ 这条鸿沟一定处在机器与人类之间吗？

◎ 这种预谋的恶意必然会导致人类的毁灭或臣服吗？

◎ 每个人都必须被杀或被奴役吗？

甚至机器采取行动的决定权都远离了人类的设定，严禁人机结合（或合谋！），预先策划或委托消灭所有人类。这种可能性很明显，但是如果我们放宽约束条件呢？

◎ 如果人类的设定无法删除：在现代电子技术兴起之前，我们会纠结于谁去按下那个按钮。

◎ 增强人类能力的可穿戴设备和外部设备（从老一代的眼镜、助听器到耳内助听器、iWatch、假肢），还有可植入设备（耳蜗助听器、心脏起搏器、瘫痪人士的无线遥控设备），模糊了人类与机器之间的界限。有一些设备可用于寻找走失的小孩，比如利用微芯片或装有 GPS 的手环或脚环。有一些设备却在炫耀其破坏能力——可穿戴式炸药腰带，可植入式生物战争智能体（就像用于消灭美洲土著的天花）。

◎ 随之而来将会是人类的陨落吗？或者说，技术必然"预谋"了人类的死亡、衰退或被奴役吗？

就被奴役而言，现在很多人投身于技术研发上，培植技术的"进化"。他们开采矿物、设计设备、程序和 App，或者支持设备扩散，把监护权交给能够为它们服务的看护人，或愿意为它们付钱的人。（人类"服务于"技术，让技术可以更好地去做"自己的"事情，就像我们利用技术带来的便利来更好地做自己的事情一样。）一个客观冷静的旁观者会问：谁是主人，谁是奴仆？

就死亡、衰退、丧失能力而言，有毒的工业化学品和工业物质在生产、使用、流通和部署过程中与电磁暴露（来自技术本身的或其发出的信号）相作用，导致了氧化应激（一种对抗由抗氧化剂保护的细胞损伤），并与人类的痛苦（癌症、神经变性疾病、肥胖症、代谢综合征、自身免疫疾病、慢性多症状疾病、孤独症谱系障碍）相关联。

孤独症谱系障碍好像是专门用来打击人类中最优秀的人和最聪明的人（或许还包括超级智能）。我认为，既然氧化应激会损伤细胞的能量中心——线粒体，既然那些天生就有更强大的脑连接能力和活力的人需要更多细胞能量，那么那些天赋异禀的人遭遇细胞损伤和死亡的风险就更高。（尽管典型的人脑只占人体 2% 的重量，却也要消耗整个身体约 20% 的氧和 50% 的葡萄糖。）一个结果就是：超级智能计算机也必然要经过成本的选择，才会成为我们之间的"超级智能"。

所以很明显，技术可能会变成超级智能，它们可以选择消灭我们或是奴役我们。但也许正如人们所言，这个过程会通过不太明显的手段实现类似的目标。

182

AN IMMATERIAL THINKABLE MACHINE
一台无形的会思考的机器

郭贞娅（Koo Jeong-A）

概念派艺术家

未来科学将逐渐向无形发展，然后，我们通过一本非常简单的编程手册，就能制造出一台无形的会思考的机器。

183

BAFFLED AND OBSESSED
困惑与沉迷

理查德·福尔曼（Richard Foreman）

剧作家兼导演；"本体论-歇斯底里剧场"（Ontological-Hysteric Theater）创始人

或许这个问题实际上就是一个错误的问题？很明显，机器可以计算、"写"诗、组织安排物质生产，等等。但其中哪一项工作是在"思考"呢？（我自己会思考吗？但是当我认为自己在思考时，我实际在做什么？）一个答案是：我在经历极端的痛苦——在我"天生"的、流畅进行的（外在或内心）对话中出现了一个"空洞"。

还有其他可能性吗？

我掉进了那个"空洞"里。也就是说，我不是困惑于自己停止了思考，就是从这个空虚中获得了一个想法或解决方法（对我而言就是艺术作品），从而获得一个所谓满意的结果，这等于说，一些人会以某种方式回应。其实，这并不有趣。这是"以结果为导向的"机器所做的吗？这就是我所说的困惑与沉迷。（机器会困惑吗？当它们思考时，它们会"停止思考"吗？）

当我编辑影片时，计算机超负荷运转，编辑软件会崩溃，但是这种奔溃并不会在机器中制造出一个需要填补的空洞。（当我"崩溃"时，某些东西就会进入这种混乱中，我变得注意力不集中，我可能会跨入一个新的方向。）我想这也是机器所做不到的（我错了吗？我并不太了解机器）。我太愚钝，所以会到处乱撞，有时就会冒出深刻而精彩的新灵感，甚至是百年一遇的。

我遭遇到一个空洞，我习惯于相信要去填补它（通常是用我已经知道的东西去填补）。我坚持认为，填补空洞就是去消除空洞。更好的方法是，我可以在它周围建一个神龛，尽管它依然"空虚"，但是更容易"引起共鸣"。（我觉得这就是严肃的艺术家会做的——其他人还有谁会这么做吗？）在空洞周围"建造"并不是创造性思考，而是在进行创造性思考的时候可以去做的事情——即便它的确在"思考"一些事情。但是这个空洞本身才是要点：它是对思考的秘密的召唤和放大，它回答了我关于思考的真相的秘密。（这会把我禁锢在"艺术家"的严密的盒子里吗？是否在说，这种想法太片面、太不负责任？）

机器可以进行"某种"思考，它们拥有了越来越大的能力与复杂性，游走在越来越广阔的网络中间，但是网络绝非一个空洞。机器会思考？这是同义反复。它们确实加快了我在社会中的生活和工作。很显然这只是思考的一种——但不是在小孔中一圈圈神秘地行进，摩擦出"真正的本质"那种火花。（我可以这么说吗？）

我很担忧。我能够回答"你怎么看待会思考的机器"这样的问题吗？是的，我很担忧，但是机器不会担忧。（它们可以吗？）"担忧"就意味着在思考其他事情上的无能，不能够消除担忧这个污点。结果就是：舞台的灯光熄灭了！一片空白。但是在空白处，我就会思考其他有创造性的想法。（但目的是什么，它一定存在吗？）机器可以突然改变想法吗？这就意味着思考吗？

我们通常说的"思考"过分沉迷于以目标为导向。存在一种不为任何目标服务的目的吗？只有人脑可以理解这种不合常理的想法吗？很明显直到现在，为什么我始终在这样的想法里打转，也就是说，会思考的机器是当代的特洛伊木马。每个人（包括我）想要它们提供的好处，这些好处把我们塑造成它们的形象，从而扼杀掉我们每个人内在的创造力。我为什么要兜这么多圈子才表明这个观点。我掉进了自己建造的陷阱里。会思考的机器可不会这样，它们永远不会"知道"自己掉进了陷阱！

184

WHO'S AFRAID OF ARTIFICIAL INTELLIGENCE?

谁害怕人工智能?

理查德·塞勒（Richard H. Thaler）

行为经济学之父；芝加哥大学布斯商学院决策研究中心负责人；
著有《"错误"的行为》（*Misbehaving*）

我对这个问题的简短回答包含在两个小笑话里，而它们正好已经由聪明的以色列人说出来了。

第一个来自我的朋友、同事和导师阿莫斯·特沃斯基（Amos Tversky）。曾经有人问他怎么看待人工智能，特沃斯基俏皮地说："我不知道，我的特点就是天生愚蠢。"（只要一个人不变得盛气凌人，阿莫斯并不会认为这个人愚蠢。）

第二个笑话来自阿巴·埃班（Abba Eban），他凭借以色列驻美大使的身份成名。曾有人问他，以色列是否会变成每周5天工作制。以色列的工作日是从周日上午开始，周五中午结束尽管每周5天半的时间中有大量"工作"是在咖啡馆完成的。埃班是这样回答这个问题的："一步一个脚印。首先，让我们实行4天工作制，然后再继续下一步。"

这两个笑话描绘了我所想到的风险，即由机器来履行重大社会职能时会导致的失控。如特沃斯基所言，比起人工智能这个问题，我更懂天生愚蠢是怎样的。所以对于机器是否会思考，如果它们可以，是否对人类带来威胁，我并没有回答的根据。我把争辩留给其他人。就像任何关注金融市场的人那样，我也想到了如 2010 年"闪电崩盘"那样的事件。当时，存在设计缺陷的交易算法突然导致股价下跌，但在几分钟内就恢复了。不过，这个例子更多体现的是人为的愚蠢，而不是超级智能。只要人们继续写程序，我们就有忽视掉某些重要安全保障的风险。所以，就像人类会在交易时因为输错数字而导致巨额资金的损失，计算机也会犯这类错误。

然而，对计算机掌管世界这种恐惧还为时过早。让我困惑的是，在很多社会领域内已经证明了确实有些计算机比人类做得更好，但还是有人不情愿让计算机去做。已经有一类心理学家主导发布的文献，如洛宾·道斯（Robyn Dawes）的研究表明，任何常规的决策，比如检测错误、评估肿瘤的严重程度、雇用员工等，一个简单的统计模型就可以比这些领域内的顶尖专家做得更好。我可以举两个例子，一个来自人力资源管理领域，一个来自体育界。

第一个例子，让我们来说说面试。面试是一个人获得工作的重要决定因素，甚至通常是最重要的因素。在我教书的布斯商学院，招聘人员要花无数时间在校园里面试学生——这个过程就是挑选出少量学生，邀请他们去见雇主，然后又是更多的面试。然而研究发现，在预测某个职业的人选是否将在这个工作上表现良好时，面试几乎毫无用处。相比于以客观指标（如与工作相关的课程成绩）作为标准的统计模型，面试主要是在增加干扰项和引入潜在的偏见（但统计模型不会偏好某个特定的学校或人种，也不会看颜值）。

这些事实早在 40 多年前就被发现了，但现实中的雇用方式并不会让步。道理很简单：我们每个人都认为，如果一个人去面试，我们就对他了解得更多。这个与实证研究相背离的错觉意味着，我们会用一如既往的方式选择员工。于是我们选择面对面地打量他们。

比起挑选职业候选人，另一个采用了先进科学方法挑选从业者的领域是体育，就像是迈克尔·刘易斯（Michael Lewis）的书和同名电影《点球成金》（*Moneyball*）中所展现的那样。但是如果我们认为体育领域内的决策方式已经发生了革命，这种看法也是错误的。大多数专业体育团队确实会雇用数据分析师来帮助他们评估潜在选手、提高训练技巧、设计比赛策略。但是，签约选手、派谁上场这类决策的最终决定权还是在教练和总经理手上——相比于随队的数据狂，他们对自己的智慧更有信心。

还有一项有关橄榄球运动的趣事。加州大学柏克利分校的一位经济学教授戴维·罗默（David Romer）在 2006 年发表的一篇论文里表示：球队常常选择放弃，而不是尝试"加油"去发起第一次进攻或者得分。由于他的论文已经公开发表，他的分析模型一直被重复检验，基础数据得到了很大扩展，并且结论也得到了认可。《纽约时报》甚至还开了一个在线程序，用来计算球队每次面对第四次进攻时的最优策略。

教练们意识到了这一点吗？一点儿也没有。尽管有罗默的文章，最后一次的进攻频率仍然与以前持平。基于面试被老板雇用的教练仍然按照常规方式做决策。

所以请原谅我，我不会因为担心计算机掌管世界而失眠。让我们一步一个脚印，首先看看人们是否愿意相信它们，让它们在已经超越人类的领域做些简单的决策。

I SEE A SYMBIOSIS DEVELOPING
我看到了一种共生的发展

斯科特·德拉维斯（Scott Draves）

软件艺术家；桌面保护应用"电子羊"（Electric Sheep）创作者

我认为思考会思考的机器（即思维机器）是非常有意思的事情。为什么？因为这一现象所隐含的意义非常深刻，甚至关系到整个宇宙。

"思维机器"其实已经和我们共处很长一段时间了。理解它有两种方式，这取决于你从哪个词开始。首先，让我们从"机器"这个词开始，也就是计算机。计算机最初是相当机械化的，现在变得越来越精巧了。20 世纪 80 年代的计算机依靠专家系统和数据库，取得了一些很显著的成果。现在，我们已经进入了一个新的阶段，我们可以详细地解释为什么通过语音识别和自然语言就可以让手机回答一个小孩儿提出的问题。即使用"魔法"来形容也并不夸张。这就是"思考"吗？并不是，但这是一个好的开端，而且整个进程正在加速。事实上，这个目标依然看似遥不可及。暂且不去想如何一步步去攀登，我们先去看看巅峰上会有什么景观。有任何事物可以阻止我们的进程吗？

芯片技术的未来依然是一团迷雾。摩尔定律一直对我们有益，它也躲过了一些攻击，但是它正在终结。从历史上看，新技术总会及时出现，并且按计划保持着指数级增长的计算能力，但这些并非凭空而来。也许下一次跳跃式发展极其困难，需要 50 年时间才能实现；又或者它根本就不会实现，即便我们总是可以增加更多芯片。这个计划本身是个有趣的问题，但是比起思考的终极目的，这个问题显得十分苍白无力。

现在想想"思考"这个词。另一种一直在我们周围的思维机器就是我们自身。生物大脑已经思考了数百万年。大脑服从物理定律（体现为数学方程组）。从原则上来说，一个好的物理模拟装置可以慢慢模拟出大脑和大脑所在的环境。当然这个虚拟的大脑就是一台会思考的机器。

但问题依然在于，需要多少物理知识才足以让这种模拟装置运行呢？经典物理学、电学和化学够吗？需要量子逻辑吗？人们已有的共识认为经典物理学就足够了（"皇帝新脑"已经被否决）。我认为，我的大脑和身体就是一台巨大的机器，由 10^{48} 个分子构成：有很多很多微小的有魅力的万能工匠，它们的行为已经被充分理解了，并且可以被模拟。有理由相信，物理学的统计估算可以获得同样的结果。但是，这依然只影响进程，而不是终极目的。重要的问题是，思考和意识是怎样从复杂机器中涌现出来的？从电子的、虚拟的到模拟的、有机的、现实的构造之间，是否存在相互连接的桥梁？

这些线索的交汇处就是人机融合。智能手机已经迅速成了我们的必需品。这种关系的建立一直在质疑新媒体的到来，但是对这些延伸物的接纳仍然在快速发展着。大量著作在强调即将到来的人机之间的冲突，无论是因为机器减少工作机会带来的经济萧条，还是装配了无人机的军队可能导致的地狱般的后果。而我则看到了一种共生的发展。从历史来看，每当进化的新阶段出现时，例如真核细胞、多细胞有机体或大脑，旧的系统会继续延续，新的系统会与之共生，而不是取而代之。

这就是我们保持乐观的原因。如果电子计算机是一种新的思考与计算的基底，而且技术呈指数级增长，那么，我们就面对着思考与计算的一次大爆炸。我们可以乘浪前行，不过这样做需要我们视机器为一体，摒弃人类的骄傲，并认识到人机共有的精华。从根本上讲，我们要以爱而非恐惧来面对变化。我相信我们可以。

前路很短，要做的事情还有很多
A SHORT DISTANCE AHEAD — AND PLENTY TO BE DONE

德米斯·哈萨比斯（Demis Hassabis）
谷歌 DeepMind 团队工程副总裁；DeepMind 联合创始人

谢恩·莱格（Shane Legg）
人工智能研究者；DeepMind 联合创始人

穆斯塔法·苏莱曼（Mustafa Suleyman）
谷歌 DeepMind 团队应用人工智能总监；DeepMind 联合创始人

多年以来，我们一直致力于人工智能领域的研发工作，特别是在机器学习领域，已经取得了快速发展，也即将取得更多新进展。伴随着这个过程，我们也开始认为，人工智能的安全性和伦理问题非常重要，我们每一个人都要认真思考。人工智能所能带来的潜在好处是广泛的，但同任何强大的技术一样，这些好处取决于对技术的慎重使用。

DeepMind 创立之初，有些科学家支持我们，有些人则对我们表示怀疑。但是近些年来，人工智能领域的研究环境已经大为改善，毫无疑问，这要归因于这个领域内取得的一系列令人震惊的成功。不仅有很多长久存在的挑战最终被科研人员攻克，而且大家越来越感觉到最好的成果即将诞生。通过与广大科学家交流，以及媒体报道人工智能时语气的改变，我们可以看到这一点。或许你还没有意识到，人工智能的寒冬结束了，人工智能的春天已经开始了。

不过，与很多趋势一样，一些人对人工智能的进展速度过于乐观了，甚至预测人类级别人工智能的实现方法近在眼前。事实并非如此。而且，好莱坞电影里早就树立了未来人工智能的负面形象，所以毫不奇怪，有时媒体上仍会出现世界末日的景象。就像谷歌研究总监彼得·诺维格指出的那样："人们的表达已经发生了改变：从'如果人工智能失败了，难道不恐怖吗'变成了'如果人工智能成功了，难道不恐怖吗'。"

现实并没有那么极端。与人工智能一起工作将是美妙的，与其他很多人一样，我们也期望这一天会在几年之内到来。这个世界面对的是一个日益复杂、相互依存、挑战严峻的集合体，其应对方式也越来越复杂。我们倾向于认为：人工智能的成果可以帮助我们提高群体能力，从数据中提取有意义的洞见；帮助我们革新技术，并解决某些艰难的全球性挑战。

要实现这一图景，还有很多技术难题需要解决，其中一些难题始终存在也广为人知。即使困难，这些问题也可能被攻克，但这需要一代天才研究员们的努力，他们要具备丰富的计算资源，从机器学习和系统神经科学中获得启发。尽管这会让最乐观的旁观者失望，却给了大家一些时间团结起来，去解决可能会出现的诸多安全问题和微妙的伦理问题。所以，让我们享受这种新的乐观主义，同时不要轻视诸多尚未完成的艰难工作。正如图灵所言："吾等目力短亦浅，能见百事待践行。"

"人工智能"（Artificial Intelligence，AI）这一概念自 1956 年在达特茅斯会议（Dartmouth Summer Research Project on Artificial Intelligence）上被正式提出后，虽几经波折，但其内涵、外延，以及人们对它的看法，都随着相关理论、技术和应用的巨大发展而不断地刷新着。提及人工智能，作为门外汉的普通读者可能首先会想到科幻大片《人工智能》《终结者》《黑客帝国》《我，机器人》《2001：太空漫游》等。没错，这些大片都极具未来感，科幻味儿十足。

人工智能的发展可分为三个阶段：阶段一，弱人工智能（Artificial Narrow Intelligence，ANI）；阶段二，强人工智能或通用人工智能（Artificial General Intelligence，AGI）；阶段三，超级人工智能（Artificial Superintelligence，ASI）。按照这个标准，那些科幻电影所展示的骇人场景有且只有可能发生在"强"到"超级"人工智能时代。但如果你认为人工智能只是一个科幻名词而已，那你就 Out 了。事实上，我们已经处于弱人工智能阶段了，这是个人机共生的时代。或许你对弱人工智能的概念内涵并不了解，但你肯定听说过机器翻译、IBM 的超级计算机深蓝、无人驾驶，也肯定知道各式各样的机器人；或者，你可能是"果粉"，有过被 Siri 搞到"无言以对"的经历……所有这些，都属于人工智能，都可被归类到弱人工智能的外延里。

2016 年 3 月，人工智能领域更是投下重磅炸弹：谷歌旗下公司 DeepMind 开发的阿尔法围棋（AlphaGo，也被人们友好地称为"阿尔法狗"）对战围棋世界冠军、职业九段选手李世石（Lee Sedol），最终，阿尔法狗以 4:1 的总比分完胜李世石。前段时间，AlphaGo 升级版化身"Master"，打遍中、日、韩顶级围棋手，获得了60连胜！也许，人类最后一次赢棋将成历史！这不禁让人想起诗人艾略特的诗句："去年的话属于去年的语言，明年的话等待另一种声音。"醉翁之意不在酒，至少从战略上讲，谷歌投入巨额资金，难道仅仅是为了赢得围棋比赛才开发AlphaGo的？换个角度想，把一个具有无穷现实价值的人工智能技术（这里主要指深度学习）只是用在下围棋上，让其成为围棋界的独孤求败，也未免太大材小用了！要知道，深度学习技术具有十分强大的迁移能力，这项技术如果成熟了，那么人工智能将很快习得许多人类独有的能力，并可能会超越人类，由此必定会带来巨大的技术、经济和社会变革。"知己知彼，百战不殆。"我们是时候好好脑补一下与人工智能相关的诸多问题了。

"来得早，不如来得巧。"以人工智能为技术基础的工业4.0方兴未艾，湛庐文化高瞻远瞩、慧眼独具，特推出"对话最伟大的头脑·大问题系列"书系。这里汇聚了全世界最顶尖的科学家与思想家，以最深邃的思想、最前沿的理论和最简单的方式，带你开启一场智识的探险、一次思想的旅行，助你直抵知识的边界。该书系的原版图书由美国著名文化推动者、出版人、"第三种文化"领军人约翰·布罗克曼负责编著。由他创立的Edge Foundation每年都会集结一大批科学、技术、哲学等诸多领域的大咖，就某个有着重大意义的问题展开自由讨论。百花齐放，犹如一场奢华的头脑盛宴。

《如何思考会思考的机器》正是"对话最伟大的头脑·大问题系列"书系中的一本，它由近200位大咖紧紧围绕着"Edge年度问题——如何思考会思考的机器"这一主题而写成的近200篇短文构成。这些文章总的特点是短小精悍、可读性强。大咖们个个才高八斗、见解独到，但并没有表现得高高在上，而是非常接地气，这一点从他们都在尽量用最平实的语言来介绍晦涩难懂的专业术语和思想的努力中，可见一斑。由于本书是由数百篇独立的小短文构成，每篇文章都以Edge年度问题为中心，着重探讨了与人工智能相关的某个或某些问题，因此，本书最好的阅读方式是：带着问题，在书中寻找答案。也许最终，你还是没有找到你想要的答案，抑或这些大咖的见解并不能引起你的共鸣。没关系，我们看重的是思想对话和激发，是意识培养。如果有一天，当你因自己生活在人机共生的时代感而到迷茫时，或许会有那么一刻，蓦然回首，发现你想要的答案正默默地在这本书中等你，你就会体悟到："选她，没有错。"

承蒙翻译伙伴黄宏锋的大力举荐，让我有机会参与翻译本书。感谢湛庐文化的信任；感谢其他几位翻译伙伴——张羿、黄玉祥、丁林的帮助；感谢丁清华、林伟丽、夏乙燧、张忠鑫等家人和朋友的鼓励与支持，是你们让我有勇气参与翻译本书。感谢张羿后期不辞辛苦地整合稿件；也特别感谢湛庐文化的几位编辑老师，是他们在背后默默为本书的出版工作付出着。

在翻译本书的过程中，我们秉着"信、达、雅"的理念，虽怀尽善尽美之心，却难免有白璧之瑕，还望各位专家、读者批评指正！

读好书，就是与伟大的心灵对话，希望本书能给你带来一些有关会思考的机器的新思考！

湛庐，与思想有关……

如何阅读商业图书

商业图书与其他类型的图书，由于阅读目的和方式的不同，因此有其特定的阅读原则和阅读方法，先从一本书开始尝试，再熟练应用。

阅读原则1 二八原则

对商业图书来说，80%的精华价值可能仅占20%的页码。要根据自己的阅读能力，进行阅读时间的分配。

阅读原则2 集中优势精力原则

在一个特定的时间段内，集中突破20%的精华内容。也可以在一个时间段内，集中攻克一个主题的阅读。

阅读原则3 递进原则

高效率的阅读并不一定要按照页码顺序展开，可以挑选自己感兴趣的部分阅读，再从兴趣点扩展到其他部分。阅读商业图书切忌贪多，从一个小主题开始，先培养自己的阅读能力，了解文字风格、观点阐述以及案例描述的方法，目的在于对方法的掌握，这才是最重要的。

阅读原则4 好为人师原则

在朋友圈中主导、控制话题，引导话题向自己设计的方向去发展，可以让读书收获更加扎实、实用、有效。

阅读方法与阅读习惯的养成

（1）回想。阅读商业图书常常不会一口气读完，第二次拿起书时，至少用15分钟回想上次阅读的内容，不要翻看，实在想不起来再翻看。严格训练自己，一定要回想，坚持50次，会逐渐养成习惯。

（2）做笔记。不要试图让笔记具有很强的逻辑性和系统性，不需要有深刻的见解和思想，只要是文字，就是对大脑的锻炼。在空白处多写多画，随笔、符号、涂色、书签、便签、折页，甚至拆书都可以。

（3）读后感和PPT。坚持写读后感可以大幅度提高阅读能力，做PPT可以提高逻辑分析能力。从写读后感开始，写上5篇以后，再尝试做PPT。连续做上5个PPT，再重复写三次读后感。如此坚持，阅读能力将会大幅度提高。

（4）思想的超越。要养成上述阅读习惯，通常需要6个月的严格训练，至少完成4本书的阅读。你会慢慢发现，自己的思想开始跳脱出来，开始有了超越作者的感觉。比拟作者、超越作者、试图凌驾于作者之上思考问题，是阅读能力提高的必然结果。

扫码关注湛庐文化，
回复"阅读"
这5种方法，让读过的书变成你的影子

[特别感谢：营销及销售行为专家 孙路弘 智慧支持！]

⚡ 我们出版的所有图书，封底和前勒口都有"湛庐文化"的标志

并归于两个品牌

⚡ 找"小红帽"

　　为了便于读者在浩如烟海的书架陈列中清楚地找到湛庐，我们在每本图书的封面左上角，以及书脊上部 47mm 处，以红色作为标记——称之为**"小红帽"**。同时，封面左上角标记**"湛庐文化 Slogan"**，书脊上标记**"湛庐文化 Logo"**，且下方标注图书所属品牌。

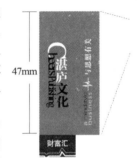

　　湛庐文化主力打造两个品牌：**财富汇**，致力于为商界人士提供国内外优秀的经济管理类图书；**心视界**，旨在通过心理学大师、心灵导师的专业指导为读者提供改善生活和心境的通路。

⚡ 阅读的最大成本

　　读者在选购图书的时候，往往把成本支出的焦点放在书价上，其实不然。

时间才是读者付出的最大阅读成本。

　　阅读的时间成本=选择花费的时间+阅读花费的时间+误读浪费的时间

　　湛庐希望成为一个"与思想有关"的组织，成为中国与世界思想交汇的聚集地。通过我们的工作和努力，潜移默化地改变中国人、商业组织的思维方式，与世界先进的理念接轨，帮助国内的企业和经理人，融入世界，这是我们的使命和价值。

　　我们知道，这项工作就像跑马拉松，是极其漫长和艰苦的。但是我们有决心和毅力去不断推动，在朝着我们目标前进的道路上，所有人都是同行者和推动者。希望更多的专家、学者、读者一起来加入我们的队伍，在当下改变未来。

湛庐文化获奖书目

《大数据时代》
国家图书馆"第九届文津奖"十本获奖图书之一
CCTV"2013中国好书"25本获奖图书之一
《光明日报》2013年度《光明书榜》入选图书
《第一财经日报》2013年第一财经金融价值榜"推荐财经图书奖"
2013年度和讯华文财经图书大奖
2013亚马逊年度图书排行榜经济管理类图书榜首
《中国企业家》年度好书经管类TOP10
《创业家》"5年来最值得创业者读的10本书"
《商学院》"2013经理人阅读趣味年报·科技和社会发展趋势类最受关注图书"
《中国新闻出版报》2013年度好书20本之一
2013百道网·中国好书榜·财经类TOP100榜首
2013蓝狮子·腾讯文学十大最佳商业图书和最受欢迎的数字阅读出版物
2013京东经管图书年度畅销榜上榜图书,综合排名第一,经济类榜榜首

《牛奶可乐经济学》
国家图书馆"第四届文津奖"十本获奖图书之一
搜狐、《第一财经日报》2008年十本最佳商业图书

《影响力》（经典版）
《商学院》"2013经理人阅读趣味年报·心理学和行为科学类最受关注图书"
2013亚马逊年度图书分类榜心理励志图书第八名
《财富》鼎力推荐的75本商业必读书之一

《人人时代》（原名《未来是湿的》）
CCTV《子午书简》·《中国图书商报》2009年度最值得一读的30本好书之"年度最佳财经图书"
《第一财经周刊》· 蓝狮子读书会·新浪网2009年度十佳商业图书TOP5

《认知盈余》
《商学院》"2013经理人阅读趣味年报·科技和社会发展趋势类最受关注图书"
2011年度和讯华文财经图书大奖

《大而不倒》
《金融时报》· 高盛2010年度最佳商业图书入选作品
美国《外交政策》杂志评选的全球思想家正在阅读的20本书之一
蓝狮子·新浪2010年度十大最佳商业图书,《智囊悦读》2010年度十大最具价值经管图书

《第一大亨》
普利策传记奖,美国国家图书奖
2013中国好书榜·财经类TOP100

《真实的幸福》
《第一财经周刊》2014年度商业图书TOP10
《职场》2010年度最具阅读价值的10本职场书籍

《星际穿越》
国家图书馆"第十一届文津奖"十本奖获奖图书之一
2015年全国优秀科普作品三等奖
《环球科学》2015最美科学阅读TOP10

《翻转课堂的可汗学院》
《中国教师报》2014年度"影响教师的100本书"TOP10
《第一财经周刊》2014年度商业图书TOP10

湛庐文化获奖书目

《爱哭鬼小隼》
国家图书馆"第九届文津奖"十本获奖图书之一
《新京报》2013年度童书
《中国教育报》2013年度教师推荐的10大童书
新阅读研究所"2013年度最佳童书"

《群体性孤独》
国家图书馆"第十届文津奖"十本获奖图书之一
2014"腾讯网·啖书局"TMT十大最佳图书

《用心教养》
国家新闻出版广电总局2014年度"大众喜爱的50种图书"生活与科普类TOP6

《正能量》
《新智囊》2012年经管类十大图书,京东2012好书榜年度新书

《正义之心》
《第一财经周刊》2014年度商业图书TOP10

《神话的力量》
《心理月刊》2011年度最佳图书奖

《当音乐停止之后》
《中欧商业评论》2014年度经管好书榜·经济金融类

《富足》
《哈佛商业评论》2015年最值得读的八本好书
2014"腾讯网·啖书局"TMT十大最佳图书

《稀缺》
《第一财经周刊》2014年度商业图书TOP10
《中欧商业评论》2014年度经管好书榜·企业管理类

《大爆炸式创新》
《中欧商业评论》2014年度经管好书榜·企业管理类

《技术的本质》
2014"腾讯网·啖书局"TMT十大最佳图书

《社交网络改变世界》
新华网、中国出版传媒2013年度中国影响力图书

《孵化Twitter》
2013年11月亚马逊(美国)月度最佳图书
《第一财经周刊》2014年度商业图书TOP10

《谁是谷歌想要的人才?》
《出版商务周报》2013年度风云图书·励志类上榜书籍

《卡普新生儿安抚法》《最快乐的宝宝1·0~1岁)
2013新浪"养育有道"年度论坛养育类图书推荐奖

延伸阅读

《与机器人共舞》

◎ 人工智能时代的科技预言家、普利策奖得主、乔布斯极为推崇的记者——约翰·马尔科夫重磅新作！

◎ 迄今为止最完整、最具可读性的人工智能史。

◎ iPod 之父托尼·法德尔、美国艾伦人工智能研究所 CEO 奥伦·埃奇奥尼等重磅推荐！

扫码直达本书购买链接

《情感机器》

◎ 人工智能之父、MIT 人工智能实验室联合创始人马文·明斯基重磅力作首度引入中国。

◎ 情感机器 6 大创建维度首次披露，人工智能新风口驾驭之道重磅公开。

◎ 中国工程院院士李德毅专文作序。人工智能先驱、LISP 语言之父约翰·麦卡锡，著名科幻小说家阿西莫夫震撼推荐！

扫码直达本书购买链接

《人工智能的未来》

◎ 奇点大学校长、谷歌公司工程总监雷·库兹韦尔倾心之作。

◎ 一部洞悉未来思维模式、全面解析人工智能创建原理的颠覆力作。

◎ 中国当代知名科幻作家刘慈欣，畅销书《富足》《创业无畏》作者彼得·戴曼迪斯等联袂推荐！

扫码直达本书购买链接

《人工智能时代》

◎《经济学人》2015 年度图书。人工智能时代领军人杰瑞·卡普兰重磅新作。

◎ 拥抱人工智能时代必读之作，引爆人机共生新生态。

◎ 创新工场 CEO 李开复专文作序推荐！

扫码直达本书购买链接

延伸阅读

《第四次革命》

◎ 信息哲学领军人、图灵革命引爆者卢西亚诺·弗洛里迪划时代力作。

◎ 继哥白尼革命、达尔文革命、神经科学革命之后，人类社会迎来了第四次革命——图灵革命。那么，人工智能将如何重塑人类现实？

◎ 财讯传媒集团首席战略官段永朝、清华大学教授朱小燕、小 i 机器人联合创始人朱频频联袂推荐。

《虚拟人》

◎ 比史蒂夫·乔布斯、埃隆·马斯克更偏执的"科技狂人"玛蒂娜·罗斯布拉特缔造不死未来的世纪争议之作。

◎ 终结死亡，召唤永生，一窥现实版"弗兰肯斯坦"的疯狂世界！

◎ 亿航 Ehang 创始人兼 CEO 胡华智，奇点大学校长雷·库兹韦尔专文推荐！

《脑机穿越》

◎ 脑机接口研究先驱、巴西世界杯"机械战甲"发明者米格尔·尼科莱利斯扛鼎力作！

◎ 外骨骼、脑联网、大脑校园、记忆永生、意念操控……你最不可错过的未来之书！

◎ 2016 年第十一届"文津图书奖"科普类推荐图书 15 种之一！

◎ 清华大学心理学系主任彭凯平、2003 年诺贝尔化学奖得主彼得·阿格雷等联袂推荐。

《图灵的大教堂》

◎《华尔街日报》最佳商业书籍，加州大学伯克利分校全体师生必读书。

◎ 代码如何接管这个世界？三维数字宇宙可能走向何处？

◎《连线》杂志联合创始人凯文·凯利、联结机发明者丹尼尔·利斯、《纽约时报书评》《波士顿环球报》等联袂推荐！

图书在版编目（CIP）数据

如何思考会思考的机器 /（美）布罗克曼编著；黄宏锋，李骏浩，张羿等译 . —杭州：浙江人民出版社，2017.3（2021.4 重印）

ISBN 978-7-213-07937-5

Ⅰ . ①如… Ⅱ . ①布… ②黄… ③李… ④张… Ⅲ . ①思维方法 Ⅳ.① B80

中国版本图书馆 CIP 数据核字（2017）第 045060 号

浙 江 省 版 权 局
著作权合同登记章
图字：11–2016–471 号

上架指导 : 科技趋势 / 思想前沿

如何思考会思考的机器

［美］约翰·布罗克曼　编著

黄宏锋　李骏浩　张羿　等译

出版发行：浙江人民出版社（杭州体育场路 347 号 邮编　310006）

　　　　　市场部电话：（0571）85061682　85176516

集团网址：浙江出版联合集团　http://www.zjcb.com

责任编辑：朱丽芳　陈　源

责任校对：朱志萍　王欢燕　姚建国

印　　刷：中国电影出版社印刷厂

开　　本：720mm ×965mm 1/16　　印　　张：32.75

字　　数：485 千字　　　　　　　插　　页：1

版　　次：2017 年 3 月第 1 版　　印　　次：2021 年 4 月第 5 次印刷

书　　号：ISBN 978-7-213-07937-5

定　　价：89.90 元